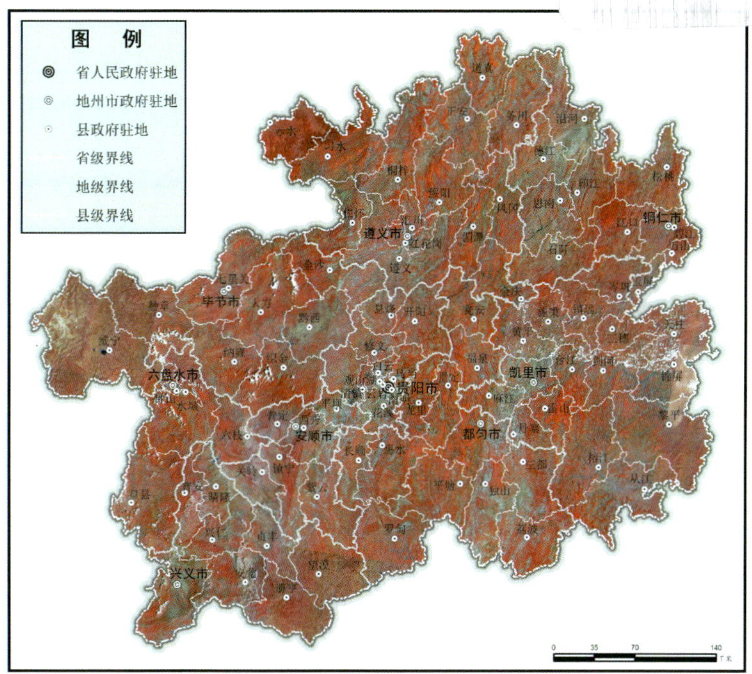

贵州省影像图

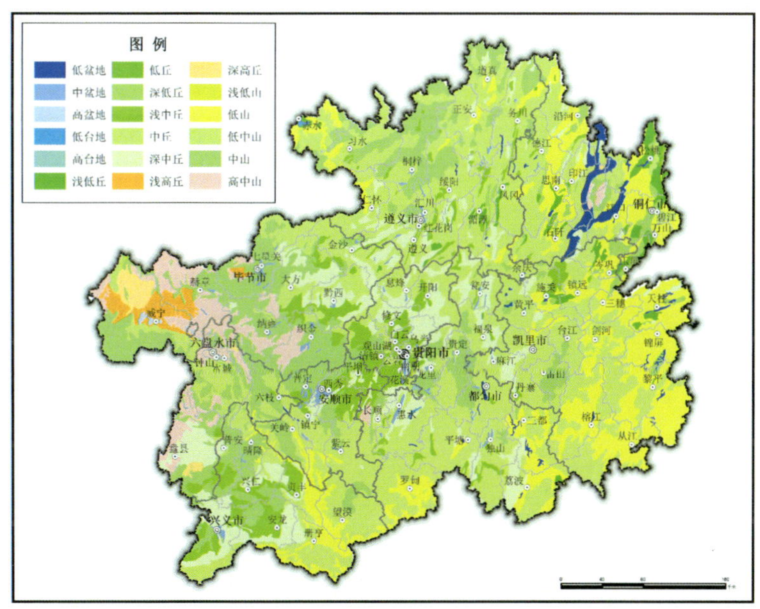

贵州省地貌图

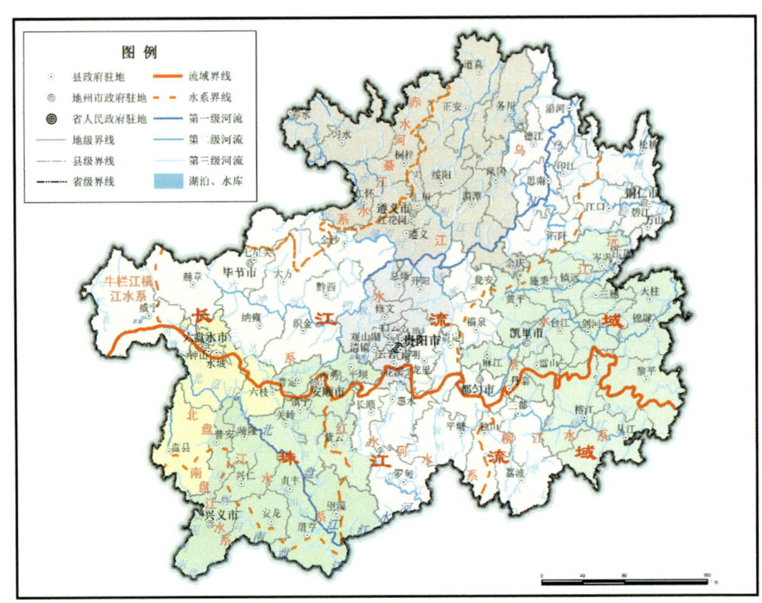

▲ 贵州省水文图

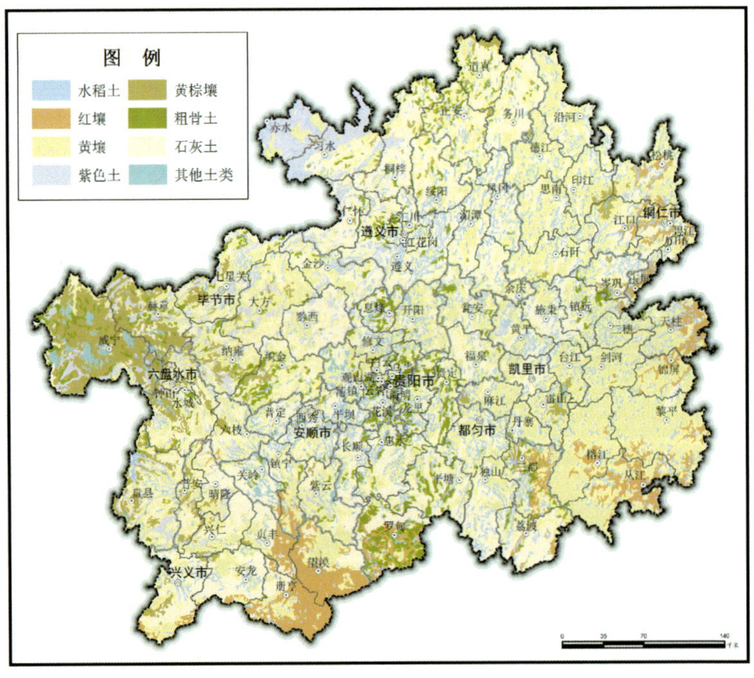

▲ 贵州土壤分布图

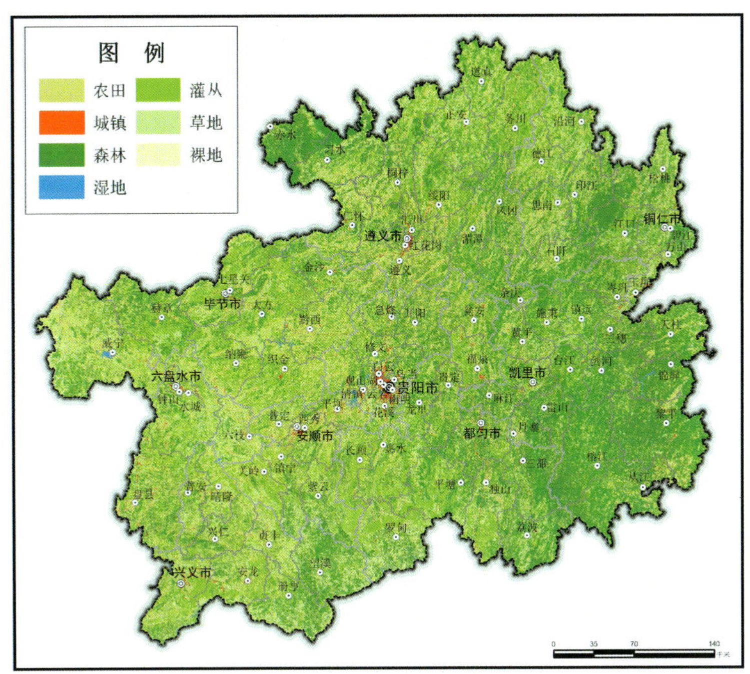

▲ 贵州省土地利用图

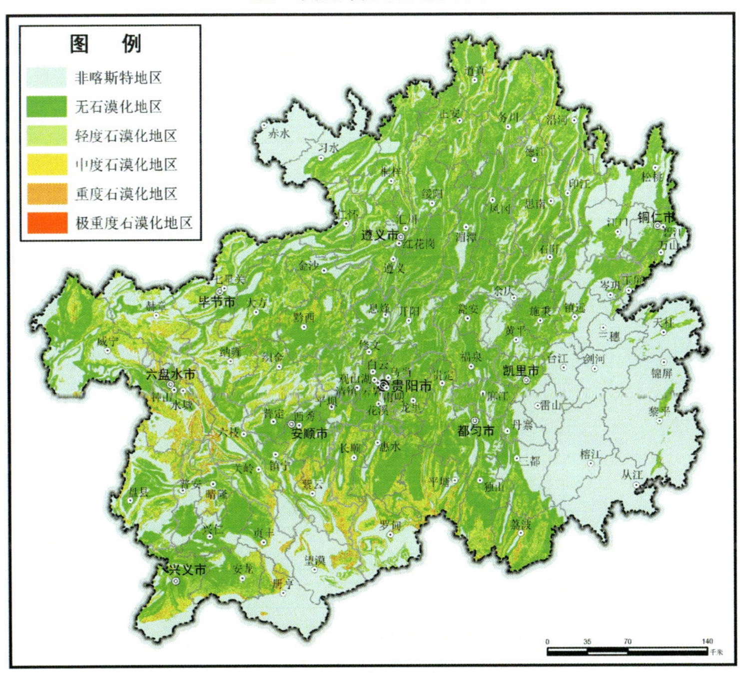

▲ 贵州省 2011 年石漠化分布图

▲ 贵州黔东南加榜梯田(安裕伦摄影)

▲ 青岩古镇(安裕伦摄影)

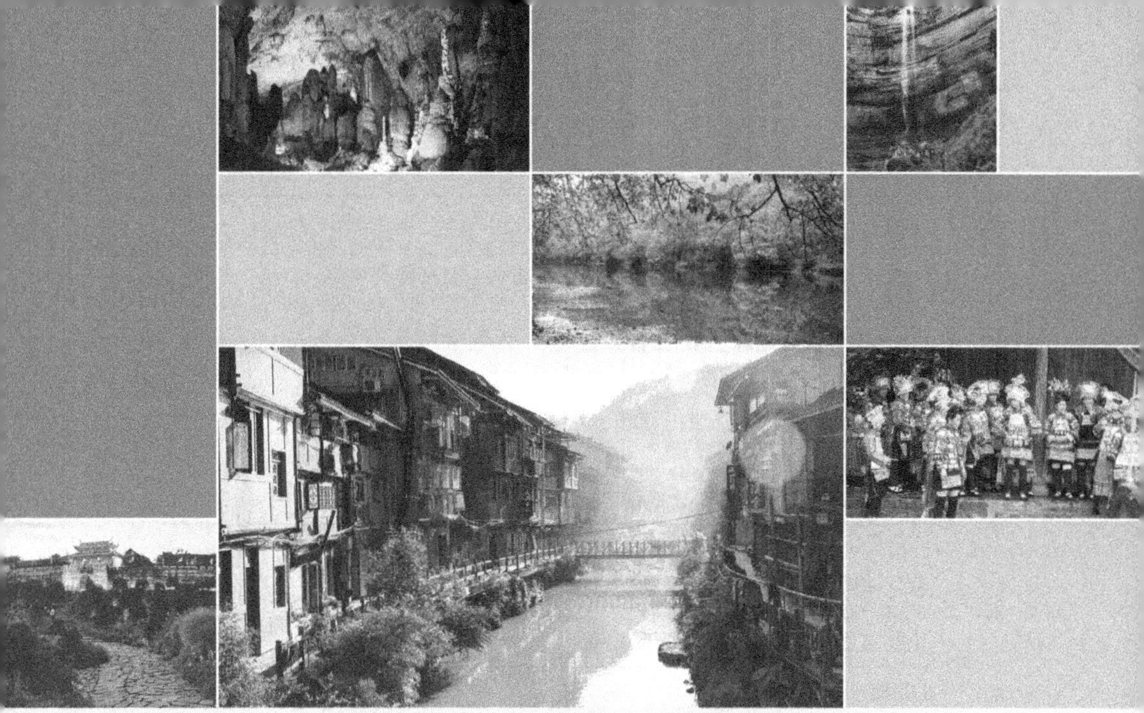

“十二五”国家重点图书出版规划项目

中·国·省·市·区·地·理

丛书主编◎王静爱

贵州地理

GUIZHOU DILI

主　编◎殷红梅
安裕伦

图书在版编目（CIP）数据

贵州地理 / 殷红梅，安裕伦主编. —北京：北京师范大学出版社，2018.1（2024.2 重印）
（中国省市区地理丛书/王静爱主编）
ISBN 978-7-303-18508-5

Ⅰ.①贵… Ⅱ.①殷… ②安… Ⅲ.①地理—贵州省
Ⅳ.①K927.3

中国版本图书馆 CIP 数据核字（2015）第 029207 号

营 销 中 心 电 话 010-58805385
北京师范大学出版社
主题出版与重大项目策划部

GUIZHOU DILI

出版发行：北京师范大学出版社 www.bnupg.com
北京市西城区新街口外大街 12-3 号
邮政编码：100088

印　　刷：北京虎彩文化传播有限公司
经　　销：全国新华书店
开　　本：730 mm × 980 mm 1/16
印　　张：19
插　　页：2
字　　数：351 千字
版　　次：2018 年 1 月第 1 版
印　　次：2024 年 2 月第 3 次印刷
定　　价：78.00 元
审 图 号：黔 S（2014）010 号
审 图 号：GS（2016）1022 号（封底图）

策划编辑：郭　珍　　责任编辑：王　强 韦　彤　林华升 周　锐
美术编辑：王齐云　　装帧设计：王齐云
责任校对：陈　民　　责任印制：马　洁　赵　龙

中国省市区地理丛书

编辑委员会

总 序

地理的区域性始终是地理学者关注和探讨的重要论题。编纂一套中国省市区的地理丛书，对认识中国地理的区域规律和区域发展战略有重要的学术价值，对加深理解中国国情也有着极为重要的现实意义。

中国地域辽阔，南北跨越约 5 500 km，东西跨越约 5 200 km，陆地面积约 960×10^4 km^2，海域面积超过 470×10^4 km^2。由于中国地域差异大，自然地理呈现出极为丰富的多样性特征；由于中国历史悠久，人文地理也呈现出一派绚丽多姿的景象。自然地理与人文地理在一个行政区内叠加，构成一部丰富多彩的省市区地理，即组成了环境、资源、人口与发展的区域格局。"中国省市区地理丛书"正是从综合集成的角度，系统地梳理了中国 23 个省、4 个直辖市、5 个少数民族自治区、2 个特别行政区的环境、资源、人口与发展特征，并从全国的角度，阐述了其区域时空变化规律。

中国国情特色鲜明，人口众多、地区发展不平衡、环境分布地带性明显、资源保障不平衡等因素较为突出。"中国省市区地理丛书"正是从历史透视的角度，分析了省、直辖市、少数民族自治区、特别行政区地理过程的形成与发展规律，特别是经济与社会的发展格局。在这个意义上说，丛书是对已完成的《中国地理》《中国自然地理》《中国经济地理》等重要著作的补充。

"中国省市区地理丛书"的主要功能：一是中国地理课程和乡土地理课程的教学用书和教学参考书，完善高校师生和中学教师的区域地理教学的教材支撑体系；二是降尺度认识区域地理的科学著作，为区域研究者提供参考；三是从地理视角对中国国情、省情、县情的系统总结，为国民尤其是各级管理人员提供地理信息和国情教育参考。

"中国省市区地理丛书"的编纂，对深化辖区主体功能区的规划，加快缩小区域差异，特别是城乡差异，探求可持续发展的区域模式，加强生态文明建设等有着极为重要的意义。科学发展模式的确立，需要客观把握国情、省情、县情，也需要认识辖区的地理规律。经过改革开放和经济发展，中国各省市区的地理格局也发生了重大变化，对于任何一个省市区来说，今天的发展都离不开与相邻的省市区甚至国家和地区的密切合作。了解邻接省市区的地理格局，对构建相互合作的区域模式和网络有着重要的实践价值。特别是处在同一个大江大河流域，或处在受风沙影响的同一个沙源区，或处在共同受益的一个高速交通线或空港枢纽区的省市区，更需要相互间的了解和理解、合作与协同，以追求共同发展，实现双赢或多赢的目标。

“中国省市区地理丛书”可以使读者更全面地认识中国的地理时空格局，加深对中国国情方方面面的理解；也能在省市区的尺度上，对中国地理进行系统而综合的深化研究，并能帮助决策者从省市区对比的角度，更客观地审视和厘定本辖区的发展模式。

“中国省市区地理丛书”由 35 本组成，包括 1 本中国地理纲要和 23 个省、5 个少数民族自治区、4 个直辖市和 2 个特别行政区的 34 本分册。每一本省级辖区地理图书都突出其辖区的地理区位，区域环境、资源、人口与发展的总体特征，区域地理的时空分异规律，区域生态文明建设与可持续发展的对策和建议等。此外，对省级区域地理，在突出辖区整体性特征的同时，更要重视辖区的区域差异，特别是城乡差异；对直辖市的区域地理，在突出其城市化的区域差异的基础上，高度关注城市可持续发展遇到的突出的地理问题；对少数民族自治区的区域地理，在高度关注其自然环境多样性的同时，突出其民族自治区域的特色，特别是语言、文化等文化遗产的区域特征；对特别行政区地理，更加关注其特殊发展历程及国际化进程的地理特色和人口高度密集区域的可持续发展模式等。

大部分分册具有统一的体例和结构框架，包括总论、分论和专论三个部分。

总论，是各分册的地理基础，是丛书分册之间可比较的部分，主要阐述各省市区的地理区位、地理特征和地理区划。地理区位是区域地理的出发点，强调从自然生态、文化和经济等多个视角，理解地理区位的特点和优势，结合行政区划与历史沿革，凸显各省市区的国内地位与区际联系。地理特征是区域地理的基础和重点内容，也是传统地理描述的精华，强调以自然地理和人文/经济地理要素为基础，以人口、资源、环境与发展(PRED)为综合的地理概括，结合专题地图和成因分析，凸显区域人地关系地域系统特征。地理区划是承上(总论)启下(分论)的重要部分，也是区域地理的理论体现，强调从自然生态、文化与经济的地域差异分析入手，梳理前人对区域划分的认识，凸显自然与人文的综合，最终提出地理分区的方案。

分论，是各分册辨识省市区内地域差异的主体，属乡土地理范畴，具有浓郁的乡土意蕴。依据地理分区方案，各地理区单独成章。每个地理区主要阐述：区域概况、资源与环境特征、产业发展与规划、人地关系与可持续发展、最突出或最重要的地理现象等。

专论，是各分册彰显区域综合分析和深入研究的部分，主要阐述省市区有特色的地理问题。这些特色问题大多是与区域发展联系密切的，在全国范围内具有重要地理意义或地位，有多地理要素相互作用、相互影响产生的区域综合问题，也有自然地理与人文地理相结合的综合命题。这部分内容具有特色性、综合性、研究性，同时展现了具有一定权威性的研究新进展。

组织编纂“中国省市区地理丛书”，需要多方面的合作和投入。北京师范大学“区域地理国家级教学团队”、全国高校中国地理教学研究会、北京师范大学区域地理研究实验室，承担了这项编撰任务的组织工作。2005年开始筹备，2006年由北京师范大学出版社立项资助，后组织包括全国30多所师范大学和综合性大学的地理相关专业院系的教师参编本丛书。共分四个组织层次：一是编辑委员会，由王静爱教授担任编委会主任，由各分册主编和北京师范大学“区域地理国家级教学团队”中的教师共同担任编委会成员；二是审稿专家群，丛书邀请各省市区的区域地理专家，全国高校中国地理教学研究会部分教授，北京师范大学“区域地理国家级教学团队”中的教授和民俗文化、历史方面的专家担任审稿人，分别审阅丛书部分书稿；三是编务工作组，由苏筠教授担任负责人，由北京师范大学区域地理实验室师生组成工作团队；四是出版编辑部，北京师范大学出版社高度重视本丛书，将其列为社内重大选题，先后指派王松浦、胡廷兰、关雪菁、尹卫霞负责协调全套书的编辑出版工作。全套丛书已被评为“‘十二五’国家重点图书出版规划项目”。

“中国省市区地理丛书”在由北京师范大学出版社资助的基础上，得到了北京师范大学区域地理国家级教学团队、教育部“211 工程”和“985 工程”项目经费的支持，还得到了北京师范大学地理科学学部、地表过程与资源生态国家重点实验室、环境演变与自然灾害教育部重点实验室和国家自然科学基金委员会创新研究群体科学基金项目(41321001)在人力和物力方面的支持。当“中国省市区地理丛书”呈现在读者面前时，我要感谢全体编著者的辛勤工作与团结合作；感谢各分册的审稿人，他们是(以汉语拼音为序)：蔡运龙教授、崔海亭教授、董玉祥教授、樊杰教授、方修琦教授、葛岳静教授、江源教授、康慕谊教授、梁进社教授、刘宝元教授、刘连友教授、刘明光教授、刘学敏教授、马礼教授、史培军教授、宋金平教授、孙金铸教授、王恩涌教授、王卫教授、王玉海教授、王岳平教授、吴殿廷教授、武建军教授、伍永秋教授、许学工教授、杨胜天教授、袁书琪教授、曾刚教授、张科利教授、张兰生教授、张文新教授、张小雷教授、赵济教授、周涛教授、邹学勇教授等。他们认真、严谨的审稿工作是丛书科学性和知识性的保障。特别感谢赵济教授和史培军教授在丛书编纂、审稿和诸多区域地理科学认识方面的重要贡献和指导；特别感谢编务工作组的青年教师苏筠教授，她为丛书庞大而复杂的编纂工作得以有序进行付出了巨大的精力；特别感谢董晓萍教授和晁福林教授对丛书区域民俗文化和历史相关部分的审阅和提出的宝贵意见。在此我谨向上述各位专家、学者对“中国省市区地理丛书”的指导与支持表示深深的谢意；在全体编著者和审稿专家工作的基础上，“中国省市区地理丛书”还得到了各分册主编所在单位及其他许多单位和专家的大力支持和帮助，特此一并郑重致谢！

“中国省市区地理丛书”的编纂工作十分庞杂和艰巨，编著者虽然尽了最大的努力，但由于研究内容涉及面广，经济社会发展变化迅速，加上经验与水平不足，会存在诸多不足和遗憾，尚祈广大读者批评指正。

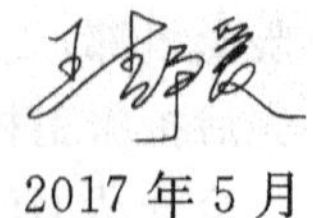

2017 年 5 月

前言

“贵州地理”是贵州省高等师范院校地理科学专业的必修课之一，同时也是贵州高等院校区域地理教学课程体系中的重要内容。几十年来，贵州高等院校相关专业的“贵州地理”教学从未中断过，为贵州培养了一大批乡土地理科学的实用型人才。

《贵州地理》是“十二五”国家重点图书出版规划项目《中国省市区地理丛书》的组成部分，是一本区域地理的著作。这也是自1990年贵州人民出版社出版《贵州省地理》，1993年新华出版社出版《贵州省经济地理》以来的第一部全面反映贵州自然、社会经济发展的著作。这次借“中国省市区地理丛书”的机会，按照丛书统一的编纂体系和内容安排，编写了这本《贵州地理》。

该书融理论与实践为一体，既注重区域特征，又力求反映当代贵州自然、社会发展的最新研究成果，具有较强的理论性、系统性、科学性和实用性，不仅是地理专业师生必备的教科书和参考书，也是贵州省大专院校进行省情教育的参考书，同时对从事区域研究与管理的人员也具有重要的参考价值。

《贵州地理》共分为总论、分论和专论三大部分。总论部分包括地理区位、地理特征、地理区划等；分论部分介绍了黔中地区、黔西北地区、黔北地区、黔南地区等的自然、社会及发展战略；专论部分设置了喀斯特地区石漠化与可持续发展、生物多样性保护与生态安全屏障建设、能源资源与西电东送、贵州反贫困与农村发展、旅游资源开发与旅游业发展等反映贵州省在全国范围内具有一定意义或地位的区域综合特征的内容。为了方便学生学习，各章均设有章前语、关键词，全书最后列出了思考题和参考文献。

本书由贵州师范大学殷红梅教授和安裕伦教授主编，负责全书的写作组织、提纲拟订、统稿和审定工作，同时负责全书的初稿统排、稿件整理等工作。参编人员及编写章节为：第一章(周德全)，第二章(周德全、梅再美、彭贤伟、李旭东)，第三章(周国富)，第四章(李旭东)，第五章(赵翠薇)，第六章(周国富)，第七章(杨晓英)，第八章(梅再美)，第九章(梅再美)，第十章(彭贤伟)，第十一章(彭贤伟)，第十二章(殷红梅)；本书中的图件由安裕伦负责统一编制。

在本书的编写过程中，我们参考了许多国内外专家、学者的著作和文章，吸收利用了他们的一些观点、数据和图表，在此特向他们表示崇高的敬意和衷心的感谢。在本书的写作过程中，北京师范大学地理学与遥感科学学院、北京师范大学出版社等相关单位，都对本书的撰写、出版给予了大力支持，特别是在本书的出版过程中自始至终得到了北京师范大学地理学与遥感科学学院的王静爱教授、苏筠副教授以及北京师范人学出版社编辑的关心与支持，在此一并表示衷心感谢。由于参加本书编写的人员较多，书中尚有许多疏漏和不足之处，恳请读者批评指正。

殷红梅

2014 年 11 月

目 录

第一篇　总　论

第一章　地理区位

章前语

贵州省，简称“贵”或“黔”。“贵州”名称始于宋朝，明朝设置贵州承宣布政使司，正式建制为省，以贵州为省名。贵州地处云贵高原东部，自中部向北、东、南三面倾斜，山岭绵延，西高东低中部隆起。省内有辉煌的史前文化和远古人类文明，汉族、苗族、布依族、侗族、土家族、彝族、仡佬族、水族等 18 个民族的群众世居于此，形成了多样的民族文化特征。贵州是一个山川秀丽、气候宜人、民族多样、资源富集、发展潜力巨大的省份。从春秋时期的牂牁与夜郎古国，到明永乐十一年(1413 年)正式建制为省，再延续至今，随着历史政权的变化，行政区域也发生了较大变革，具有明显的时段性。

关键词

贵州省；自然区位；经济区位；文化区位；历史沿革；行政区划

第一节　自然位置

一、贵州在西南地区的战略位置

贵州省位于中国西南地区东南部，E103°36′～109°35′，N24°37′～29°13′，东与湖南交界，北与四川和重庆相连，西与云南接壤，南与广西毗邻，是一个距南海较近的内陆山区省份。全省东西长约 595 km，南北宽约 509 km，总面积为 17.62×10^4 km^2。贵州地势自西向东呈高、中、低三级阶梯分布，西部海拔 1 600～2 800 m，最高点赫章县韭菜坪海拔 2 901 m；中部海拔 1 000～1 800 m；北、东、南三面边缘河谷海拔在 500 m 以下，最低点的黎平县水口河海拔为 148 m。

二、喀斯特地貌发育的典型地区之一

贵州喀斯特出露面积占全省土地面积的 61.9%，95%的县(市)有喀斯特

分布，其中喀斯特面积占所在县(市)国土面积的50%以上者，达到79%。喀斯特分布的县(市)比重之高，在全国也罕见。因此，从生态环境的角度来看，贵州是中国的“喀斯特省”。

贵州喀斯特作用强烈，水文结构复杂，地貌类型多样。地表峰林兀立，峰丛耸立绵延，溶丘波状起伏与盆地、谷地相嵌，洼地、漏斗、落水洞星罗棋布，石芽、溶沟在地表随处可见，还有奇特的天生桥、穿洞等喀斯特特有的地貌形态。喀斯特地表形态极为发育，地形比非喀斯特山地更为破碎，地表崎岖不平。地下形态以溶隙、溶洞为主，在全国最长洞穴排序中，贵州省有6个洞穴居前10名之列。居全国长度之首的绥阳县双河溶洞，实测长度已超过100 km。大于2 km长的地下河约1 130条，分别占中国南方五省地下河总数的38%，地下河总长度的47%。

三、典型的亚热带高原季风湿润气候

贵州省内除黔西北海拔1 700 m以上，黔北大娄山1 500 m以上，黔东梵净山1 400 m以上以及雷公山1 600 m以上的地区属暖温带至中温带气候外，其余广大地区均属湿润的亚热带气候。其特点是冬暖夏凉，多阴雨，少日照，雨水丰沛，但时空分布不均，光、热、水年度变化基本同步，气候地域差异大。

全年降水丰富。省内各地年均降水量在850～1 600 mm，其中大部分地区为1 100～1 500 mm，年相对变率为8%～18%。各地一年中的雨日为150～220 d，其中西部较多。

纬度较低，热量资源比较丰富。各地平均气温一般为8℃～20℃，无霜期260～280 d。大部分地区年均积温在4 500℃以上，以南部罗甸的6 466℃为最高，黔西北等暖温带至中温带山地积温小于3 500℃，局部地区小于2 200℃。光能最多的是西部和南部地区，全年平均日照数为1 400～1 700 h，日照百分率为30%～40%，总辐射量为105 kW/cm^2左右。光能最少的北部和东部地区，年平均日照数不足1200 h，日照百分率在26%以下，总辐射量不到80 kW/cm^2，比同纬度的中国东部地区和云南要少，日照时数和太阳总辐射量在全国都是低值区。

受特殊地理环境的影响，贵州形成了复杂多样的气候类型，素有“一山有四季，十里不同天”之说。另外，气候不稳定，灾害性天气种类较多，干旱、秋风、凝冻、冰雹等出现频度大，对农业生产有一定影响。

四、长江、珠江上游的重要生态屏障

贵州地处长江和珠江两大水系上游交错地带，是长江、珠江上游地区的重要生态屏障，是西部大开发生态建设的重点区域。

1998 年，长江、嫩江、松花江发生特大洪灾后，党中央、国务院站在经济社会可持续发展的高度，作出了在长江上游等重点国有林区实施天然林资源保护工程的重大战略决策。贵州省 70 个市(县、区)13.3×10^4 km^2 被纳入工程范围。至 2010 年工程总投资已达 25 亿元。工程实施 10 多年来，工程区全面停止天然林商品性采伐，累计调减商品材产量 509×10^4 m^3，对 5.26×10^6 亩①森林进行了有效管护。建设公益林 7.26×10^5 hm^2。工程区森林平均每年涵养水源总量约 $1\ 393\times10^8$ t，减少水土流失约 $9\ 265\times10^4$ t。

防护林体系建设工程在珠江流域 18 个工程县营造林 4.77×10^5 hm。退耕还林工程完成营造林 1.22×10^6 hm^2。贵州省林业厅还分别在关岭、盘县等石漠化严重地区开展植被恢复治理试点。通过人工造林、飞播造林、封山育林，投入 1 805 万元完成试点建设任务 2.06×10^6 hm^2。

据初步统计，全省共完成治理石漠化土地面积 6.67×10^5 hm^2。试点区森林覆盖率正逐步提高，水土流失得到了初步控制，生态环境得到了改善，森林涵养水源的功能得到了充分体现。

五、物种多样的生物王国

贵州特殊的生态环境蕴藏着极其丰富的生物资源。自然地理的复杂性、特殊性和过渡性，造就了贵州省森林植被类型和生物种类的多样性及区系成分的复杂性。

贵州维管束植物组成具有明显的亚热带特点，从南亚热带到暖温带性质的物种均有不同程度的分布，因而植物种类组成丰富，仅次于云南、四川、广东，居全国第 4 位。全省维管束植物共有 310 科，1 760 属，8 336 种(包括变种)，其中蕨类植物 54 科，153 属，916 种(包括变种)，裸子植物 10 科，31 属，70 种，被子植物 246 科，1 576 属，7 350 种。

全省共有野生珍稀濒危植物 404 种，隶属于 56 科，142 属，包括蕨类植物 7 科，8 属，11 种，其中以桫椤科 2 属，4 种为最；裸子植物 7 科，16 属，29 种，其中以松科 6 属，13 种为首，其次是红豆杉科 3 属，7 种；被子植物 42 科，118 属，363 种，以兰科 75 属，263 种居首，其次是木兰科，7 属，

① 1 亩≈666.67 m^2，下同。

17种。贵州有中国《国家重点保护野生植物名录(第一批)》中的国家Ⅰ级保护野生植物51种，自然分布的有宽叶水韭、贵州水韭、贵州苏铁、银杏、梵净山冷杉、银杉、云南穗花杉、红豆杉、南方红豆杉、单性木兰、珙桐、光叶珙桐、掌叶木、伯乐树、异形玉叶金花、辐花苣苔16种。国家Ⅱ级保护野生植物203种，贵州有56种。

贵州丰富的物种资源为植物资源多样化利用奠定了有利的条件。贵州是中国四大中药材产区之一，药用植物有近4 000种，占全国中草药品种的80%，享誉国内外的“地道药材”有32种，其中天麻、杜仲、黄连、吴茱萸、石斛是贵州五大名药；野生经济植物中，以纤维、鞣料、芳香油为主的工业用植物有600余种，主要有杉木、松木、泡桐、青冈、栎类等；以维生素、蛋白质、淀粉、油脂植物为主的食用植物有栗类、青冈子类、胡桃、刺梨等200余种，其中刺梨、猕猴桃等具有较高的营养价值和开发潜力。另外，还有可供绿化、美化以及抗污染、改善环境的植物240多种。

根据《贵州野生动物名录》(2003年版)记录，贵州迄今有陆生、水生野生动物24纲，117目，782科，11 442种(亚种)，其中哺乳纲9目，29科，141种，鸟纲18目，57科，509种(亚种)，爬行纲2目，14科，104种(亚种)，两栖纲2目，10科，74种(亚种)，鱼纲6目，19科，225种，昆虫纲27目，413科，8 644种。列入《国家重点保护野生动物名录》的珍稀动物有87种，其中一级保护野生动物有黔金丝猴、黑叶猴、华南虎、云豹、豹、白鹳、黑鹳、黑颈鹤、中华秋沙鸭、金雕、白肩雕、白尾海雕、白颈长尾雉、白头鹤、蟒、林麝等。

第二节　经济位置

一、我国重要的能源和矿产基地之一

贵州能源、矿产资源丰富，矿产资源优势与丰富的能源相结合，为冶金、化工、建材等高能耗原材料工业的发展开辟了广阔前景。丰富的水能和煤炭资源在地域上紧密结合，水火互济的能源为实施“西电东送”提供了保障。

全省水能资源蕴藏量$1\ 874.5\times10^4$ kW，居全国第六位，平均每平方千米拥有水能理论蕴藏量居全国第三位。煤炭资源保有储量占长江以南10个省区保有储量的59%，在全国各省区中居第五位，有“江南煤海”之称。每年向广东、广西、四川、云南、江苏、湖南、湖北等省区提供商品煤500多万吨，仅次于山西、河南、黑龙江、宁夏，为江南最大的煤炭输出基地。

全省已发现矿产110多种，有40种保有储量排在全国前10位，有22种列全国前1～3位。汞、铅、锌、铝、锑、钛等矿产的开采和冶炼在全国占有重要的地位，汞、铝、钛、工业硅的产量和生产能力居全国首位。

二、西南地区是经济发展滞后的地区之一

在新一轮经济发展中，贵州仍处于滞后的地位，存在经济总量不大和发展方式粗放、经济质量不高"两大主要矛盾"以及工业化和城镇化水平低，农业基础薄弱，农村贫困人口多，贫困程度深，科技创新能力弱，教育事业发展滞后，人口资源环境压力大，市场机制不完善等问题。全省共有26个贫困县，大多分布在少数民族聚居区。2012年，全省生产总值仅为全国生产总值的1.66%，在全国31个省、市、自治区中(不含港澳台)居第26位；人均生产总值在全国位居31位。2009年，贵州工业化程度系数为0.8，相当于全国20世纪90年代中期的水平，大体上落后于全国15年左右；第六次人口普查数据显示，城镇化率为33.81%，比全国平均水平约低15个百分点，是全国除西藏自治区外城镇化率最低的省份。

因此，加快少数民族地区经济社会发展和加快贫困地区脱贫致富的步伐，对加强民族团结，保障社会安定，促进各族人民共同富裕和文化繁荣具有重要的战略意义。

三、承东启西、连通南北的立体交通网络

在全国生产力战略布局由沿海向内地推进的过程中，贵州处于承东启西、联南通北的交通地位，为经济开发和经济联系创造了有利的条件。

目前全省88个县全部通高速公路，省内干支结合、四通八达的公路网络基本形成。截至2011年年底，贵州全省公路总里程已达到10^4 km，路网密度以国土面积计算每百平方千米达到89.6 km，高速公路已通车里程2 022 km，在建里程达2 555 km；乡镇通柏油路率达99.1%，建制村公路通达率达到99.45%。

贵州已有贵阳龙洞堡国际机场以及铜仁机场、兴义机场、黎平机场、荔波机场、遵义新舟机场、毕节机场、黄平机场、六盘水机场8座支线机场，新建的机场还有茅台机场。目前已开辟近40条航线，辐射北京、上海、广州、海口、成都、昆明等全国大中城市及香港、澳门特别行政区，同时还有飞往泰国曼谷的航班。

省会贵阳是中国西南重要的铁路交通枢纽，川黔、贵昆、湘黔、黔桂4条铁路干线交会于此，电气化程度居全国之首。贵阳火车站是全省铁路客运中

心；贵阳火车南站是铁路干线货运列车的汇集点，它既是省内最大的物资集散地，也是中国西南最大的铁路枢纽编组站，日编组能力为 8 000 辆，建有国际集装箱货场。铁路货运站还有贵阳东站、贵阳北站、贵阳西站。

内河航运重点整治了乌江、赤水河、红水河等航道。目前内河通航里程已达 3 563 km，航运货物周转量达到 14.23×10^8 t·km，旅客周转量达到 5.15×10^8 人·km。

第三节　文化特色

一、辉煌的史前文化

贵州是人类远古文明的摇篮之一。20 世纪 50 年代以来，中国考古工作者在贵州发现了 80 多处石器时代遗址，几乎每个时期的旧石器文化在贵州都可以找到代表。具有突出代表性的遗址有黔西观音洞、盘县大洞、桐梓岩灰洞、水城硝灰洞、普定穿洞、六枝桃花洞等遗址。已经发现和发掘的石器时代文化遗址出土了一定数量极具说服力的人类牙齿、颌骨、股骨、头骨的化石，学术上分别将他们命名为桐梓猿人、水城人、兴义人、穿洞人等。

1964—1973 年，中国科学院古脊椎动物与古人类研究所裴文中教授及贵州省的考古工作者，对黔西观音洞进行了多次考古发掘，先后出土了石器 4 000多件，哺乳动物化石数十种。它与山西西侯度、北京周口店鼎足而立，成为我国旧石器时代早期有代表性的三种文化类型。盘县大洞旧石器时代遗址是我国旧石器时代中期的典型遗址，被列为“1993 年全国十大考古新发现”榜首。这一时期的文化遗址，全国数量并不多，南方更是寥若晨星，而贵州却发现了三处：桐梓岩灰洞、水城硝灰洞和盘县大洞。盘县大洞总面积超过 8 000 m^2，考古工作者先后对其进行了试发掘和正式发掘，获人牙化石 4 枚、石制品 2 000 余件，动物化石万余件及一批灰烬、灰屑等。

除了拥有许多占有重要地位的典型遗址之外，贵州古人类的旧石器文化还有一个重要的闪光点——“锐棱砸击法”。西藏、四川、台湾、广西、广东都有使用这种由打制方法制作刮削器及少量的砍砸器的遗址，但都出现在旧石器时代晚期。锐棱砸击法的首创者是“水城人”，在水城硝灰洞中，发掘了 56 件石制品，有石锤 2 件，石片 33 件，刮削器 5 件，另有 16 件难以分类。

二、绚烂多彩的少数民族文化

贵州是民族省，少数民族人口占全省总人口的 37%，苗族、布依族、侗族、土家族等17个少数民族群众世居于此。在漫长的历史长河中，各族人民用自己的聪明才智和勤劳的双手创造了辉煌灿烂的民族文化。

贵州民族文化内容丰富，别具特色，包括谚语诗歌、神话史诗、音乐舞蹈、戏剧及节日庆典、民风民俗、民族服饰、民族建筑等。据不完全统计，已搜集整理的民族古籍有5 000多万字，已公开出版的有近100种、3 000多万字，比较重要的是《苗族古歌》、《布依族古歌》、《侗族大歌》、《西南彝志》等。少数民族文字“水书”有水族“百科全书”之称，2003年3月被纳入首批“中国档案文献遗产名录”。除了文本民族文献以外，还有用简易符号记载和以语言代代相传的口碑民族文献。戏剧主要有傩戏、布依戏、侗戏、花灯戏等，其中傩戏被视为戏剧研究的活化石。

第四节　历史沿革与行政区划

一、新中国成立前的历史沿革与行政区划

贵州建省虽然只有600多年，但从已有的文献资料来看，其历史可以追溯到更远。春秋时期，今贵州省内的牂牁古国，就与中原地区有了交往。秦始皇统一中国后，今贵州地区分属巴郡、蜀郡、黔中郡和象郡管辖。“贵州”名称始于宋朝。明永乐十一年(1413年)设置贵州承宣布政使司，正式建制为省，以贵州为省名。

秦王朝在此设立黔中郡，唐王朝在今贵州设黔中道，建黔州郡，设黔州都督府。贵州的历史总离不开一个“黔”字，代代相因，直至贵州建省，这就是贵州简称“黔”的由来。

(一)牂牁与夜郎古国

春秋时期，在今贵州地域内部族林立，其中一个主要的部族是牂牁古国，它原为荆州西南裔，属于“荆楚”或“南蛮”一部。牂牁古国的政治中心叫夜郎邑，其地域今贵州乌江以南地区和广西、云南部分地区。春秋末期，一支土著“濮人”在牂牁江流域兴起，占领了牂牁国北部领土，仍以夜郎邑为政治中心，改定国号为夜郎。战国时期，夜郎取代了牂牁的地位，成为一个强大的地方割据政权。它所控制的范围包括今乌江北源六冲河以南，盘县以东，南盘江和红水河以北，漕渡河以西的地区。战国末期，今贵州地域当时主要包括两部分：一是沿河至榕江一线以东，为秦、楚相争的黔中地的一部分；一是夜郎国所辖地。至此，夜郎国势力包括贵州四分之三、云南四分之一、广西西北一小部分、四川少许地方，“西南夷君长以什数，夜郎最大”(《史记》)。

公元前280年，秦昭襄王派司马错伐楚，夺楚江南地，置黔中郡，辖及今贵州东部和东北部。自此，贵州开始纳入全国统一的行政版图。秦始皇统一中国后，分全国为三十六郡。今黔西、大方、毕节一带划归黔中郡，其余大部分地区仍为古夜郎。公元前212年，秦始皇略取南越以后，置象郡，将镡成、毋敛、且兰、夜郎、汉阳五县划归象郡管辖。

汉初，今贵州绝大部分地区仍为古夜郎国。公元前135年，汉武帝派汉使唐蒙出使南越(今两广部分地区)期间，提出了通夜郎以制南越的筑道计划。随后，唐蒙见了夜郎侯多同，约置郡县。后于公元前130年，置犍为郡，今贵州西部一些县划归犍为郡。公元前126年，汉又在夜郎地置夜郎和且兰两县。

公元前111年，汉武帝封夜郎为夜郎王，赐印绶，保存且同亭(今贞丰、册亨、望谟、罗甸一带)为其领土，维持夜郎国号。公元前110年，汉武帝置牂牁郡，领十七县；其中，鳖(今毕节一带)，且兰，夜郎，毋敛，谈指(今望谟、罗甸一带)，谈藁(今普定一带)，宛温(今兴义一带)等地均在今贵州境内。此外，在今贵州西部还有属犍为郡的汉阳(今赫章一带)、郁鄢(今威宁南)和属武陵郡的黔东等地。公元前106年，汉设十三州刺史督察郡县，犍为郡和牂牁郡均隶属益州。公元前28年至前25年，夜郎王兴阻碍牂牁郡的设置，又与句町侯禹、漏卧侯俞相互攻战，扰乱地方，并拒绝汉使者的调解。于是，汉王朝派牂牁太守陈立前往处置。陈立一到牂牁，就“谕告夜郎王兴”，但兴坚持维护落后的奴隶制，“不从命”，陈立果断地杀了兴。至此，代表奴隶制的夜郎国被纳入了统一的多民族的封建郡县制的行政管辖范围。

(二)魏晋南北朝至隋唐五代时今贵州地区的区划

汉末，征战不休，王室衰落，群雄并起。经过一番混战，逐渐演变为魏、蜀、吴三国鼎立的局面。三国时，牂牁全境隶属蜀汉益州。当时，把今云南、贵州称为“南中”，今贵州省内主要有牂牁郡。公元313年，西晋分牂牁，置平夷(后改平蛮，今毕节)和夜郎二郡。晋后，置宁州统辖牂牁、平蛮、夜郎、西平等郡，辖今贵州大部分地区，齐、梁时基本无变化。陈维持南朝残局，疆域狭小，政令不出荆、扬二州。整个魏晋南北朝时期，牂牁、夜郎的行政区划随着封建王朝的政治局势不断改变，隶属关系时有变化。

隋朝统一中国后，重新调整行政区划，隋文帝将地方行政区划为州、县两级，隋炀帝改州为郡，仍为两级。隋在今贵州建置的主要州郡有：牂州牂牁郡，辖地有今桐梓、遵义、息烽、开阳、施秉、黄平、福泉、罗甸、荔波等地；黔州黔安郡，辖地有今沿河、务川、德江等地；明阳郡，辖地有今道真、正安、绥阳、湄潭等地。

唐太宗贞观十三年(639年)，为加强中央对地方的控制，根据山川形势，把全国划分为十大行政区，称为“道”。今贵州地域大部分属江南道，唯贵州西部属剑南道，黔东南一隅属岭南道。唐玄宗开元二十五年(737年)将全国改为十五道，原属江南道的那部分地方改属黔中道。唐朝政府先后在今贵州地区建置有务州(后改思州，今印江一带)，珍州(今正安、桐梓部分地区)，费州(今德江一带)，夷州(今绥阳一带)，播州(今遵义一带)，奖州(今玉屏、岑巩一带)，充州(今石阡、施秉一带)等经制州，直接委任刺史治理。同时，还置有矩州(今贵阳一带)，应州(今榕江、三都一带)，庄州(今平塘、独山一带)，琰州(今普安一带)，蛮州(今开阳一带)，盘州(今盘县一带)等羁縻州，指派当地土著首领治理。在羁縻政策下，少数民族地区的土著统治者，接受中央政府授予的羁縻州都督、刺史等封号，子孙世袭，只向中央承担纳贡及战时出兵助战的义务。

五代时期，中原战乱不息，边远地区各豪强也纷起割据，今贵州地区陷入分疆而治的状态。

(三)宋朝始名“贵州”

宋代，把大行政区改称为路，起初划分全国为十五路，后又增为二十五路。那时今贵州地域分别隶属于夔州路、荆湖北路、潼川路、广西南路、剑南西路、剑南东路等。

公元974年，在今贵州西部乌蛮土著首领罗氏若藏统治着水西石人山及矩州一带，若藏之子普贵以其所领矩州(今贵阳及近邻地区)归顺大宋王朝。当地乌蛮土音讹“矩”为“贵”，因而朝廷颁给敕书中有“惟尔贵州，远在要荒”，并授普贵为矩州刺史。从此“贵州”一词始见于文献。公元1119年，奉宁军承宣使，知思州军事土著首领天祐恭受朝廷加封“贵州防御史”衔。“矩州”由此开始称为“贵州”。“贵州”一词也就作为行政区划名称见诸史册。

元代，全国置十一行中书省，简称行省，是我国“省”区划概念的源起。行省下设路，一般边远的路因时地不同而称宣慰司、安抚司、招讨司等。今贵州当时分属湖广、四川和云南三行省，大体又分为几个区域管理。有八番顺元宣慰司、播州宣慰司、思州宣慰司、新添葛蛮安抚司、乌撒乌蒙宣慰司、普定路、普安路等。其中主要的八番顺元等处宣慰司都元帅府，辖地有今贵阳、龙里、开阳、修文、息烽、清镇、长顺、惠水、平塘、罗甸、都匀、独山、三都等地，顺元路为其中心，在今贵阳及其附近，南面是所谓“八番”。八番顺元等处宣慰司都元帅府的建立，标志着贵阳已逐渐成为一个政治、军事中心，它通过驿道的联结和军事活动把思州、播州、亦溪不薛等地联系起来。至此，今贵州省的雏形已在形成之中。

(四)明代贵州设行省建置

明代分全国为十五个省级行政区域，每一行政区域均设立承宣布政使司以掌握地方行政，设立都指挥使司以掌握军权，设立提刑按察使司以掌握监察刑狱。三司并立，自成体系，互不统属。

公元1382年，明朝在今贵州省内始置都指挥使司，这是贵州历史上首次建立的省一级军事机构。朱棣即位后，为了维护国家的统一，促进边远少数民族地区政治、经济、社会的发展，决定结束地方土官纷争割据的局面，于公元1413年下令，按照地行省的建制，设立贵州布政使司(即贵州省)，蒋廷瓒为首任贵州布政使，把原先分隶四川、云南、湖广等省的部分州县划归贵州布政使司管辖。这样，贵州作为一个行省被列入全国的地方行政机构之中。这在贵州历史上具有划时代的意义，从此贵州始为一省。

公元1414年，明朝在贵州设置按察使司。至此，在今贵州地域上，分掌一省行政、司法、军政大权的布政使、按察使、都指挥使这“三司”机构得以健全，贵州正式成为明王朝的十三行省之一。“贵州”一词，也才作为完全意义上的省名使用。

(五)清代贵州疆界的确定

清代，地方行政机构分为省，府(直隶州、直隶厅)，县(州、厅)三级。康熙年间，分全国为十八省，光绪年间增至二十二省。康熙、雍正两朝，贵州疆界进行了较大的调整：属湖南省的镇远、偏桥、五开、铜鼓、清浪、平溪六卫及天柱县划归贵州，原属广西的荔波县及泗城府、西隆州在红水河以北的地方划归贵州，原属四川省的乌撒府(后改名威宁府)及遵义军民府划归贵州，而永宁县(原永宁卫)则划归四川。至此，今贵州省的疆界基本确定。清末，贵州省共领十二府、一直隶州、三直隶厅，其下再共领十三州、三十三县、十一厅：

贵阳府：治贵筑县(今贵阳)，领三州、四县、一厅。

安顺府：治普定县(今安顺北)，领二州、三县、二厅。

都匀府：治都匀县(今都匀市)，领二州、三县、三厅。

兴义府：治安龙城(今安龙东南)，领一州、三县。

大定府：治大方城(今大方)，领三州、一县、一厅。

黎平府：治开泰县(今黎平北)，领二县、二厅。

镇远府：治镇远县(今镇远西)，领一州、三县、二厅。

思州府：治思州城(今岑巩)，领二县。

铜仁府：治铜仁城(今铜仁)，领一县。

石阡府：治石阡城(今石阡)，领一县。

思南府：治思南城(今思南北)，领三县。

遵义府：治遵义县(今遵义市)，领一州、四县。

平越直隶州：治平越城(今福泉)，领三县。

松桃直隶厅：治松桃城(今松桃)。

赤水直隶厅：治赤水城(今赤水)。

盘州直隶厅：治盘州城(今盘县)。

(六)中华民国时期贵州政局和建置

中华民国时期，贵州政局多变，行政建制时有变化。

1911年，武昌起义，辛亥革命爆发。同年11月4日，贵州宣告独立，成立大汉贵州军政府，由都督、行政总理、枢密院三方组成，废除了清朝在贵州所设的巡抚、布政司、提法司、提学司及各道，但仍保留府、县、州、厅的行政建置。

1912年，军阀唐继尧率滇军入黔，以武力解散大汉贵州军政府，另组贵州都督府，总揽全省军事、民政，从此贵州进入了长达23年之久的军阀混战时期。1913年1月15日，北洋政府颁布新官制的组织令，贵州设立都督府和行政公署，实行军、民分治，都督府设都督，负责军务；行政公署设民政长，主持民政。府、厅、州一律改县。府撤销后，地方行政组织采取三级制，在省与县之间恢复道的建置，道官称观察使。当时分贵州为黔中、黔东、黔西三道：黔中道驻贵阳，辖贵阳等31县；黔东道(又称镇远道)驻镇远，辖镇远等27县；黔西道(又称贵西道)先驻安顺，后移至毕节，辖安顺等23县。

1916年1月27日，贵州宣告独立，以都督兼管军、民两政，并撤销各道道尹，改设东、西、中三路刺史。7月6日，黎元洪继任大总统后，申令各省督理军务的长官称督军，民政长官改称省长。1920～1923年，先后废除黔中、黔东、黔西三道，所辖各县皆直隶于省。1927年3月1日，国民政府下令改省公署为省政府，废省长，设省主席。

1935年，国民党政府势力进入贵州以后，建立了一套行政机构，设立了省政府委员会，设主席一人，下设若干处、厅、局政府机构：各设厅长、处长处理日常事务。行省下设11个行政督察专员区，分管各县。1937年合并为六个行政区，各县的区划也有变动。1941年，置贵阳市，另于市西南华西镇置贵筑县，同年改定番为惠水，改安南为晴隆，并广顺入长寨改名长顺县，撤后坪县并分别划入沿河、务川二县，划威宁东北地置赫章县，划务川西北地置道真县。此后，为了加强对贵州政治、军事上的统治，又根据各县土地面积、人口、文化、交通等条件，将各县划分成一、二、三等，至1948年，设一个直辖区，六个行政督察区。

表 1.1　1948 年贵州省行政区划一览表

区划		等级县		
		一等县	二等县	三等县
	直辖区（1 市 10 县）	贵阳市、贵筑、安顺、惠水	龙里、修文、开阳、贵定、平坝、清镇	息烽
行政督察区	第一区（12 县）	镇远	黄平、天柱、台江、锦屏、余庆、炉山、雷山	施秉、岑巩、三穗、剑河
行政督察区	第二区（12 县）	独山	榕江、黎平、罗甸、平塘、从江、荔波、都匀、三都、平越、麻江	丹寨
行政督察区	第三区（14 县）	兴义、盘县	兴仁、安龙、郎岱、关岭、镇宁、贞丰、普定、晴隆、普安	望谟、紫云、册亨
行政督察区	第四区（9 县）	毕节、黔西、威宁、大定	赫章、水城、金沙、纳雍、织金	
行政督察区	第五区（12 县）	遵义、桐梓、正安、仁怀、赤水	务川、绥阳、湄潭、凤冈、道真、习水、瓮安	
行政督察区	第六区（9 县）	铜仁、思南、松桃	沿河、石阡、玉屏、德江	江口、印江

资料来源：何仁仲：《贵州经济社会发展教程》，贵阳，贵州人民出版社，1998

此外，还在县(市)之下建立了乡镇保甲制。截至 1948 年，贵州有乡镇 1 397个，保 12 940 个，甲 128 435 个。

二、新中国成立后的行政区划调整

1949 年 11 月 15 日，贵州省省会贵阳市解放，12 月 26 日贵州省人民政府宣告成立。当时，贵州省政府将全省的行政区划划为一个省辖市，即贵阳市，8 个专区，即贵阳、遵义、铜仁、镇远、独山、兴仁、安顺、毕节，1 个专区辖市，即遵义市，改雷山设治局为雷山县，共置 79 个县。

新中国成立以来，贵州省的行政区划及建置，根据各个时期社会发展的需要，进行了多次较大的变动。

1952 年，贵阳专区更名为贵定专区，独山专区更名为都匀专区，兴仁专区更名为兴义专区。撤惠水县、炉山县、丹寨县，设惠水彝族苗族自治区、炉山苗族自治区、丹寨苗族自治区。

1953 年，平越县改名为福泉县；贵阳市第四区并入第三区。

1954 年，惠水彝族苗族自治区改名为惠水布依族苗族自治区；撤台江县、雷山县、罗甸县、威宁县，设台江苗族自治区、雷山苗族自治区、罗甸布依族自治区、威宁彝族回族自治区。

1955 年，贵州省人民政府改为贵州省人民委员会。3 月，将遵义市改为省辖市；12 月将 7 个民族自治区改为民族自治县，将威宁彝族回族自治区改名为威宁彝族回族苗族自治县。将贵阳市第一、第二、第三区划为云岩区和南明区。

1956 年，先后撤销贵定、镇远、都匀、兴义四专区。将原镇远专区的余庆县划归遵义专区，将原镇远专区的其余 11 个县和原都匀专区的黎平、榕江、从江、麻江、丹寨共 16 个县，划归新建立的黔东南苗族侗族自治州；将原都匀专区的都匀、独山、荔波、三都、平塘，原贵定专区的长顺、罗甸、惠水，原安顺专区的紫云、镇宁，原兴义专区的望谟、册亨、安龙、贞丰共 14 个县划归新建立的黔南布依族苗族自治州。

1957 年 11 月，将安顺专区的贵筑县划入贵阳市。

1958 年，全省行政区划有两次较大的调整：一是增加建制市的数量，扩大市区范围。撤安顺县，设安顺市，由安顺专区管辖；撤都匀县，设都匀市，由黔东南苗族侗族自治州管辖；撤遵义县并入遵义市，并改为专区辖市；将清镇、修文、开阳、惠水划归贵阳市管辖；撤贵阳郊区，划为花溪、乌当两区。二是将小县并为大县，县的数量减少，县域范围扩大。将道真县并入正安县，凤冈、余庆并入湄潭县，福泉县并入瓮安县，龙里县并入贵定县，荔波县及平塘县的东半部并入独山县，平塘县的西半部并入罗甸县，紫云县分别并入望谟县和长顺县，册亨县并入安龙县，贞丰县并入兴仁县，关岭县并入镇宁县，晴隆县并入普安县，江口县、玉屏县并入铜仁县，天柱县并入锦屏县，台江县并入剑河县，从江县并入榕江县，施秉县并入黄平县，岑巩县、三穗县并入镇远县，丹寨、雷山、麻江、炉山 4 县合并设置凯里县。同年，大定县更名为大方县，息烽县划归遵义专区，瓮安、福泉、龙里、贵定 4 县划归黔南布依族苗族自治州。全省共辖一个省辖市、4 个专区、2 个自治州、3 个专区辖市、49 个县、3 个自治县。

1959 年，婺川县更名为务川县，鳛水县更名为习水县。

1960 年，撤郎岱县，设六枝市。

1961 年，恢复遵义、道真、凤冈、余庆、江口、玉屏、关岭、贞丰、册亨、晴隆、岑巩、天柱、从江、雷山、麻江、荔波、平塘、紫云、龙里、福泉 20 个县。

1962 年，恢复施秉、三穗、台江、丹寨 4 县；撤安顺市，重设安顺县；撤六枝市，改设六枝县；撤都匀市，重设都匀县。

1963 年，恢复开阳县并划归遵义专区，将修文县和清镇县划归安顺专区，将惠水县划归黔南布依族苗族自治州；撤镇宁县设镇宁布依族苗族自治县。

1965 年，重新恢复兴义专区，辖兴义、兴仁、晴隆、普安、望谟、册亨、贞丰、安龙等县；将开阳县、息烽县和紫云县划归安顺专区；同年撤安龙、贞丰、册亨、望谟、紫云 5 县，设安龙布依族苗族自治县、贞丰布依族苗族自治县、册亨布依族自治县、望谟布依族苗族自治县和紫云苗族布依族自治县。

1966 年，为开发矿产资源、加强"三线建设"，增设六枝、盘县、水城、万山、开阳 5 个特区；恢复安顺、都匀两市；恢复郎岱县。

1967 年，设置六盘水地区，辖六枝、盘县、水城。

1968 年，撤开阳特区和万山特区。

1970 年，撤郎岱县并入六枝特区，撤盘县并入盘县特区；撤水城县并入水城特区，并恢复万山特区。同时，遵义、铜仁、安顺、毕节、兴义 5 个专区全部改名为地区。

1973 年，设贵阳市白云区。

1978 年，撤六盘水地区，设省辖六盘水市，辖六枝、盘县、水城。

1981 年，撤兴义地区，设黔西南布依族苗族自治州。撤关岭县改为关岭苗族布依族自治县；恢复安龙、贞丰、册亨、望谟县名。

1982 年，撤都匀县，设都匀市；撤凯里县，设凯里市；改玉屏县为玉屏侗族自治县。

1986 年，将沿河、印江、道真、务川 4 县改为沿河土家族自治县、印江土家族苗族自治县、道真仡佬族苗族自治县和务川仡佬族苗族自治县。

1987 年，撤水城特区，设六盘水钟山区和水城县；撤兴义县设县级兴义市；撤铜仁县设县级铜仁市。

1990 年，撤赤水县，设县级赤水市；将安顺市和安顺县合并为新的县级安顺市。

1992 年，撤清镇县，设县级清镇市。

1993 年，撤毕节县，设县级毕节市。

1995 年，将安顺地区的修文县、息烽县、开阳县划归贵阳市管辖；清镇市改为由省直辖，委托贵阳市管理；撤仁怀县，设县级仁怀市。

1996 年，撤福泉县，设县级福泉市。

1997 年，撤遵义地区，设地级遵义市，管辖遵义县、绥阳县、桐梓县、习水县、凤冈县、正安县、余庆县、湄潭县、道真仡佬族苗族自治县、务川仡佬族苗族自治县和新设立的红花岗区，赤水市、仁怀市改为由省直辖，委托遵义市管理。

1999年，撤盘县特区为盘县，属六盘水市。

2000年，撤安顺地区，设地级安顺市，辖普定县，平坝县、关岭布依族苗族自治县、镇宁布依族苗族自治县、紫云苗族布依族自治县和新设立的西秀区；在贵阳经济技术开发区的基础上，设小河区为贵阳市辖区。

2003年，在原遵义市经济技术开发区的基础上，汇川区归入遵义辖区。2011年，撤毕节地区和县级毕节市，设地级毕节市和县级七星关区。同年，撤销铜仁地区和县级铜仁市、万山特区，设立地级铜仁市、碧江区、万山区。

截至2012年，贵州省共有9个地级行政区划单位(6个地级市、3个自治州)，88个县级行政区划单位(13个市辖区、7个县级市、56个县、11个自治县、1个特区)。

表1.2　贵州省行政区划一览表

贵阳市 (6市辖区、1县级市、3县)	南明区　云岩区　观山湖区　花溪区　乌当区　白云区 清镇市　开阳县　息烽县　修文县
六盘水市 (1市辖区、2县、1特区)	钟山区　盘县　水城县　六枝特区
遵义市 (2市辖区、2县级市、8县、2自治县)	红花岗区　汇川区　赤水市　仁怀市　遵义县　桐梓县 绥阳县　正安县　凤冈县　湄潭县　余庆县　习水县 道真仡佬族苗族自治县　务川仡佬族苗族自治县
安顺市 (1市辖区、2县、3自治县)	西秀区　平坝县　普定县　关岭布依族苗族自治县　镇宁布依族苗族自治县　紫云苗族布依族自治县
铜仁市 (2市辖区、4县、4自治县)	万山区　碧江区　江口县　石阡县　思南县　德江县 沿河土家族自治县　松桃苗族自治县　玉屏侗族自治县 印江土家族苗族自治县
毕节市 (1市辖区、6县、1自治县)	七星关区　大方县　黔西县　金沙县　织金县　纳雍县 赫章县　威宁彝族回族苗族自治县
黔东南苗族侗族自治州 (1县级市、15县)	凯里市　黄平县　施秉县　三穗县　镇远县　岑巩县 天柱县　锦屏县　剑河县　台江县　黎平县　榕江县 从江县　雷山县　麻江县　丹寨县

续表

黔南布依族苗族自治州（2县级市、9县、1自治县）	都匀市 福泉市 荔波县 贵定县 瓮安县 平塘县 罗甸县 长顺县 龙里县 惠水县 独山县 三都水族自治县
黔西南布依族苗族自治州（1县级市、7县）	兴义市 兴仁县 普安县 晴隆县 安龙县 望谟县 贞丰县 册亨县

数据来源：《中华人民共和国行政区划简册》(2014)

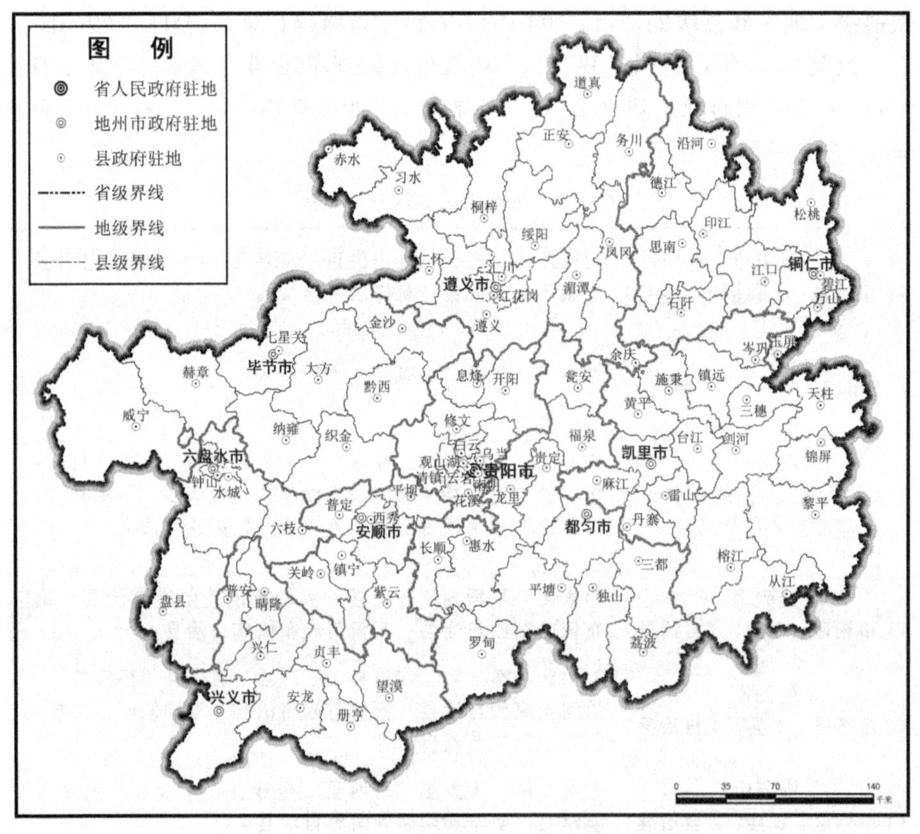

图 1-1 贵州省行政区图

第二章　地理特征

章前语

贵州是一个没有平原支撑的省份，西有高峻的乌蒙山，北有横贯黔北的大娄山，东有连绵的武陵山脉，苗岭横亘于面积广大的中部地区，山岭、盆谷相间分布于全省各地。地质历史悠久，生态类型多样，降水丰富，河流密度较大，湖泊众多。夏无酷暑，冬无严寒，气候宜人。人口密度较大，经济水平较低，民族文化多样，自然景观秀丽。贵州是一个资源丰富，发展潜力巨大的省份。

关键词

多山的高原；宜人的气候；多样的民族文化；脆弱的生态环境；经济欠发达

第一节　自然特征

一、地质环境特征

贵州位于华南板块内，处于东亚中生代造山带与阿尔卑斯—特提斯新生代造山带之间，横跨扬子陆块和华南活动带两个大地构造单元。由于漫长地质时期的壳幔作用和板块运动，形成了贵州复杂纷繁的地质景观，并以“沉积岩王国”、“古生物宝库”著称于世。

（一）地层发育特点显著

地层发育齐全，自新元古界至第四系均有出露。地层连续，多为整合接触，特别是震旦纪至三叠纪海相地层中富含多门类生物化石，且保存完好，形成了具有重要影响的瓮安生物群、江口庙河生物群、遵义牛蹄塘生物群、凯里生物群、盘县生物群、兴义生物群、关岭生物群等。

地层主要由沉积岩、浅变质沉积岩组成，火成岩和深变质岩很少。在沉积岩中又以碳酸盐岩最为发育。据统计，碳酸盐岩地层的累计厚度达20 000 m，分布面积10.9×10^4 km²，约占贵州国土面积的61.9%。碳酸盐岩的广布为喀斯特地貌的发育提供了物质条件。

地层组成物质垂向上分异明显。新元古界以海相陆源碎屑岩为主，其次为火山岩及火山碎屑岩，少量碳酸盐岩，大部分已变质为绿色岩系；晚三叠世晚期以后全为陆相碎屑岩。纵向上的三分性展示了贵州地壳由海向陆的演变过程，同时也为现今的地貌分异奠定了物质基础。

(二)构造运动

1. 构造运动的基本特点

在已知近10亿年的地质历史中，贵州经历了武陵、雪峰、加里东、华力西—印支、燕山—喜山5个阶段。雪峰运动奠定了扬子陆块的基底，广西运动使黔东南地区褶皱隆起与扬子陆块融为一体，以后又经历了裂陷作用、俯冲作用阶段，燕山运动奠定了现今构造的基本格局。在多次造山作用的过程中，地应力场不断变化，形成了挤压型、直扭型和旋扭型三类构造形式。其特点是：贵州的地质构造属板内构造，构造的主体为薄皮构造。变形不强烈，在贵州发育最完整、最广泛的构造样式是侏罗山式褶皱带，燕山运动造就了现今构造的基本格局，喜马拉雅运动奠定了今天地貌发育的基础。

2. 地质构造特征

贵州侏罗山式褶皱带：其特点为背斜和向斜的变形强度不同，较紧闭的褶皱和较开阔的褶皱相间并列，代表性的构造是隔挡式与隔槽式褶皱。占据了贵州扬子陆块大部分的侏罗山式褶皱带，卷入褶皱带的地层从中元古界至中生界。褶皱样式多样，以隔槽式褶皱最为发育和典型。贵州侏罗山褶皱带是由一系列的紧密向斜和平缓背斜相间平行排列而成的，在平面上和剖面上呈雁形排列。在广大范围内，普遍发育有与褶皱轴(主要是背斜轴)平行的冲断层，与上述褶皱一起构成褶皱—推覆构造。冲断面产状一般较为平缓，有时出现飞来峰或构造窗；有的则形成双重构造或叠瓦状冲断岩片。区内另一类重要断层是与上述褶皱和冲断层斜交的走滑(平移)断层，它与上述的冲断层构成复杂的断裂网络。此外，在贵州侏罗山式褶皱带的一些大断裂旁侧，还发育有小型拉伸构造——箕状断裂，常表现为半地堑盆地，其中堆积的晚白垩纪磨拉石已发生轻微变形，这显然是喜山运动的表现。

四川盆地边缘平缓开阔褶皱带：位于四川盆地南部边缘，涉及范围仅限于贵州赤水和习水。区内构造变形较微弱，地层产状一般平缓，有的甚至水平，主要由晚三叠纪晚期至晚白垩陆相碎屑岩地层组成。褶皱一般开阔，其形式以横弯顶薄的舒缓背斜和向斜为主，呈近东西向分布。断裂构造不发育，仅有一些小型的正断层。

南盘江造山褶皱带：南盘江地区属华南活动带的西南段。卷入这个带的地层为上古生界至中生界，其中以中上三叠统的陆源碎屑复理石建造最引人注目。主期构造线呈 NW－NWW 向，为紧密的褶皱和冲断层。分布最广的中上三叠统陆源碎屑岩，构造变形强烈，常见连续线性紧密褶皱，区域性板劈理发育，并有复杂的中小型构造，如平卧褶皱、同斜褶皱、扇形褶皱和尖楞褶皱。

江南基底褶皱—冲断带：镇远—凯里—三都一线的黔东南地区是雪峰山区的一部分，前寒武系浅变质岩系大面积成片出露。燕山期向北西叠瓦逆冲作用使该带前寒武系大面积成片出露，带内具有基底卷入变形、广泛发育劈理、出现双冲构造等较深层次变形的特征。本带的西缘为一系列倾向南东，向北西凸出的弧形逆冲断层。总的看来，本带是一个被燕山期叠瓦逆冲作用破坏和改造了的加里东期造山带。

六盘水断陷盆地：指在晚古生代期间，在峨眉地裂的影响下，沿现今的威宁、水城、六枝、镇宁等地，呈北西向展布的一个槽形断陷盆地。盆地的两侧分别受紫云—垭都同沉积断裂及威宁—水城同沉积断裂控制，在盆地内，泥盆系、石炭系及中下二叠统为深水沉积的暗色碳酸盐岩、泥岩和硅质岩，以含浮游生物为主。盆地两侧相应地层由富含底栖生物化石的浅色碳酸盐岩组成。该槽形盆地夭折于晚二叠世，据物探资料，沿该北西向的槽形盆地区内有隐伏的火山岩体分布。断陷盆地的边缘不仅控制着泥盆系、石炭系的铅锌矿及热液菱铁矿的分布，而且还控制着燕山期形成的北西向变形带的分布。

贵州西部北西向变形带(又称水城—紫云变形带)：指展布在威宁、水城、六枝、镇宁等地，呈北西向延伸的大型变形带。该带长约 250 km，宽约 20～50 km，总体走向 NE50°～SW50°。它由上古生界、三叠系、侏罗系组成的一系列倒转褶皱及逆冲断层构成，但在不同的地段其组合方式不同。

雷公山过渡性剪切带：指在台江、雷山、三都等地发育的地壳中深层次(10～15 km)的脆韧性或韧脆性的强变形带，带内以剪切变形为主。据朱艾林等(1998)研究，该过渡性剪切带在宏观上表现为一系列呈 NE30°～50°延伸，相互平行呈雁形排列的劈理密集带，并发育有剪切褶皱、剪切透镜体、拉伸线理、顺层掩卧褶皱、无根状褶皱、鞘褶皱等。根据有关测试资料的计算，该过渡性剪切带形成于加里东期，形成深度在 14 km 以上。

二、多样的地貌类型、高亢的地势环境

（一）多山的高原

贵州省内以高原山地为主，山脉众多，绵延纵横，山高谷深。北部有大娄山，自西向东北斜贯北境，中部苗岭横亘东西，东北有武陵山，由湘蜿蜒入黔，西部高耸乌蒙山。省内平均海拔在1 100 m左右，地势西高东低，自中部向北、东、南三面倾斜，呈三级阶梯分布。贵州地势起伏比较大。最高地区是西部的威宁，平均海拔 2 166 m。最低为东部的玉屏，平均海拔 541 m。晚近强烈构造隆升和自古近纪以来就受到的热带、亚热带气候的影响，不仅岩溶地貌发育，地貌演变过程复杂，而且地貌区域分异明显，类型复杂多样，有高原、山地、丘陵、台地、盆地（坝子）和河流阶地等，根据地表的起伏和切割情况可分为以下几个区域。

东部山地丘陵区：范围包括梵净山、雷公山以东的地区，地势东高西低，除梵净山、雷公山外，海拔大都在 800 m 以下。区域沟谷发育，河网密集，地表分割破碎，山地和丘陵地貌显著。

北部中山峡谷区：范围包括大娄山以北地区，地势南高北低，海拔800～1 200 m，以中山峡谷地貌为主，丘陵、盆地、岩溶洼地也有零星分布。

中部山原丘陵盆地区：范围包括黔西、织金以东，黄平以西，绥阳以南和镇宁、惠水以北地区。地势自西向东，自中部向南、北方向倾斜，海拔800～1 000 m。地貌类型以山原丘陵洼地和山原丘陵盆地为主，大部分地区起伏和缓，面积较大的坝子较多。

南部山地河谷区：范围包括苗岭中段以南的地区，地势北高南低，北部海拔 1 200～1 500 m，南部红水河一带海拔 300～400 m，地貌类型以中、低山河谷为主。

西南部山原丘陵地区：范围包括普安以南，望谟以西，南盘江以北地区，地势北高南低，西高东低，北部海拔 1 500～2 000 m，南部南盘江、北盘江河谷地带海拔 400 m，西部海拔 1 400～1 800 m，东部海拔 800 m 以下。地貌类型以山原丘陵为主。

西北部山原山地区：范围包括盘县、晴隆以北，黔西、织金以西地区。地势西高东低，海拔 1 400～2 400 m，最高峰达 2 901 m，是全省最高地区。除西北部和西部外，大部分地区山高坡陡，地势起伏较大，是典型的山原山地地貌。

(二)层状展布的地貌格局

层状地貌是新构造运动间歇性上升过程中，由外营力作用形成的呈层状分布的地貌类型，一般具多级性，如多级阶地、多级夷平面和多级洪积扇等。贵州地貌自燕山构造运动形成基本骨架以后，经历了长期的剥蚀夷平作用。在此基础上喜马拉雅运动自西向东大面积大幅度掀斜抬升，同时伴以断穹断块的隆升和某些断陷盆地的相对下降，在整个上升过程中又具有阶段性和间歇性的特征，因此在历经了大娄山期、山盆期、乌江期后呈现出明显的层状地貌和海拔自西向东逐级递减的特点。

(三)分异显著的高原—峡谷喀斯特地貌

高原峡谷的喀斯特地貌分异是贵州地貌的又一显著特征，分为发育过程和地貌组合完全不同的喀斯特高原和喀斯特峡谷两大单元。

高原区位于河流上游分水岭地带，高原面一般保存较好，谷宽流缓，地表水与地下水相互转化补给，地势平坦的区域是喀斯特地貌的滞后发育区，地面抬升和基面下降而造成的河流溯源侵蚀尚未波及，其地貌发育基本遵循着原先的准平原方向演化。以峰林、残丘、大型溶蚀盆地、岩溶湖、岩溶潭、水平溶洞以及常覆盖于地面厚十数米或数十米的红色残积型风化壳为特征，地表河宽浅，很少深切，两岸阶地广布，地下河分支多，埋藏浅，坡降小，一般没有深邃的落水洞和竖井，是地貌继承性发育区。

峡谷区位于河流中下游，切割强烈，峡谷水急坡陡，主要是地下水补给地表水，河流下切300～700 m，地貌以峰丛洼地和峰丛峡谷为主，深度在百米以上的竖井，落水洞，层楼状溶洞(水平溶洞通道与垂直溶洞通道串联)，大坡降的暗河、伏流、瀑布、跌水及“潮泉”时有出现。地下水埋藏深度在100 m以上，岩溶地下水处于极不均一的状态，是地貌向深发育区。在峡谷区，由于地面的抬升和河流侵蚀基面的下降，河流最先从下游向中游、上游强烈下切和溯源侵蚀，逐渐向峡谷两侧扩张。所以，岩溶地下水也力图不断去适应下降的排泄基面，致使岩溶地貌表现出叠加发育和向深发育的规律性，形成峰林盆地—峰丛谷地—峰丛洼地的空间结构。

三、冬无严寒、夏无酷暑的宜人气候

(一)冬暖夏凉，气温变化小，立体气候明显

贵州在全国的温度带划分中属于亚热带范围。海拔较高，纬度较低，所以受纬度、地形和大气环流的影响，表现为冬温较高，夏温较低，大部分地区年平均气温在15℃左右，冬无严寒，夏无酷暑，气候十分宜人。南部、北部和东部河谷地带为高温区，其中南部的红水河和南盘江、北盘江河谷地带，

年平均气温在 20℃左右，是省内气温最高的地区。东南部的都柳江和北部的赤水河河谷地带，年平均气温在 18℃左右；东部的其他河谷地区，年平均气温在 16.5℃左右。西北部地势较高地带为低温区，年平均气温在 12℃左右；海拔 2 400 m 以上的地区年平均气温在 8℃以下。其余广大地区年平均气温为 14℃～16℃。

贵州的气温年变化幅度较小。最冷的 1 月平均气温 3℃～6℃，其中南部册亨、望谟、荔波在 8℃以上，罗甸最高平均气温达 10.1℃；威宁、大方、开阳、万山等地的平均气温最低，为 1.5℃～2℃。最热的 7 月平均气温多为 22℃～26℃，为典型的夏凉地区，其中温度最高的是东北部乌江地区，北部赤水河河谷地带和南北盘江以及红水河流域地带，平均气温在 28℃左右；温度最低的威宁一带低于 18℃。其他大部分地区气温年变化幅度不过 20℃左右。

贵州地表起伏较大，加上太阳辐射和大气环流的影响，气候垂直变化明显，地域差异显著。贵州气候的地域性差异常表现在水平距离不远但地形起伏较大的山区，气温随着海拔的升高而降低，立体气候特征明显，垂直差异显著，常被形容为“一山有四季，十里不同天”。

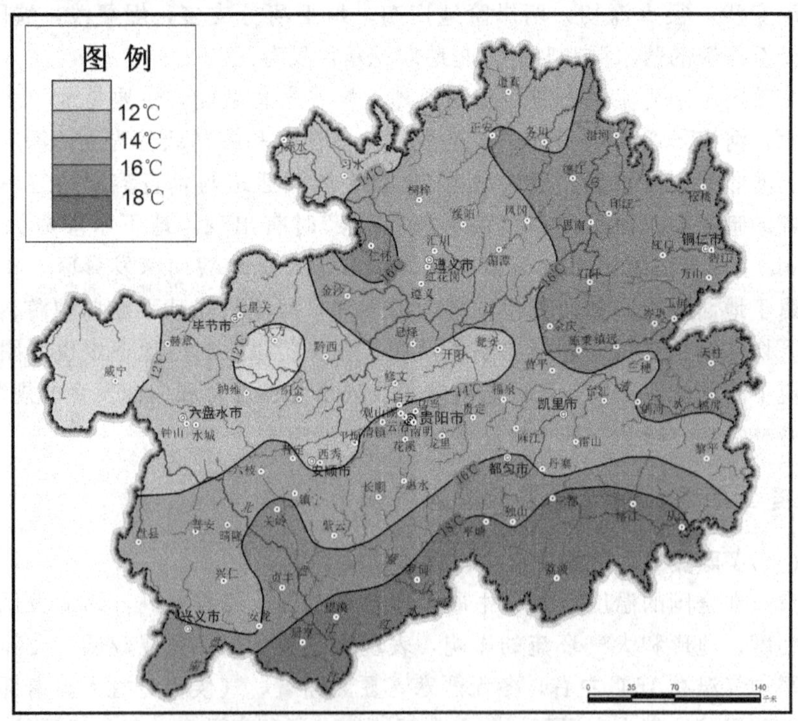

图 2-1 贵州省年平均气温分布图

(二)雨量充沛，时空分布不均

贵州距离南海较近，处于冷暖空气经常交锋的地带，降雨丰富，年降水量为 850～1 600 mm，属于湿润地区。贵州的降水可分为三个多雨区和两个少雨带，多雨区的降雨量均在 1 300 mm 以上。第一个多雨区在苗岭西段南坡，雨量最多的是晴隆，年降雨量达 1 588.2 mm；第二个多雨区在苗岭东段南坡，雨量最多的是丹寨，年降雨量达 1 505.8 mm；第三个多雨区在东北部武陵山的东南坡，中心区的降雨量在 1 400 mm 以上。三个多雨区之间就是少雨带，贵州雨量最少的是威宁、赫章、毕节一带，年降水量在 900 mm 左右，其中赫章最少，为 854.1 mm。

贵州常年雨水充沛，年降雨量大于蒸发量。各地降雨量年变化较小，但一年中各时期变化较大，常出现一段时期干旱少雨，一段时期却大雨或暴雨连续不断的情况。贵州雨季每年 4 月上旬到 5 月上旬自东向西而来，6～7 月雨量最大，此时正值高气温、多光照时期，水、热、光基本同步，对农作物生长十分有利。

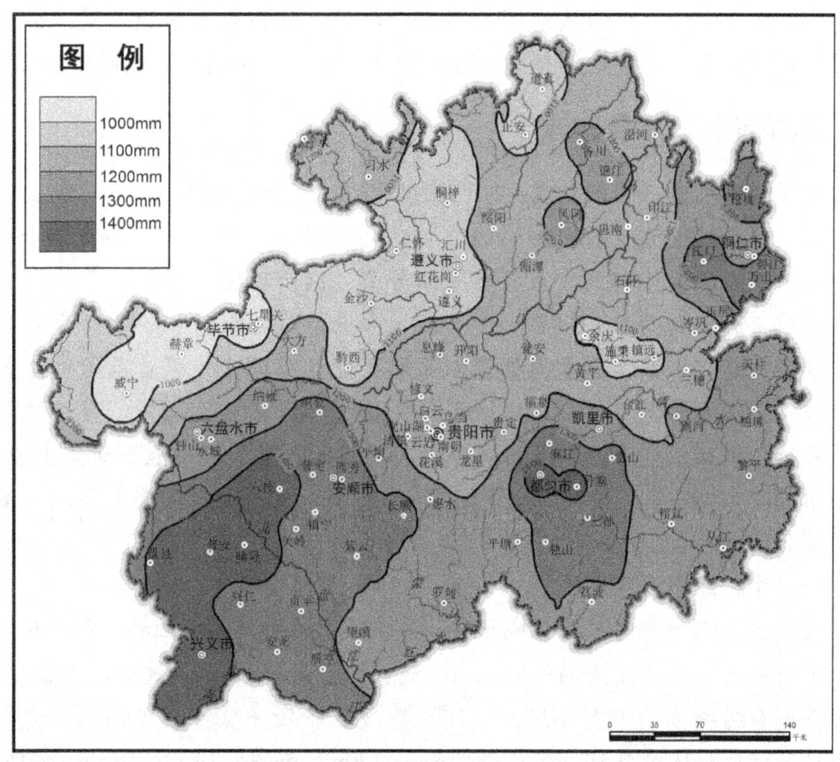

图 2-2　贵州省年平均降雨量分布图

(三)多阴天，少日照

由于地处冷暖空气经常交锋的地带，加上特殊的地形条件，贵州形成了阴雨多、日照少的独特气候。年日照时数为1 050～1 800 h，比同纬度的东部地区少三分之一左右，不及青藏高原的一半。在时空分布上，日照西部多，东部少，最少的为北部大娄山区。一年中夏季日照时数最多，春季次之，冬季最少。每年9月中下旬，秋雨可连续下10～20 d。大部分地区阴雨日数超过150 d，年相对湿度超过70%。

(四)气象灾害多，危害大

贵州气候总体情况良好，但也存在气象灾害。主要的灾害性天气有干旱、凝冻、冰雹以及倒春寒、秋绵雨、暴雨和大风等。干旱是省内危害最大的气象灾害，夏旱突出，春旱次之。夏旱常发生在东北部、东部和北部，春旱主要发生在西部，北部也时有发生，其他地区相对较少。影响8月上旬至9月上旬水稻正常生长的是低温冷害，全省除地势低洼而封闭的河谷之外，都有不同程度的此类危害。凝冻是冬季地面冻结影响交通运输、通信以及农牧业生产的灾害性天气，高海拔地区每年都会出现。冰雹是贵州经常发生的灾害性天气，春夏之交，各地都有不同程度的冰雹发生，历时短，但破坏性强。

四、水系发育，水量充沛

贵州降水丰富，沟壑纵横，河网密度较大。流域面积在10 km^2以上的河流有984条，其中流域面积在1×10^4 km^2以上的有7条。河流多发源于西部和中部山地，顺地势向北、东、南三面分流。以苗岭为分水岭，苗岭以北属长江流域，流域面积为11.57×10^4 km^2，占贵州总面积的65.7%，有牛栏江横江水系、乌江水系、赤水河綦江水系和沅江水系四大水系；苗岭以南属珠江流域，流域面积为6.04×10^4 km^2，占贵州总面积的34.3%，有南盘江水系、北盘江水系、红水河水系和都柳江水系四大水系。贵州地下河流也较多，已探明的有1 097条，较大的地下河系有23个。贵州河流的多年平均水量居全国第9位。

(一)牛栏江横江水系

该水系在贵州省内主要在威宁县，省内流域面积4 888 km^2。牛栏江干流发源于云南省，在贵州省内长79 km，流域面积2 014 km^2，最终汇入金沙江。主要支流有哈喇河、玉龙小河。横江干流发源于贵州威宁县羊街镇，自南向北流经云南后汇入金沙江，贵州省内长120 km，流域面积2 874 km^2，主要支流为拖洛河。该水系水量和水力资源比较丰富，牛栏江含沙量稍大。

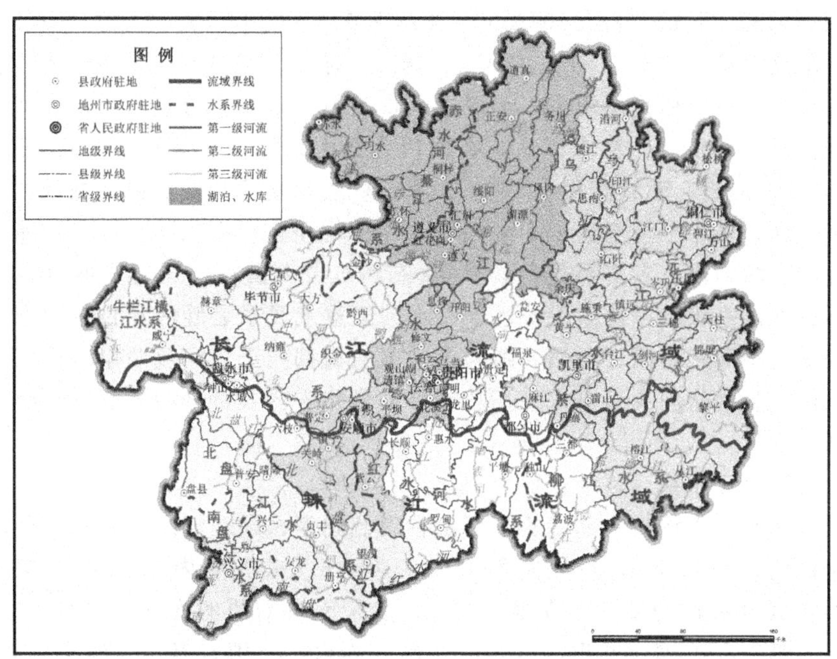

图 2-3　贵州省水系图

(二)乌江水系

该水系主要位于贵州东北部，下游部分在四川盆地边缘。乌江干流是长江上游右岸的最大支流，发源于贵州威宁县盐仓镇的香炉山，贵州省内长 889 km，流域面积 6.68×10^4 km^2，占全省总面积的 37.9%，是贵州最大的河流。乌江源流称三岔河，自西向东流经毕节、六盘水、安顺等市，在织金和黔西交界处与北来的六冲河汇合后称为乌江，自西向东流至思南县后转向北流，在重庆涪陵汇入长江。乌江水系水量和水力资源都十分丰富。河口多年平均流量 1 690 m^3/s，年来水量 549×10^8 m^3，与黄河水量相当。乌江具有水力发电梯级开发的有利条件，先后建成乌江渡、东风、普定、洪家渡、引子渡、索风营、构皮滩等大中型水电站，并进行了乌江渡扩能，目前还在不断进行梯级开发。另外，乌江景色十分秀丽。有人说：乌江的山，有剑门之雄，三峡之壮；乌江的水，清澈透明，碧若琉璃；畅游乌江，有“船在画中行”的感觉。乌江流域涉及贵州 40 多个市、县，多为开发较早、经济较发达的地区，人口占全省人口的三分之一，乌江水系对贵州的发展具有十分重要的意义。

(三)赤水河綦江水系

该水系主要位于贵州省的北部，包括赤水河、桐梓河和綦江上源松坎河，贵州省内流域面积 1.38×10^4 km^2，涉及毕节地区的七星关、大方、金沙和遵义市的红花岗、仁怀、赤水、习水、桐梓。赤水河是长江右岸的一级支流，发源于云南省威信县雨河乡，干流进入贵州西部毕节市后成为川黔界河，流经金沙县、习水县、赤水市后，在四川合江汇入长江。贵州省内长 299 km（全长 378 km），流域面积 1.14×10^4 km^2。主要支流有二道河、桐梓河、习水河。河口多年平均流量 175 m^3/s，多年平均径流量 55.3×10^8 m^3。赤水河地处滇、黔、川三省交界处，具有"生态河"、"美酒河"、"历史河"的美誉。流域内有国家级桫椤自然保护区、赤水国家重点风景名胜区和竹海国家森林公园等；国酒茅台酒、习酒、郎酒等中国名酒都产于该河流两岸。綦江上源松坎河在贵州从源头至赶水镇后称綦江，贵州省内长约 80 km，中下游流经重庆南部。

（四）沅江水系

该水系源于贵州中部，从东部出省后经湖南、湖北汇入洞庭湖。沅江水系干流全长1 022 km，流域面积 8.92×10^4 km^2（贵州省内 3.03×10^4 km^2），涉及黔南自治州的都匀、福泉、瓮安，黔东南自治州的麻江、丹寨、凯里、黄平、施秉、镇远、岑巩、雷山、台江、剑河、三穗、锦屏、黎平、天柱、榕江及铜仁市的碧江、玉屏、万山、江口、石阡、松桃等县（市、区），主要支流有清水江、㵲阳河、锦江等。流域内水资源较丰富，生态环境良好，有㵲阳河国家级重点风景名胜区，梵净山国家级自然保护区，雷公山国家级自然保护区，雷公山国家森林公园和黄平㵲阳湖国家森林公园。

（五）南盘江水系

南盘江是珠江干流西江的上源，发源于云南省沾益县马雄山，流经滇、黔、桂交界处的三江口后，成为黔、桂两省区的界河，至望谟县的蔗香与北盘江汇合后称为红水河。干流在贵州省内长 263 km，流域面积 7 651 km^2，流经兴义市、安龙、册亨、兴仁、普安、盘县，主要支流有黄泥河和马别河。流域内水量和水力资源都很丰富。河口多年平均流量 165 m^3/s，多年平均径流量 52.1×10^8 m^3。已建成天生桥一、二级水电站，总装机容量达到 152×10^4 kW。

（六）北盘江水系

北盘江是珠江水系西江上游左岸的一级支流，发源于云南省宣威市板桥乡西南，自西向东经宣威，至都格进入贵州，再折向东南往茅口、盘江桥，至望谟县的蔗香与南盘江汇合，全长 450 km（贵州省内长 352 km），流域面积 2.65×10^4 km^2（贵州省内 2.10×10^4 km^2），流经威宁、水城、六枝、盘县、普安、晴隆、兴仁、安龙、贞丰、册亨、望谟、紫云、镇宁、关岭、普定、西秀。主要支流有拖长江、乌都河、麻沙河、大田河、可渡河、月亮河、打邦河、红辣河等。流域内水量十分丰富，水能及矿产资源也较丰富，环境优美。河口多年平均流量 384 m^3/s，多年平均径流量121×10^8 m^3。现已建成响水水电站，装机容量 10×10^4 kW。流域内有世界闻名的黄果树瀑布、龙宫等自然景观。

(七)红水河水系

南北盘江汇合后称为红水河，自西向东在黔、桂交界处流过 106 km 后折向东南进入广西。贵州省内流域面积为 1.60×10^4 km^2，涉及贵阳和望谟、罗甸、惠水、长顺、平塘、独山、都匀、紫云、安顺、贵定、平坝 12 个市(县)。主要支流有蒙江和六洞河。红水河流域有丰富的水量和水力资源。河口多年平均流量 283 m^3/s，多年平均径流量 89.1×10^8 m^3。贵州与广西已合作修建装机容量 630×10^4 kW 的龙滩水电站。

(八)都柳江水系

都柳江是西江的第二大支流，干流发源于独山县的拉林乡，自西向东流经三都、榕江、从江等县，于从江县的八洛流入广西。贵州省内长 330 km，流域面积 1.16×10^4 km^2，河口多年平均径流量 333 m^3/s，多年平均径流总量 105×10^8 m^3。其主要支流有寨蒿河、平江和双江。其开发以水力发电、航运、农田灌溉和防洪为主。

五、类型多样的山地土壤

(一)贫瘠的喀斯特山区土壤

贵州土壤类型复杂多样，受生物、气候条件的影响，地带性土壤是红壤和黄壤。由于母岩特性的制约，又发育了石灰土、紫色土等岩成土；受人为耕作的影响，又有熟化程度较高的耕作土。据全省第二次土壤普查，全省共有 15 个土类，36 个亚类，114 个土属，417 个土种。土壤受所处的地势、地貌、气候条件以及母岩特性的影响，其理化性质、生产特性差异明显。人口数量的增长和各类非农占地的扩大，使耕地面积不断缩小，可用于农业、林业、牧业的土壤仅占全省面积的 83.7%(其中自然土占 74.7%，其余为耕作土)，全省耕地面积不断减小，土壤资源数量不足。土壤资源质量较差，耕作土壤退化。全省土层深厚，性能良好，养分丰富且生产力高的土壤仅占 18.3%；土层浅薄，阻碍因素多且强度大，土壤肥力低，生产条件差的土壤占 32.4%；处于中等状态的土壤占 49.3%。受山高、坡陡、岩溶发育等自然因素的影响，加上人为毁林毁草、陡坡开垦、耕作粗放等不合理的开发利用以及土壤污染，全省约有四分之一的土壤出现土层浅化、砾石化、酸化、毒质化、稻田潜育化等退化现象。

(二)土壤的空间分布规律

贵州的土壤虽然类型复杂多样，在地理分布上具有一定的水平—垂直复合规律，地带性土壤由南向北大致分布着赤红壤、红壤、黄红壤、黄壤、黄棕壤、山地草甸土等土壤类型。南部红水河及南北盘江河谷地带分布着赤红壤、红壤、燥红土。中部山原地区分布着黄壤。东部河谷丘陵地区分布着红壤和黄壤之间的过渡性土类黄红壤。西部高山地区分布着黄棕壤。省内各高大山体顶部发育有山地草甸土。石灰土和紫色土等非地带性土壤的分布，则明显表现出受出露地层的岩性控制，具有明显的非地带性分布规律：石灰土在省内岩溶地区广泛分布；紫色土则主要分布在紫色砂页岩大面积出露的赤水、习水一带。

耕作土是自然土壤经人类耕作熟化后发育形成的土壤，其地理分布除具有相应的各类自然土分布规律外，还明显地反映出农业生产的生产水平和生产习惯等特点。其中，水稻土分布最广，贵州的东部及中部地区较集中，各地的大坝子都是水稻土的集中分布区。旱作土以贵州西部地区分布最多，中部、东部逐渐减少，主要分布在各地山地丘陵坡度较缓地段及坡麓、山间谷地等，部分河谷高阶地及缺水的岩溶坝子上也有分布。

(三)主要的土壤类型

据土壤普查统计，贵州省内面积在 6.67×10^4 hm^2 以上的土类有以下7种。

1. 黄　壤

黄壤是贵州省分布最广、面积最大的地带性土壤，面积为 7.384×10^6 hm^2，广泛分布在黔东、黔北和黔中海拔600～1400 m和黔西北海拔 900～1 800 m 的山原山地。在垂直带谱上，黄壤下接红壤，上接黄棕壤。土壤呈酸性，心土层显黄色、浅黄色或暗黄色，质地黏重，宜于喜酸性的松、杉等林木生长。这种土壤经开垦后所形成的黄泥土、黄沙泥土等旱作土壤，适于玉米、油菜、烟草等作物的种植。

2. 红　壤

红壤在贵州主要分布在黔东海拔 600 m 以下的地区以及黔南海拔800(东段)～900 m(西段)以下的丘陵山地及河谷地带，面积为 1.15×10^6 hm^2。典型红壤心土层呈红色、浅红色或黄红色，矿物风化较强，可溶性盐基大量淋失，盐基代换量和饱和度较低，呈酸性，有机质及全氮含量低于黄壤，常缺磷，宜于杉木、油桐、油茶、山苍子等生长。经开垦后形成的红泥土、红黄泥土等旱作土，适于种植油菜、甘薯、玉米、花生等作物。

3. 黄棕壤

黄棕壤在贵州主要分布于黔西北海拔 1 800～2 200 m 的高原山地，在黔北、黔中、黔东 1 400 m 以上的山地也有分布，其面积为 7.87×10^5 hm^2。矿物淋溶分化作用较弱，盐基代换量高而饱和度低，呈微酸性至酸性，有机质积累较多，自然肥力较高，但土体一般比较浅薄，土质疏松，心土层显黄棕色或暗棕色，此类土宜于发展林业、牧业。经开垦后所形成的灰泡土等耕作土，宜种植马铃薯、玉米、黑麦、荞子等作物。

4. 石灰土

石灰土在贵州主要分布在黔中、黔南等石灰岩地区，面积 2.79×10^6 hm^2。土体中钙、镁等元素含量丰富，土壤呈中性至弱碱性及碱性，盐基交换量及饱和度均高，有机质含量丰富，土壤结构良好，自然肥力较高。但土层多浅薄，宜于柏木、油桐、杜仲等林木生长。少数分布于谷地、盆地的石灰土土层较厚，适种性较广，宜于玉米、豆类、油菜等作物的生长。

5. 紫色土

紫色土在贵州集中分布于黔北赤水、习水一带，其余地区零星分布，面积8.87×10^5 hm^2。富含各种矿物元素，尤以钾、磷含量较高，盐基代换量及饱和度也较高，土壤呈微碱性至弱酸性，土体疏松，通透性较好。经开垦后成为紫泥土、血泥土等耕作土，宜种性广，但是土体中有机氮较贫乏，土层深浅不一，抗侵蚀力弱，水土流失较为严重，需进一步改良整治。

6. 粗骨土

粗骨土在贵州以黔北、黔南低山和中山峡谷及黔西高原向黔中山原过渡地带的陡峻地段分布较多，面积 9.55×10^5 hm^2。土体不厚，且含较多的松散母岩碎块，已开垦的粗骨土多为旱地。

7. 水稻土

水稻土是由自然土和旱作土经水耕熟化而形成的耕作土，广泛分布于省内各地，面积为 1.55×10^6 hm^2，其中 92.8%分布在海拔 1 400 m 以下的地区，分布上限海拔可达 2 300 m。酸碱度以中性居多，有机质和全氮含量较高，养分的有效性较高。土壤供肥与水稻等作物的生理需要较为协调。

除了上述土壤类型外，贵州省内还有棕壤及潮土、泥炭土、沼泽土、石质土、山地草甸土、红黏土、新积土 8 个土类，但面积小，分布零星。

六、郁郁葱葱的“宜林山国”

(一)组成种类繁多，区系成分复杂

贵州省内大部分地区在三叠纪印支运动后就隆升为陆地，从而为许多古

老陆生高等植物的生长发育创造了条件，并使众多的植物获得了一个漫长物种演变的机会。漫长的地质年代和特殊的地势地形条件使贵州山区成为高纬度植物区系南移的避难所，同时又是低纬度植物区系北扩的栖息地。在贵州这种地形多变的区域内，多种植物区系的植物得以共存和繁衍，因此，常有“贵州森林茂密，无处不青山”的美誉。世界种子植物的 15 个植物区系成分中贵州就有 13 个成分。其中，以科统计属于热带、亚热带性质的植物成分占 72.5%，温带性质成分占 25.5%。根据最新研究，贵州种子植物有 227 科，1 276 属，4 761 种。其中裸子植物 10 科，30 属，54 种；被子植物 217 科，1 246 属，4 707 种。植物种类的丰富程度在全国列第二位，其中香料植物有 576 种。贵州是中国天然香料植物大省。

图 2-4　贵州省植被区划图

（二）类型多样，具有明显的过渡性

贵州既有中亚热带典型的地带性植被常绿阔叶林，又有近热带性质的沟谷季雨林、山地季雨林，既有寒温性亚高山针叶林，又有暖性山地针叶林，既有大面积的次生落叶阔叶林，又分布有极为有限的珍贵落叶林。此外，还有受环境条件制约而发育的多种非地带性植被——沼泽草甸以及在岩溶地区广泛发育的岩溶植被。上述植被在空间分布上表现出明显的过渡性，多种植被类型在地理上相互重叠，使各地区的植被类型组合变得复杂、多样。

(三)人为活动的影响较大，表现出明显的次生性

由于人为活动的长期影响，省内典型的地带性植被常绿阔叶林多遭破坏，目前仅在少数边远地区残存。现在植被多为次生性植被，如针叶林、落叶阔叶林、灌丛和灌草丛等，并在数量和分布范围上都占绝对的优势，表现出明显的次生性。

第二节　资源特征

贵州自然资源丰富，类型多样，与其他省份相比，具有自身的特点。这些特征各异的土地资源、气候资源、动植物资源、矿产资源、能源资源及旅游资源等为贵州的社会经济发展和自然资源的可持续利用打下了坚实的基础。

一、土地资源种类多，宜耕面积小

从资源学的角度而言，土地资源是地球表面一定范围内，由地貌、岩石、气候、土壤、植被、水文和人类活动等自然与人文要素共同作用所形成的自然历史综合体。全省农用地 $1\ 525.2\times10^4\ hm^2$，建设用地$55.2\times10^4\ hm^2$，未利用土地 $181.1\times10^4\ hm^2$。

(一)土地类型多样，山地丘陵多，平坝地少，宜林地广，耕地少

贵州省的土地可分为 5 个大类，78 个小类。多样的土地类型格局为多种经营和综合发展提供了有利的资源条件。在 5 大类土地中，山地面积为 $10.87\times10^4\ km^2$，丘陵面积为 $5.42\times10^4\ km^2$，山间平坝面积为 $1.32\times10^4\ km^2$。坡度在 6°以下，集中连片、面积大于 $6.67\times10^6\ hm^2$ 的耕地大坝有 47 个，耕地面积 $6.13\times10^4\ hm^2$。全省土地总面积中，农用地占土地总面积的 86.78%。其中，耕地占农用地面积的 29.47%，园地占农用地面积的 0.78%，林地占农用地面积的 51.81%，牧草地占农用地面积的 10.51%，其他农用地占农用地面积的 7.42%。土地结构的这一特点决定了贵州省林业、牧业有广阔的发展前景，而种植业的发展应加强集约化经营，提高单位面积产量。

(二)耕地质量较差，中低产田面积大

贵州耕地不仅面积小，且质量不高。坡度大于 25°的耕地占贵州耕地面积的 35.07%，35°以上陡坡耕地占贵州耕地面积的 8.65%。耕地中土层较厚、肥力较高、水利条件较好的上等耕地仅占 22%。土层不厚、土质较差、肥力中等、水利条件较差的中等地占 42%。土层浅薄、肥力较低、坡度较大、水土流失严重、无水利条件保证的下等耕地占 36%。而且在中、下等耕地中还有 21%左右是不宜耕耕地。

(三)喀斯特土地面积大，生态脆弱，耕地后备资源不足

贵州山高坡陡，喀斯特土地面积大是其基本特征。喀斯特土地面积占全省的61.9%，其特点为土质坚硬，风化以溶解作用为主，这一特点决定了成土速率低、土层浅薄。植被一旦被破坏，水土流失严重，加重土地石漠化且难以恢复。另外，随着工业化、城镇化进程的加速，人地矛盾日益突出，耕地后备资源严重不足。

(四)林牧地质量不均，分布不平衡

在贵州的林牧用地中，一等地占17%，二等地占33%，三等地占25.3%，四等地占23.8%。其中，林业用地主要集中在黔东南州，其次是铜仁和遵义，毕节和六盘水最少。草地主要集中在黔东南、黔南、遵义和毕节，其次是铜仁和安顺，六盘水和贵阳最少。

二、气候资源丰富，潜力巨大

(一)光照少，辐射弱

贵州是全国光能资源贫乏的地区之一，不及青藏高原和柴达木盆地的一半。省内日照时数为1 050～1 800 h，西部地区光照多，为1 400～1 700 h，最多的威宁县为1 804.9 h，北部、中部和东部日照较少，为1 100～1 300 h，最少的务川为1 008 h。与邻省及我国纬度大致相同的地区相比，除成都外，其余省市均比贵阳高，比国内同纬度的东部地区少30%～40%。

(二)雨热同季，分布不均

贵州年降雨量充沛，大部分地区为1 000～1 400 mm，降雨主要集中在5～9月。黔西南地区为多雨区，降雨量在1 300 mm以上，晴隆县降雨量达1 538 mm，黔西北为少雨区，降雨量不足1 000 mm，最少的赫章只有854 mm。贵州气候温和，年均气温大部分地区为14℃～18℃，由西北向东南，由中部向南部和北部递增。南部和北部边缘的低热河谷地区年均温18℃以上，年积温5 500℃以上，罗甸达6 500℃，黔西北的高寒地区年均温14℃以下，年积温3 500℃以下，热量资源主要集中于5～9月，水热同期，有利于农作物的生长。但是，全省水热资源分布不均，因此，需要合理地规划布局，才能有效和充分地利用水热资源。

(三)风能资源较为丰富，开发潜力大

贵州省的风能资源理论总储量约为79 333×10^6 W，技术开发量约为13 235×10^6 W，可开发量在2 000×10^6 W以上，资源分布主要集中在贵州西部的威宁、盘县和中部的龙里、花溪等地区。目前，风力发电尚处于建设状态。强大的电网和便利的交通为风电的发展提供了广阔的空间，贵州省风能

资源虽然不是很丰富，但较为集中。建设所需的基础条件如电网、交通等方面比国内其他地区更具优势。

三、水资源丰富，时空分布差异大

(一)水资源总量大，水质良好

水资源是基础自然资源，是生态环境的控制因素之一，又是战略性经济资源。贵州省多年平均水资源总量为 $1\ 035\times10^{8}\ m^{3}$，其中地下水排泄量为$258.7\times10^{8}\ m^{3}$，另有入境客水 $153.7\times10^{8}\ m^{3}$，居全国第九位。全省单位面积产水量为 $58.8\times10^{4}\ m^{3}$。地表水天然水质状况良好，多数河流为微硬水，偏碱性。

(二)时空分布不均

在时间分布上，一般受降水的季节性影响，每年 5～7 月河流水量大，为丰水期，冬春季节水量明显减少，出现枯水期。一般而言，丰水年水资源量为 $1\ 201\times10^{8}\ m^{3}$，枯水年水资源量为 $900\times10^{8}\ m^{3}$，河流特别干枯年份水资源量为 $735\times10^{8}\ m^{3}$。在空间分布上呈现东多西少，南多北少的趋势。从贵州各流域水资源分布上来看，长江流域多年河川径流量为 $668\times10^{8}\ m^{3}$，占全省水资源总量的 64.5%，其中乌江水系为 $376\times10^{8}\ m^{3}$，为各个水系中最多的，占全省径流总量的 36.3%。珠江流域多年河川径流量为 $367\times10^{8}\ m^{3}$，占全省总量的 35.4%，其中红水河水系和都柳江水系分别为 $121\times10^{8}\ m^{3}$、$105\times10^{8}\ m^{3}$，分别占全省总量的 11.7%、10.1%，是仅次于乌江水系年径流量的水系。从行政区域的分布上来看，全省地表水资源总量最多的是黔东南州，为 $186.9\times10^{8}\ m^{3}$，占全省水资源总量的 18.1%；其次是遵义市，为 $176.5\times10^{8}\ m^{3}$，占全省水资源总量的 17.1%；水资源量最小的是贵阳市，仅为 $41.6\times10^{8}\ m^{3}$，占全省水资源总量的 4%，时空分布不平衡。

(三)地表涵养水源能力弱，工程性缺水突出

水资源及其开发利用明显受喀斯特地貌的制约，河网密度在喀斯特地貌发育的西南部和南部地区较低，而非喀斯特地区的东南部及东北部武陵山区则较高。在喀斯特地区，因地表河流少，在干旱季节，部分喀斯特山区甚至出现人畜饮水困难的问题。

全省地下水资源较为丰富，但开发利用困难，只有部分地下水资源被利用。受自然条件和经济基础的影响，骨干水利工程较少，大中型蓄水工程不多。全省已建成的以农业灌溉为主的水利工程中，无一座大型支撑性水库，中型水库也仅有 36 座，占全省水库总数的 1.55%，其余均为小型水库和山塘、堰，蓄水保水能力差，灌溉、供水保证率低，水量调节能力弱。水利建设相对落后，资源开发利用率仅为 8.3%，工程性缺水特征显著。

(四)地表水和地下水污染严重

由于工业废水和生活污水排放，流经贵州省的两部分河段受到不同程度的污染，流经城市和工矿区的河段污染更为严重。南明河、湘江、锦江、清水江等河流的平均污染负荷综合指数 8.53。据 2000 年全省 29 条主要河流的 43 个监测断面值的监测结果，对照地面水环境质量标准，有 23.3%的河段水质超过Ⅴ类水质标准。喀斯特地区基岩多裂隙，形成地下地上双重空间结构，使地表水污染经裂隙、漏斗转入地下。这一过程既缺乏过滤，又缺乏溶解氧、阳光，微生物繁殖慢，因此水体自净能力差。往往形成点、线、面、体的全面污染，地表水和地下水环境污染导致严重的水性疾病流行，伤寒、痢疾、肝炎等水性疾病发病率始终位居全国前三位。

(五)水资源供不应求

经济和城镇化的快速发展对水资源的需求量日益增大，《贵州省水利建设生态建设石漠化治理综合规划》中针对发展的实际提出：2011～2020 年，建设骨干水源工程 521 处。截至 2020 年，水利工程年供水量，将达到 159×10^{8} m^{3}。2015 年以前规划实施重点骨干水源工程 382 处。但由于农村生态环境脆弱，水土流失严重、水质污染、人口增长等多种原因造成的饮水困难仍需进一步改善和解决。

四、种类繁多，利用价值广泛的生物资源

(一)植物资源

贵州维管束植物组成具有明显的亚热带特征，具有种类丰富、用途多样、分布广泛等特点。部分植物资源经济价值高，生产潜力大。贵州植物资源有森林资源、草地资源、农作物资源、药用植物资源、野生经济植物和珍稀植物资源六类。

1. 森林资源

2002 年全面启动退耕还林工程以来，贵州森林覆盖率逐年提高，目前已达 42.5%，高于全国 20.36%的平均水平。人均森林面积 2.7 亩，活立木总蓄积量达 3.1×10^{8} m^{3}。主要森林种类有经济林、薪炭林、防护林、特用林和竹林等。森林资源的分布以黔东南最多，森林覆盖率达 47.2%，其次是黔南，森林覆盖率为 36.5%，最低的是六盘水和安顺。

2. 草地资源

贵州有优良牧草资源 2 500 余种。各类草山草坡面积为 427.02×10^{4} hm^{2}，约占全省土地面积的 24.3%。草地最多的是黔南和黔东南，分别占贵州草地总面积的 17%和 16.8%，最少的是贵阳和六盘水。如果以县级行政单位计

算，草地面积最多的是威宁、水城、望谟、黎平、盘县和罗甸，其中威宁达到 13.81×10^4 hm^2。

3. 农作物资源

贵州农作物品种丰富，栽培的粮食作物、油料作物、纤维植物和其他经济作物近 6 000 个品种。粮食作物以水稻、玉米、小麦及薯类为主，豆类有大豆、蚕豆、绿豆、小豆等；油料作物有油菜、花生、芝麻、向日葵等；经济作物有烟叶、茶、甘蔗、蚕桑等；经济林木主要有油桐、油茶、漆树、核桃等，“大方生漆”、“六马桐油”为贵州名优土特产品。

4. 药用植物资源

贵州特定的山区环境和复杂多样的自然条件，蕴藏着丰富的药用植物资源。据《贵州植物志》和有关考察研究文献等资料统计，贵州植物种类有 6 500 种左右，其中药用植物 275 科，1 384 属，2 987 种，约占全国主要药用植物的 61.2%，其中药用高等植物(蕨类植物和种子植物)2 802 种，并有北温带、温带、南亚热带，甚至热带的植物类群和一些过渡成分，素有“夜郎无闲草，黔地多良药”的说法，是全国四大中药材产区之一。珍稀名贵药用植物有珠子参、三尖杉、扇蕨、冬虫夏草等 6 种。此外，天麻、杜仲、厚朴、黔党参、何首乌、银花、桔梗、五倍子、半夏、南沙参、冰球子、灵芝等 30 多种，具有“地道中药材”的美称，在国内外市场占有重要地位。

表 2.1　贵州药用植物资源统计

植物类别	科数/个	种数/种	常用种类/种
真菌类	19	150	30
苔藓类	14	25	5
藻类	1	1	—
地衣类	4	9	5
蕨类	30	200	30
裸子植物	11	25	15
被子植物	196	2 577	380

5. 野生经济植物资源

贵州野生经济植物资源中，工业用植物 600 余种，以纤维、芳香、油脂植物资源为主。食用植物 500 余种，以维生素、蛋白质、淀粉、油脂植物资源为主，其中刺梨、猕猴桃、食用菌等具有较高的营养价值和开发价值。还有可供绿化、美化环境及有观赏价值的园林植物资源 200 余种；具有抗污染能力的环保植物资源 40 余种。

6. 珍稀植物资源

贵州有74种珍稀植物被列入国家珍稀濒危保护植物名录。其中，国家一级保护植物有伯乐树、贵州苏铁、宽叶水韭、贵州水韭、单性木兰、珙桐、光叶珙桐、梵净山冷杉、银杉、南方红豆杉等16种；国家二级保护植物59种。

(二)动物资源

贵州有野生动物及珍稀动物1 000余种，列入国家保护的珍稀动物有87种。其中，国家一级保护动物有黔金丝猴、华南虎、云豹、豹、白鹳、黑鹳、黑颈鹤、中华秋沙鸭、金雕、白肩雕、白尾海雕、白颈长尾雉白头鹤等16种；国家二级保护动物有72种，主要有穿山甲、黑熊、水獭、大灵猫、小灵猫、红脸雨雉、白颈长尾雉、红腹锦鸡等。人为活动的加剧对其生存环境不断破坏和长期过度的猎取，致使一些资源动物分布零散，种群数量日趋减少，已有不少种类处于稀有、濒危状态。

五、矿产资源优势明显

(一)资源比较丰富，优势矿产显著

贵州具有矿产资源丰富、分布广泛、矿种众多等优势，是全国重要的矿产资源大省之一。

在已探明储量的矿产中，依据保有储量排位，贵州名列全国前十位的矿产有41种，其中排第一位至第五位的有28种。居首位的达到8种，位列第二、第三的分别有8种和5种。尤以煤、磷、铝土矿、汞、锑、锰、金、重晶石、硫铁矿、稀土、水泥原料及多种用途的石灰岩、白云岩、砂岩等矿产最具优势，在全国占有重要地位，而且人均与单位面积占有矿产资源潜在经济价值量均高于全国平均水平。

(二)分布相对集中，组合条件好，易于开发

贵州矿产资源中尤其是煤、磷、锰、铝土矿、锑、汞、金、重晶石等主要矿产，产出地质条件优越，开发利用的外部环境良好，大多分布于交通方便的铁路沿线及水资源丰富的乌江干流附近，具有一定的区位优势。特别是集中分布的少数地区，规模大，矿石质量较优，易选易炼。同时资源配套性较好，辅有较为充足的能源和水资源，这些都为资源的开发利用，尤其是兴建大中型规模的骨干矿山企业，提供了优越的开发利用条件。全省已探明储量的产地中，有1/3以上被开发。贵州矿业已成为全省工业的支柱产业，多年来产值都占工业总产值的30%以上。优势矿产的开发利用，使贵州成为中国十大有色金属省区之一，是全国重要的铝工业和磷化工基地，全国重要的

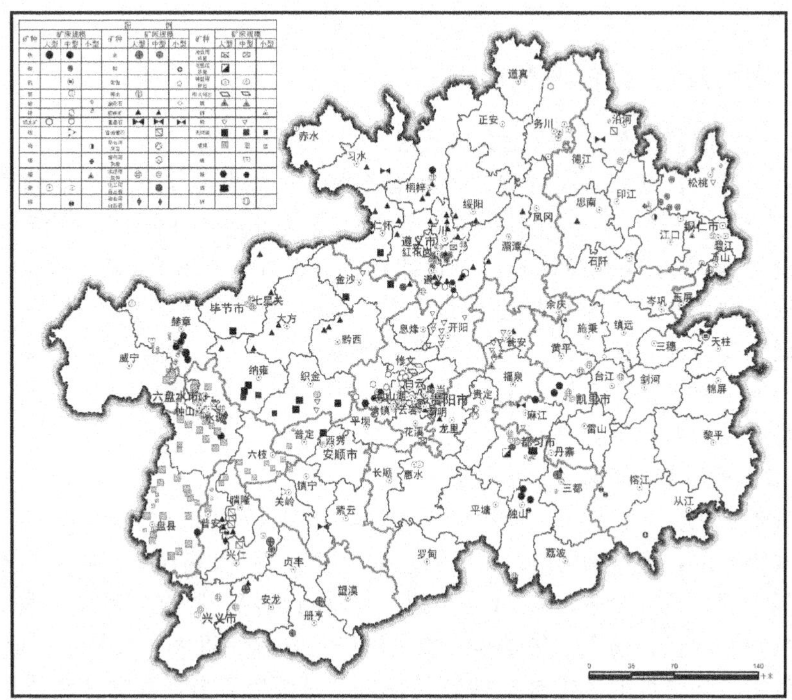

图 2-5　贵州主要矿产资源分布图

资料来源：《贵州省地图集》

锰系铁合金生产基地以及亚洲最大的碳酸钡生产地。生产加工的各种矿产品成为多年来外贸出口的重要商品，创汇占全省总额的 1/3。

(三)资源贫富不均，部分矿产短缺

尽管发现和探明了不少矿产资源，有较多资源丰富的优势矿产存在，但也存在贫富不均，部分矿产短缺的问题，仍难以保证经济建设发展的需要。其中，富铁和铜矿的储量，远远不能满足需要；急需的石油，尽管有多处油苗显示，但仍未打出工业油田，而天然气虽已探明工业储量，却仅局限于北部一隅，储量少而无法满足实际需要；食盐、钾盐仍未突破，亦未找到可供开发的金刚石原生矿矿床；作为钢铁辅助原料的铬、铂等短缺；迄今未找到镍、钴、钛等的工业矿床；新型用途的一些非金属虽有找矿线索，但可供利用的产地亦尚待勘查。历来最具优势的汞矿，随着人们无节制地大量采掘，有的矿山资源已经枯竭，难以满足长期开发需要。此外，具有资源优势的锰、硫铁矿等，贫矿多，富矿少，伴生矿多。硫铁矿含硫在 25%以上的Ⅰ、Ⅱ级品矿石，不足全省总储量的 5%；锰矿则以碳酸锰贫矿为主，占总储量的98%。

六、“水火互济”的能源优势

(一)水能蕴藏量大，开发条件优越

贵州河网密度大，坡度陡，天然落差大，水能资源丰富。水能蕴藏量为1 874.5×10^4 kW，居全国第六位，其中可开发量达1 683.3×10^4 kW，占全国总量的4.4%。按单位面积占有量计算，每平方千米就有1 069 W，是全国平均水平的1.5倍，排名居全国第3位。贵州水能资源的特点是：分布均、造价低、发力高、区位优。水能资源主要集中在乌江、南盘江、北盘江、清水江、赤水河上，这四江一河水位落差集中的河段多，开发条件优越，水能蕴藏量和可开发容量占全省的80%。

(二)煤炭资源储量大，煤种齐

贵州成煤地质条件好。据2006年统计，全省煤炭保有储量达507.28×10^8 t，居全国第5位，超过南方12省区的总和，素有“西南煤海”之称。在全省88个市(县、区、特区)中，有74个产煤。煤种有气煤、肥煤、焦煤、瘦煤等炼焦用煤和无烟煤、褐煤、贫煤等非炼焦用煤，具有储量大、煤种全、埋藏浅、分布集中、含硫量低、组合条件好的特点。煤炭资源分布相对集中在六盘水和毕节，是良好的炼焦用煤、化工用煤和气化用煤基地。

(三)水煤结合，能源互补

水煤结合、水火电互济的能源组合优势明显。在西部大开发战略的推动下，贵州电力工业快速发展。充分发挥水煤结合、水火电互济的能源优势，是将贵州建设成中国重要能源基地的良好基础。

贵州除煤炭、水能资源外，还有生物能、风能、天然气、煤层气、页岩气等其他类型的能源。煤层气是一种开发潜力巨大的能源，据初步计算，贵州全省煤层气资源总储量居全国前列。重点分布在六盘水、织纳、遵义三个煤田。页岩气则处于初步勘察阶段。

七、特色鲜明的旅游资源

(一)得天独厚的避暑型气候

贵州气候从北至南跨越了温带和亚热带两大气候带，具体又可分为南亚热带、中亚热带、北亚热带和暖温带四个类型。南亚热带主要分布于贵州南部的罗甸、望谟及北部的赤水等低热河谷。冬无严寒、夏无酷暑、雨热同季、温暖湿润的气候，不仅有利于各种生物的繁衍生长，更使贵州成为理想的休闲和避暑胜地。多样而舒适宜人的气候是贵州旅游资源的特色，贵州素有“金

不换气候”的美誉，省会贵阳更有中国“第二春城”之称。总体来说，贵州旅游适宜期长，是我国度假和疗养的黄金地。

(二)独特多样的景观

贵州旅游风景区点多、质高、面广。现有国家级风景名胜区18个，9个国家级自然保护区，2个国家级历史文化名城，24个省级风景名胜区，3个世界自然遗产地。

贵州山川秀丽。岩溶地貌是构成贵州特色旅游的基础，发育于地表的石芽、漏斗、落水洞、竖井、洼地、峰林、峰丛、天生桥、岩溶湖、瀑布、跌水，与发育于地下的溶洞、暗河、暗湖等纵横叠置。独特的地形地貌造就了贵州的美丽与神奇，形成了一个极富地域特色的自然“岩溶博物馆”，使贵州成为旅游资源丰富的省份。世界上，目前已开发的15种主要自然旅游资源中，贵州占了10种，其数量、类型之多，全国罕见。

(三)悠久的历史文化

贵州是中国古人类的活动地区之一。早在几十万年前今贵州地区就有人类活动的足迹，现已发现石器时代文化遗址80余处，具有代表性的有黔西观音洞、威宁鸡公山等。除此之外，从原始的部落遗存到民间自然崇拜和原始宗教，从各民族文化体系的传承到其他各支系之间的千差万别，从中原文化到荆楚文化、巴蜀文化、滇文化乃至儒、释、道、巫等诸多文化都包容并存互倡互生。在战国、秦汉时期，古夜郎文化已初成繁荣之象。

(四)多彩的民族风情

贵州省有汉族、苗族、布依族、侗族、土家族、彝族、仡佬族、水族、白族、回族、壮族、蒙古族、畲族、瑶族、毛南族、仫佬族、满族、羌族18个世居民族，后来陆续迁入藏族、维吾尔族等民族，共有49个民族成分。

各民族在贵州发展的历史进程中，创造了光辉灿烂的民族历史文化，留下了丰富的文化遗产和文物古迹，堪称世界奇观，如镇远青龙洞、从江鼓楼、安顺府文庙、黄平飞云崖等。此外，各民族的服饰、礼仪、习俗及喜庆活动和传统的民族节日、民间工艺，蕴含着丰富的文化信息，也形成了独特的人文旅游资源。由于历史和地理的原因，许多古老的不同风格的民族文化现象在贵州得到了较为完整的保存，并形成了若干文化孤岛，如屯堡文化。联合国世界乡土文化组织确定的全球“回归自然、返璞归真”的十大胜地中，亚洲仅有的两个都在中国，贵州黔东南苗族侗族自治州就是其中之一，被世界旅游组织原秘书长加利先生称赞为“文化之州、生态之州、歌舞之州、美酒之州”。

(五)丰厚的红色革命文化

贵州曾经先后建立过遵义、黔东、毕节、滇桂黔边区等革命根据地，留下了大量的革命历史文物和丰富的长征文化。在今天贵州的红色旅游景点中，红军长征文化突出，各类红色旅游资源遍布全省，北至赤水，南到荔波，东至玉屏，西至赫章、盘县，形成了三线三区，使之成为全国除延安以外的第二大中国共产党党史的学习基地。

第三节　生态与环境特征

贵州的生态环境特征主要表现在生态类型多样，功能显著，脆弱性明显，特征鲜明等方面。

一、生态环境的特征

(一)生态环境多样

贵州省的地形、地貌类型多样，自然条件地域差异很大，立体气候明显，加上人为活动的影响，生态环境表现出复杂多样的特点，形成了多种不同的生态环境类型。根据屠玉麟等的研究①，贵州喀斯特生态环境类型可分成55种1级类型和65种2级类型。

(二)生态环境脆弱

贵州是一个喀斯特广泛发育的地区，岩溶地貌发育强烈，碳酸盐岩出露面积大，全省喀斯特面积109 083.98 km^2，占全省国土面积的61.92%(熊康宁等)，属我国乃至世界亚热带锥状喀斯特分布面积最大，发育最强烈的一个高原山区。石芽、石沟、峰林、峰丛、溶蚀洼地、漏斗、落水洞和暗河等交错分布，生态环境极为脆弱，抗干扰能力弱。在喀斯特分布区，由于地表崎岖，地下洞隙纵横交错，水文动态变化剧烈，地表水渗漏严重，旱涝交叠，土地薄瘠，植被生长困难，自然和人为影响导致的灾害频繁，生态系统极为脆弱、敏感。

喀斯特环境是一种易受干扰而遭破坏的脆弱生态环境，对环境因素改变反应灵敏，维持生态自身稳定性的能力差，生物组成和生产力波动性较大，自然环境易于向不利于人类利用方向演替。② 脆弱的生态环境主要具有以下几个方面的特征：岩石裸露率高，土层浅薄，肥力低、水土易流失，水分和养分供应及保存能力差，耕地匮乏，环境容量小，土地承载力低，抗干扰能力

---

① 屠玉麟：《贵州喀斯特生态环境类型划分研究》，载《贵州科学》，2000(1)。

② 苏维词、杨汉奎：《贵州岩溶区生态环境脆弱性类型的初步划分》，载《环境科学研究》，1994(6)。

弱，弹性小，阈值低，环境系统内物质的移动能力很强，受干扰后自然恢复的速度慢，难度大，它同沙漠边缘地区一样，被环境学家称为脆弱环境①。

生态环境脆弱的另一个主要表现是过度开垦和滥砍滥伐导致的水土流失严重和石漠化问题突出。据贵州省第一次水利普查公报(2013 年 5 月)显示，全省土壤侵蚀面积为 55 269.40 km^2。根据熊康宁等的研究，若将轻度以上的石漠化等级划分为石漠化土地，贵州现有石漠化土地面积达 37 597.36 km^2。

二、生态环境问题

贵州是一个以岩溶地貌为主的高原山地省份，省内地层岩性及地质构造复杂，地形崎岖，河谷深切，地势起伏较大，地表形态多变，岩性组合复杂，土壤种类繁多，喀斯特地貌典型，生态环境脆弱，自然灾害时有发生。随着人口增加，工业发展，资源开发和人类对自然环境的破坏增强，致使不少地区的生态环境明显恶化，诸如土地退化，生物多样性减少，环境污染及崩塌、滑坡、泥石流、地面塌陷等，贵州省的主要生态环境问题不断加剧。

(一)土地退化

贵州生态环境脆弱，人口密度大，人为干扰强烈，使土地的退化类型多样，主要表现在水土流失严重，喀斯特石漠化加剧，土壤肥力水平下降等方面。

20 世纪 50 年代，贵州全省的水土流失面积为 2.5×10^4 km，到了 60 年代，这个数字扩大到了3.5×10^4 km，70 年代末为 5×10^4 km，1995 年则高达 7.67×10^4 km。据全国第二次水土流失调查统计(2000 年)，贵州省的土壤侵蚀模数在 500 t/km^2 · a 以上的明显土壤侵蚀面积占全省土地总面积的 43.54%，其中侵蚀模数为 2 500～5 000 t/km^2，侵蚀深 2～4 mm/a 的中度土壤侵蚀面积占全省土地总面积的 22.01%，而侵蚀模数在 500 t/km^2 · a，侵蚀深度在 4 mm/a 以上强度和极强度土壤侵蚀面积占全省土地总面积的 10.27%。根据贵州省第一次水利普查公报(2013 年)，全省土壤侵蚀面积为 55 269.40 km^2。按侵蚀强度分，轻度土壤侵蚀面积 27 700.4 km^2，中度土壤侵蚀面积为 16 356.32 km^2，强烈土壤侵蚀面积为 6 011.53 km^2，极强烈土壤侵蚀面积为 2 960 km^2，剧烈土壤侵蚀面积为 2 241.15 km^2。

根据熊康宁等的研究，贵州超过 1/3 的喀斯特地区已经发生了石漠化，石漠化形势相当严峻。

---

① 牛文元：《生态环境脆弱带的 ECOTONE 的基础判定》，载《生态学报》，1989(2)。

(二)自然灾害

属强喀斯特化的高原山地，地质结构复杂，断裂纵横，切割强烈，地形破碎，加之降雨丰富，人为活动的影响强烈，植被覆盖率达不到山区生态安全要求，生态环境恶化，自然灾害类型多。

贵州省自然灾害的显著特点主要有以下几个方面。

第一，种类多。从大类上分，既有气象灾害，也有地质灾害、生物灾害等。从小类上分，可分为冰雹、洪涝、干旱、雪灾、大风、大雾、雷电、滑坡、泥石流、坍塌、地裂、病虫害、草害等。

第二，普遍性。从时间和空间分布上看，每年都有灾，无处不发生灾害，而旱灾、洪涝、地质灾害最为频繁。在时间上具有普遍性，在地区分布上具有广泛性，即全省 9 个市(州、地)、88 个市(县、区)，几乎各种灾害均有发生。

第三，区域性。总体来看，贵州省洪涝灾害主要发生在乌江、赤水河、清水江及都柳江、红水河低洼河谷两岸。冰雹灾害通常由东部的沿河、德江、务川、道真向遵义、桐梓至开阳、清镇、惠水、长顺、平坝、织金、大方、六枝、册亨、望谟、安龙等地延伸。有人总结为“洪涝、冰雹一条线，旱灾一大片”。而贵州的自然环境决定了多数地区不怕涝，只怕旱。

第四，群发性。一方面，不同的灾害常同时出现，如大风、冰雹及洪与涝同时出现；另一方面，自然灾害同时又诱发植物病虫害以及人畜疾病、流行病等。

第五，频率高。从近几年贵州省的自然灾害情况来看，各种灾害平均每两周发生一次。

第六，灾害程度深。近些年来，贵州自然灾害的发生次数有增长的趋势，造成的经济损失逐年增加。一般年份，自然灾害给全省造成的直接经济损失在 70 亿元左右，重灾年份超过 100 亿元。2011 年，贵州先后遭受低温雨雪冰冻、春旱、暴雨洪涝、滑坡泥石流、夏秋连旱等多类自然灾害，全省 88 个县(市、区)不同程度受灾，特别是 6 月下旬到 10 月上旬历时 3 个多月的夏秋特大干旱，是 1951 年有气象观测记录以来同期受灾范围最广，受灾程度最深，受灾损失最大的旱灾，给人民群众的生产生活造成了严重影响。

表 2.2 贵州省 2006—2011 年自然灾害统计表

指标＼年份	2006	2007	2008	2009	2010	2011
遭受自然灾害的县/个	88	84	88	84	86	88
受灾人口/万人次	2 321.86	1 345.39	2 935.00	1 687.12	2 633.40	2 883.44
农作物受灾面积/10^4 hm^2	138.26	52.47	211.90	89.16	195.64	253.75
绝收面积/10^4 hm^2	34.61	7.19	52.20	12.85	55.72	51.51
因自然灾害造成的直接经济损失/亿元	59.10	38.27	487.22	35.60	179.77	250.67

数据来源：《贵州统计年鉴－2012》

1. 地质灾害

按照国家地质灾害防治规划，全省均为地质灾害易发区，是全国地质灾害的重灾区之一，地质灾害具有“全、重、多”的特点。

贵州的地质灾害，主要有滑坡、泥石流、塌陷、崩塌、地震等。其中，滑坡较为常见，主要发生于强烈风化的沉积岩、变质岩、黏土岩、碎屑岩分布区，常在久雨、大雨、暴雨之后出现。崩塌多发生在坚硬岩石分布区，以河谷、沟谷、悬岩绝壁地带及地下河出口处最为常见。塌陷常出现在岩溶发育地区和断裂地带。贵州虽然有地震发生，但频率不高，震级不大。此外，人为的活动有时也会诱发某些地质灾害。

表 2.3 贵州省 2000—2010 年主要地质灾害类型及次数

年份＼指标	滑坡	泥石流	崩塌	塌陷	地裂	其他
2000	32	3	1	7	2	2
2001	41	2	1	3	2	1
2002	21	4	6	1		1
2003	29	5	5	1		
2004	36	5	5	1	3	
2005	24	4	8	1	1	
2006	22	1	7	2	3	
2007	15	6	4	4		
2008	12	2	2	3		
2009	15	5	3	1		
2010	4	3	2	1		

数据来源：贵州省地质灾害情况通报(2000－2010)

2. 气象灾害

贵州自然条件复杂，各种气象灾害时有发生，有的出现频率较高，造成的灾情比较严重。常见的有旱灾、水灾、风雹灾、凝冻、霜冻、倒春寒等。

(1)干　旱

贵州的干旱灾害包括夏旱、春旱，也有秋旱和冬旱。从干旱成灾面积看，贵州干旱灾害中夏旱是最主要的，其次是春旱。秋旱和冬旱的影响都较小，特别是冬旱的影响更小。旱灾对农业的影响极大，往往造成大范围、大幅度的减产。

近年，贵州连年干旱。2010 年，贵州 80 多个县发生旱情，局部旱情为百年一遇，灾区群众四处找水。2011 年，贵州再次遭遇 1951 年以来最严重的旱灾。多地百姓饮水困难，庄稼减产。贵州全省 88 个市(县、区)均不同程度受灾，其中 31 个县特旱，39 个县重旱。

(2)洪　涝

贵州省的洪涝灾害较重，常以山洪暴发，河水猛涨，低洼地积水成涝等形式表现出来。引起洪涝灾害的原因除降水之外，还有局部地区的排水条件，一般坡地农田区的洪涝灾害较轻，坝区或谷地农田区的洪涝灾害较重。贵州暴雨出现的时间一般集中于每年的 4～10 月，以 6 月最多，7 月次之，大暴雨集中出现于 5～9 月，特大暴雨出现在 5～7 月。

贵州暴雨遍及全省，具有强度较大，且连续出现的特点。就多年平均而言，全省有 3 个相对多暴雨的中心，分别是黔西南的织金、普定、六枝、晴隆、关岭、贞丰、册亨一带，雷山和梵净山及其邻近地区，年平均暴雨次数超过 10 次，且暴雨强度大，最大降雨强度可达 93 mm，暴雨量占年降雨量的 30%以上；暴雨具有连续出现的特点，因此，常在局地造成严重洪涝灾害。

2011 年 6 月 6 日凌晨 1 时许，贵州省黔西南州望谟县受高空切变和冷空气影响，域内 8 个乡镇以及望谟与紫云县交界的部分乡村出现特大暴雨，打易镇降雨量达 316.6 mm。强降雨引发望谟县内山洪暴发，该县 8 个乡镇遭受了百年不遇的特大洪灾并诱发泥石流灾害。

(3)凝　冻

凝冻亦称雨凇、冻雨，俗称桐油凌，是贵州严冬时节的主要气象灾害之一，以海拔较高的山区最为常见。凝冻是贵州冬半年出现的温度低于 0℃，有过冷却降水或固体降水和结冰现象时发生的一种灾害性天气。它包括雨凇、雾凇及结冰等，也包括贵州农村所称的“桐油凌”、“冻雨”和“雪凌”。

贵州是我国出现凝冻最多，持续时间最长，危害程度最重的省份，占全国凝冻区的 70%以上。省内各地从 11 月至翌年 4 月均有可能出现凝冻天气，但严重凝冻主要集中在12月至翌年2月，重凝冻区主要分布在武陵山区、苗岭、大娄山和乌蒙山区。

全省各地年平均凝冻日数具有从西部地区向东部地区递减和由中部向北部和南部边缘地区递减的分布特征。贵州省自有气象记录以来，历年都有凝冻灾害天气出现。新中国成立以来，贵州省共出现6次重大凝冻灾害天气，分别发生于1955年、1964年、1968年、1977年、1984年和2008年。经过综合分析，这6次重大凝冻灾害的特点为：一是持续时间长，覆盖范围广。持续时间大都在20 d左右，其中4次个别地方超过30 d，4次覆盖全省。二是发生频率呈下降趋势。发生频率1984年前较高，之前30余年间共发生5次，而随后24年仅出现1次。三是灾害程度呈加重的趋势。

2008年1月下半月到2月上半月，贵州遭遇的历史罕见的低温雨雪冰冻灾害，具有降温幅度大，持续时间长，影响范围广，冰冻灾害重等特点。强冷空气于1月12日自东北北向西南影响贵州省，1月11日至13日全省日平均气温下降幅度为5.7℃～20.1℃，黔南州中东部及黔东南州南部降温在15℃以上，雷山降温20.1℃，为全省降温最大区域。之后，气温节节走低，贵州日平均气温小于1℃的最长连续日数达到19.7 d，为历史最大值。全省88个市(县、区)中，有71个低温冰冻天气持续时间突破贵州省有完整气象记录以来的历史极值，1月13日至2月13日贵州平均气温、平均最高气温和1月13日至2月14日平均最低气温分别为0.1℃、1.9℃、－1.6℃，均为历史同期最低值。全省所有道路均出现结冰现象，电线积冰直径普遍超过20 mm，中东部地区电线积冰直径超过40 mm。1月29日，万山电线结冰直径超过160 mm，突破了威宁1962年出现112 mm电线结冰直径的历史极值。总体而言，这次冰冻灾害对贵州来说为50年一遇，中部以东、以北大部分地区为80年一遇，是2008年全国低温冰冻灾害最重的省份之一。

(三)环境污染

贵州省在改革开放前的环境污染主要是生活污染、农业污染和少量的工业污染、交通污染等。随着贵州省工业的不断发展，煤炭等矿产资源和其他自然资源的消耗与日俱增，加上工业化、城镇化、农业现代化等快速发展，环境污染已成为主要的生态环境问题之一，主要表现在大气污染、水体污染、土壤污染和固体废物污染等方面。

在1990—2012年，贵州的国民生产总值由260.14亿元增加到5 701.84亿元。工业生产总值由1990年的92.83亿元增长到2008年的1 829.20亿元。人均GDP由796元增长到16 413元。经济的发展，对环境也造成了巨大的压力，主要表现以工业生产、农业生产、城乡居民生活和交通等方面所引起的大气、水、固体废物等污染方面。环境污染事故时有发生，但总体呈现下降趋势。

表 2.4 贵州省 2006—2011 年环境污染事故统计表

指标＼年份	2006	2007	2008	2009	2010	2011
环境污染事故/起	23	18	10	4	4	7
重大事故/起	1	5				1
较大事故/起						1
一般事故/起	22	13	10	4	4	5
水污染事故/起	16	15	4	4	2	5
空气污染事故/起	6	3	1		2	2

资料来源：《贵州统计年鉴－2012》

1. 水环境

水环境污染主要来源于城市生活污水、工业废水和农业退水(这部分无资料不作讨论)，而城市生活污水是最主要的来源。贵州省 2011 年废水总量为 7.8×10^{8} t，占全国废水总量的 1.2％。城市生活污水为 5.73×10^{8} t，占全省废水总量的 73.5％。工业废水主要是由化工、煤炭开采和洗选及其他矿产的开采、食品制造及加工等所产生的。

贵州省近年来的废水排放量和污染物呈增长趋势，主要污染指标为总磷、氨氮、化学需氧量等。

表 2.5 贵州省 2006—2011 年废水排放状况

指标＼年份	2006	2007	2008	2009	2010	2011
废水排放总量/10^8 t	5.54	5.51	5.59	5.92	8.45	7.80
工业废水	1.39	1.21	1.17	1.35	2.55	2.07
生活废水	4.15	4.30	4.42	4.57	5.89	5.73
废水中化学需氧排放量/10^8 t	22.90	22.70	22.18	21.60	34.83	34.22
工业废水	1.83	1.84	1.37	1.30	6.07	6.55
生活废水	21.07	20.86	20.81	20.30	22.05	21.49
新增废水治理能力/(10^8 t·d^{-1})	12.03	43.70	47.96	97.00	1.61	29.91
城市污水处理率/％	21.20	29.00	31.20	42.00	74.80	82.00

注：除 2010 年的数据采用污染源普查动态更新数据外，其余资料来源于《贵州统计年鉴－2012》

2. 大气环境

贵州是一个以煤、薪材、液化气、煤气、电等为主要能源的省份。贵州正处于基础建设的重要时期，因此，大气污染主要以SO_2、烟尘、粉尘和酸雨等为主。

2012年，全省13个城市空气监测数据分析的结果表明，贵阳、遵义、六盘水、安顺、凯里、铜仁、都匀、兴义、毕节、清镇、赤水和仁怀12个城市达到了国家环境空气质量二级标准，福泉市因二氧化硫超标，仅达到国家三级标准。这一结果比前几年有明显的提高。贵阳市共布设10个点位进行城市环境空气质量监测。二氧化硫和可吸入颗粒物指标均达到国家环境空气质量二级标准，二氧化氮达到国家一级标准，空气污染指数(API)平均值为61，空气优良天数351 d，优良率为95.9%。遵义市共布设5个点位进行城市环境空气质量监测，二氧化硫和可吸入颗粒物指标均达到国家环境空气质量二级标准，二氧化氮达到国家一级标准，空气污染指数(API)平均值为63，空气优良天数361 d，优良率为98.6%。2012年，贵阳市率先开展了$PM_{2.5}$的监测，目前全省正逐步推行新的《环境空气质量标准》。

表2.6 贵州省2006—2011年空气质量及污染治理情况

指标 \ 年份	2006	2007	2008	2009	2010	2011
达到国家环境空气质量二级标准城市/个	8	8	7	7	7	11
占统计城市数/%	66.7	66.7	58.3	58.3	58.3	91.7
SO_2年均浓度值/(mg·m^{-3})	0.060	0.056	0.052	0.050	0.050	0.040
达到国家空气质量(SO_2)二级标准城市/个	8	9	7	8	9	12
NO_2年均浓度值/(mg·m^{-3})	0.020	0.019	0.017	0.017	0.018	0.019
达到国家空气质量(NO_2)一级标准城市/个	12	12	12	12	12	12
城市可吸入颗粒物年均浓度值/(mg·m^{-3})	0.130	0.078	0.073	0.073	0.077	0.078
达到国家空气质量(可吸入颗粒物)二级标准城市/个	12	11	12	11	10	11
废气中SO_2排放总量/10^4 t	146.50	137.51	123.59	117.55	116.17	110.42

续表

指标＼年份	2006	2007	2008	2009	2010	2011
工业废气中 SO_2 排放总量/10^4 t	103.97	92.06	74.13	62.37	96.05	90.3
生活废气中 SO_2 排放总量/10^4 t	42.53	45.45	49.46	55.18	20.13	20.12
烟(粉)尘排放总量/10^4 t	26.31	29.52	32.62	43.98	29.08	28.97
工业烟(粉)尘排放总量/10^4 t	18.45	19.11	14.57	11.78	24.88	24.34
生活及其他废气中烟(粉)尘排放总量/10^4 t	7.86	10.41	18.05	32.20	3.32	3.69
工业废气中二氧化硫去除率/%	22.8	41.2	52.0	67.9	59.9	66.3
工业废气中烟(粉)尘去除率/%	97.2	97.5	98.6	99.2	98.2	98.9
当年完成废气治理项目/个	130	81	154	90	34	29
新增废气治理能力/($m^3 \cdot h^{-1}$)	560.00	3484.70	466.39	562.09	268.31	725.51
城市燃气普及率/%	55.2	57.3	54.1	54.2	54.5	55.0

资料来源：《贵州统计年鉴－2012》

贵州省酸雨控制区城市包括贵阳市、遵义市、仁怀市、赤水市、安顺市、凯里市、都匀市和兴义市。这8个酸雨控制区城市降水年均 pH 值范围为5.64～6.73。其中，兴义和赤水两城市降水年均 pH 值均大于5.6且未出现酸雨，而贵阳和都匀两个城市年均降水 pH 值虽大于5.6，但酸雨率大于20%，存在一定程度的环境影响。

3. 固体废物

贵州省的固体废物以工业固体废物、城市生活垃圾和其他固体废物为主，近年来有增加的趋势。

表2.7　贵州省2006—2011年固体废物状况

指标＼年份	2006	2007	2008	2009	2010	2011
工业固体废物产生量/10^4 t	5 827.27	5 988.58	5 843.56	7 317.37	8 187.68	7 660.70
工业固体废物倾倒丢弃量/10^4 t	137.66	81.88	55.59	94.49	59.76	28.88
当年完成工业固体废物治理项目/个	23	14	6	11	8	4

续表

指标＼年份	2006	2007	2008	2009	2010	2011
工业固体废物综合利用量/10^4 t	2 107.56	2 251.83	2 339.22	3 350.67	4 174.13	4 089.09
工业固体废物处置量/10^4 t	2 510.29	2 559.34	2 126.11	2 109.39	2 497.55	2 102.95
工业固体废物综合利用率/%	36.0	37.5	39.9	45.6	50.9	52.7
生活垃圾清运总量/10^4 t	393.50	402.85	413.83	426.61	428.51	431.46
生活垃圾处理总量/10^4 t	222.00	214.74	242.55	284.02	294.92	296.47

资料来源：《贵州统计年鉴—2012》

三、生态环境保护

据《中国珍稀濒危保护植物名录》(1984)、《中国生物多样性国情研究报告》(1998)和《贵州特有植物初步研究》(1991～1992)等文献记载，目前贵州受威胁的种子植物共378种，其种类约占全省种子植物总数的8.1%，其中在喀斯特地区分布的种类占80%以上。脊椎动物全省共921种，受威胁的脊椎动物数占全省同类动植物总数9%。贵州喀斯特地区的生物多样性受损情况比较严重。建立自然保护区是改善贵州生态环境，保护生物多样性，保护珍稀濒危物种和现有天然林资源最有效的手段，也是社会文明进步的重要标志。

自1978年贵州省建立第一个森林和野生动物类自然保护区——梵净山自然保护区以来，特别是近些年，随着国家天然林保护工程、野生动植物保护和自然保护区建设工程的实施，自然保护区建设有了较快发展。截至2009年年底，经国务院和地方各级政府批准，全省已建立森林和野生动物类型自然保护区130处，其中国家级保护区9处，省级保护区4处，地、州级保护区16处，县级保护区101处。保护区总面积9 588.053 km^2。

贵州现有的自然保护区中，属于森林生态系统类型、野生动物类型、野生植物类型的有127个，内陆湿地类型的有1个，古生物遗迹类型的有1个，地质地貌类型的有1个。同时，贵州省建有省级以上风景名胜区71个，森林公园66个，地质公园12个。这些自然保护区以黔金丝猴、黑叶猴、黑颈鹤、白冠长尾雉、珙桐等珍稀野生动植物及其赖以生存的亚热带原始森林生态系统、湿地生态系统为主要保护对象。有的以典型的喀斯特森林植被及珍贵动植物为主要保护对象；有的以典型的亚热带常绿阔叶、落叶阔叶混交林为主

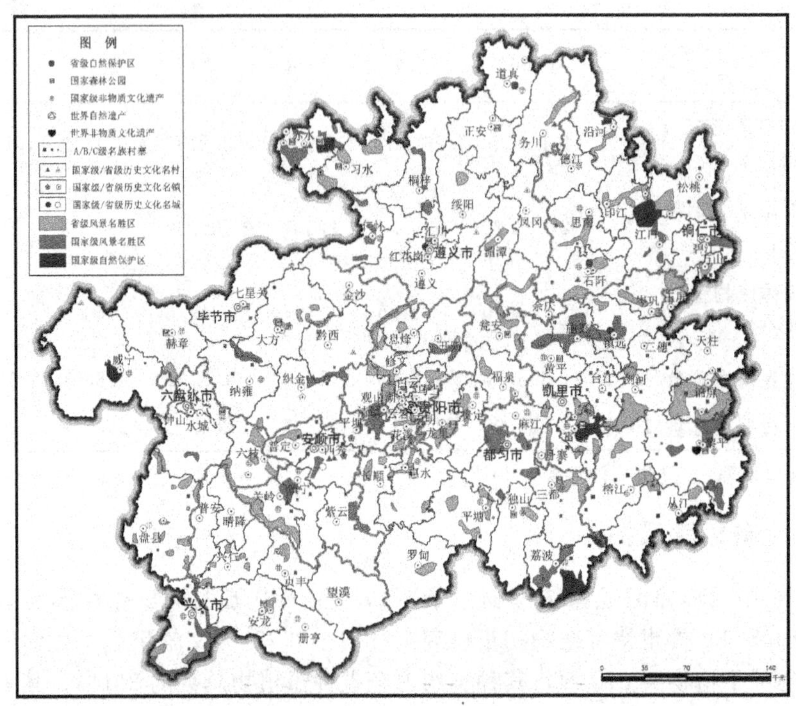

图 2-6 贵州省自然保护区分布图

要保护对象；有的专门以水源涵养林为主要保护对象。这些自然保护区包括全省大部分集中分布的天然林，使全省 80%以上的珍贵野生动植物资源得到了有效保护，而且大都处于大江、大河源头或上游地带。对现有天然林的保护，尤其是对乌江、赤水河、芙蓉江、锦江、㵲阳河、清水江、都柳江、红水河等江、河源头及沿岸森林植被的保护，对于防止水土流失发挥着极其重要的作用。

第四节 人口与文化特征

人口问题是制约贵州经济社会全面可持续发展的关键因素。进入 21 世纪，贵州人口问题出现了较大的变化，2010 年贵州总人口为 $3\,474.65\times10^4$ 人，虽然与 2000 年相比，人口总数略有下降，但是与全国其他地区相比，贵州省是全国平坝面积最小，山地面积比例较大的一个省，耕地面积较小，加之喀斯特地貌的影响，使得贵州省的人口密度居西部各省份之首，贵州省的人口发展现状仍然堪忧。

一、人口特征

随着贵州经济水平的发展以及国家一系列计划生育政策的实施，贵州省人口发展呈现出一些新的特点。根据贵州省第六次人口普查数据，贵州省人口特征主要体现在以下几个方面。

(一)常住人口减少，自然增长率下降

2010 年贵州省常住人口为 3 474.65×10⁴ 人，比 2000 年第五次人口普查时减少了 1.4%。与之前几次人口普查数据相比，贵州人口首次出现负增长现象。

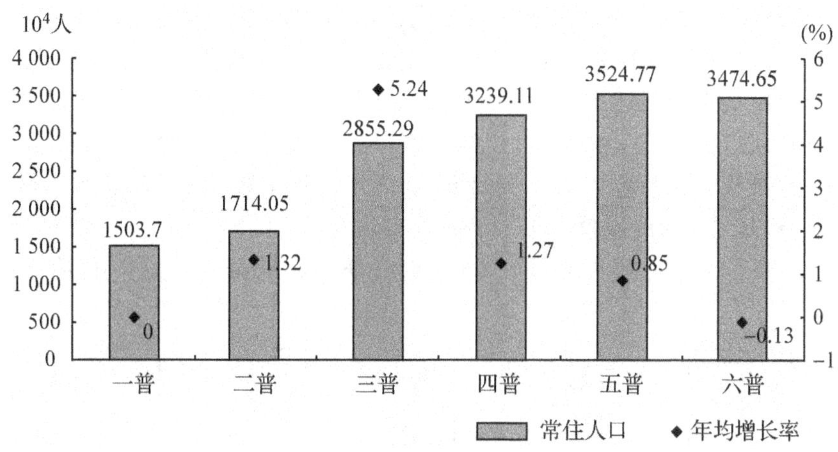

图 2-7 贵州省历次人口普查人口变化图

贵州省常住人口出现负增长的主要原因是：第一，外出流动人口增多，本省内人口自然增长率下降。公安部门公布的户籍人口数据显示，贵州省 2010 年共有户籍人口 4 189×10⁴ 人，比 2000 年增加 512.37×10⁴ 人，户籍人口增长显著。但随着改革开放的深入，贵州人口大量流出省外，导致省内常住人口大幅减少。2010 年，贵州省外出省外人口规模达 719×10⁴ 人。与 2000 年“五普”相比，外出省外人口增加 478×10⁴ 人。第二，贵州省常住人口自然增长率下降。2000—2005 年，贵州全省人口出生率从 20.59‰下降到 14.59‰，人口自然增长率从 13.06‰下降到 7.38‰，妇女总和生育率从 2.19 下降到 1.83，连续 4 年低于更替水平，进入低生育水平行列。2009 年 11 月 1 日至 2010 年 10 月 30 日，全省常住人口出生 48.52×10⁴ 人，出生率为 13.96‰，死亡率为 6.55‰，自然增长率为 7.41‰。省内年增长人口数量远小于本省在省外外出人员年增长数量，所以，进入 21 世纪以来，贵州常住人口数量呈现逐年减少的趋势。

人口的负增长缓解了贵州紧张的人地关系，减轻了生态负担，但同时也给贵州劳动力供给方面带来许多影响：第一，减少了当地劳动力的供给能力，一定程度上影响了当地经济的发展。第二，大量劳动年龄人口外出务工加剧了当地人口老龄化的趋势，增加了社会的抚养压力。

(二)人口老龄化问题凸现

改革开放以来，尤其是20世纪90年代，随着贵州人口再生产模式的转变，贵州省人口的年龄结构也随之发生了很大变化，逐步向老龄化发展，近年来这一变化速度持续加快。据1990～2010年人口抽样和普查统计数据显示，贵州省0～14岁的人口在总人口中所占比重由1990年的32.62%下降到2010年的25.22%，15～64岁的人口在总人口中所占比重由62.71%上升到66.21%，65岁及以上人口占总人口比重由4.61%上升到8.57%。按照国际上人口年龄类型判断标准，当一个国家或地区60岁以上人口所占比重达到或者超过总人口的10%，或者65岁以上人口达到或超过7%时，这个国家或地区的人口被称为老年型人口。贵州省2005年老年系数(65岁及以上老年人口比例)已超过了7%的限值，0～14岁人口比重为28.34%，低于30%，老少比为28.96%。这一数据表明，2005年以来，贵州人口开始向老龄化社会发展。

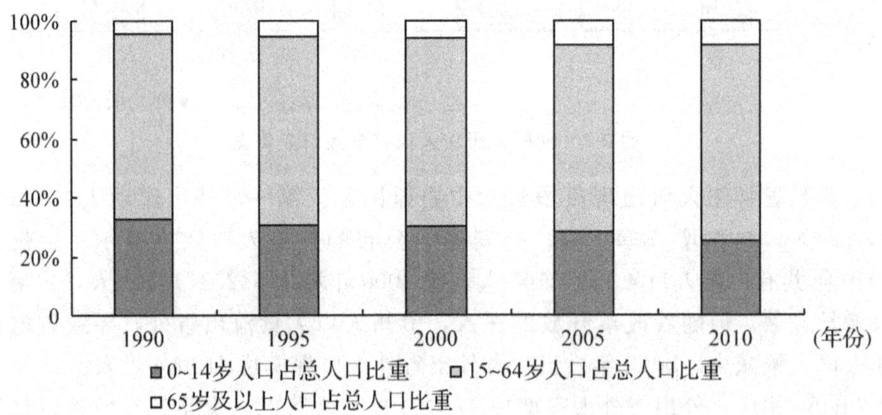

图2-8 1990—2010年贵州省人口年龄结构变动

2000年贵州65岁及以上老龄人口占总人口的比重为5.97%。如果以增加2个百分点左右的时间来看，英国老龄人口从5%增长到7%用了80多年，瑞典用了40多年，日本用了50年的时间。我国完成这一过程约为18年的时间，而贵州仅用了3到10年时间，其人口老龄化速度明显较快，未来人口老龄化形势严峻。2000年，贵州人口老年系数居全国第24位，2010年上升到第13位，突显了贵州老年比重陡然提高和老龄化发展速度超快的特征。

贵州在当前经济发展水平较低，社会发展落后的省情下呈现的人口老龄化问题表现出了“未富先老”的特点。超越经济发展水平的人口老龄化问题对贵州的影响是巨大的。第一，典型的“未富先老”使政府在老年人口赡养、医疗保障、老年人口补贴等方面的支出加大，造成了当地财政支出与窘迫的财政收入之间的矛盾更加突出。第二，大量老年人口造成社会抚养负担过重，加大了劳动人口的经济负担，并占用大量劳动力和社会资源。第三，老年人口增加意味着更多的人脱离生产性生活方式，转为消费性生活方式，不利于社会财富的积累，影响经济发展。

(三)人口文化素质提高较大，但总体仍然偏低

2000～2010 年，贵州的总人口由 3 524.75×10^4 人减少到 3 474.37×10^4 人，其中，全省所有接受小学及以上教育的人口占总人口比重由 2000 年的 71.78%增加到 2010 年的 82.09%，比 2000 年提高了 10.31 个百分点。2010 年各种受教育人口占总人口的比重从小学到大学及以上依次为 38.99%(小学)、30.24%(初中)、7.53%(高中)、3.27%(大专)、2.07%(大学)。总体来说，在具有各种文化程度的人口构成变化中，初中以上文化程度的比重呈上升趋势，大专及以上文化程度人口比重成倍增加。这说明近 10 年来，伴随着贵州省社会经济的飞速发展和经济实力的不断增强，政府、企业、家庭在教育事业方面的投资不断增加。各地市教育规模迅速扩大，小学、普通中学、成人学校、普通高等学校、研究生教育的规模与日俱增，在校人数也不断增加。同时，各地市学校的教学质量不断提高，教学方式也更加科学、合理、灵活多样，师资力量也有长足进步，教师队伍的整体素质不断提高，为社会提供了大量的科技人才，提高了大专及以上文化程度的人口比重，使得人口文化素质有了较大程度的提高。

如表 2.8 所示，全省 15 岁及以上文盲人口占总人口的比重由 2000 年的 13.86%下降到 2010 年的 8.74%。显然，这一方面与国家大力投资发展教育，全省经济实力不断增强及人民生活水平不断提高有着密不可分的联系；另一方面，地区间的差异仍然存在，这一点是非常重要的。与全国平均水平相比，2010 年全国文盲人口比重为 4.08%，贵州要高于全国 4.66 个百分点。从地区差异来看，贵州省 9 个地、州、市中，2010 年与 2000 年相比文盲人口比重虽然均有所下降，但除贵阳市低于全国平均水平外，其余 8 个地区均高于全国平均水平，尤其是毕节地区、安顺市、黔西南州和六盘水市的文盲人口比重均在 9%以上，高于全省平均 8.74%的水平。城乡人口受教育程度仍存在明显的区域差异，从整个文盲人口城乡构成来分析，乡村和女性文盲人口仍然占有较大的比重。2010 年乡村文盲人口占总文盲人口的比重在 80%以上，女性文盲人口占总文盲人口的比重在70%以上。因此，要提高人口的受教育水平，必须加大对乡村和女性的扫盲力度。

表 2.8　2000 年、2010 年贵州省各种学历人口构成及变化

受教育别人口	各种学历人口占总人口的比重/%	
	2000	2010
全省受小学及以上教育人口	71.78	82.09
大学本科及以上	0.60	2.07
大专	1.32	3.27
高中	5.67	7.53
初中	20.64	30.24
小学	43.56	38.99
15 岁及以上文盲人口	13.86	8.74

数据来源：根据贵州省第五、第六次人口普查及 2005 年人口抽样调查资料整理

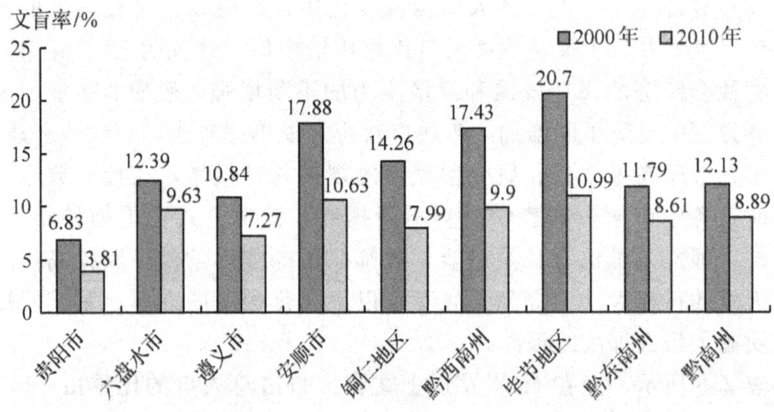

图 2-9　2000 年、2010 年贵州各地、州、市文盲率比较

贵州省人口文化素质的差异，除文盲率指标外，还表现在各种文化程度者的比重方面。全省高中及以上文化程度者的比重，2000 年为 7.59%，2005 年升至 9.05%，2010 年为 12.87%，同期全国高中及以上文化程度者的比重由 2000 年的 14.42%升至 2005 年的 16.72%，2010 年达到 22.45%。与全国平均水平相比，充分说明近 10 年来贵州省高中及以上文化程度者虽有了一定提高，但与全国水平的差距并没有消除，反而有扩大的趋势。虽然在三个年份中，贵州和全国小学文化程度者的比重均呈下降的态势，但贵州所占比重仍较大，2000 年、2005 年和 2010 年，贵州分别为 43.56%、40.59% 和

38.99%，全国平均分别为34.89%、31.16%和26.18%，差距呈不断扩大的态势。显然，近10年来贵州人口文化教育普及工作取得了一定的成效，然而由于历史原因，地理位置及自身经济基础、政策差异、文化环境等方面的差异，人口文化素质的发展水平还存在着较大的差距，低学历人口仍然占有较大的比重，这在很大程度上制约着贵州人口文化素质的提高。

国际上常用人均受教育年限作为人口文化素质高低的衡量指标。由于各个国家和地区科学技术基础、经济发展水平、文化教育程度以及其他社会因素的影响，人均受教育年限在不同的国家和地区存在着一定的差别。以第六次人口普查全国各省区市6岁及以上人口的文化程度为基础，可以分别计算出人均受教育年限，2010年贵州人均受教育年限为7.44年，在全国各省(自治区、直辖市)中排名倒数第二，仅高于西藏。

表2.9 2010年全国31个省(自治区、直辖市)6岁及以上人口“人均受教育年限”位次(不含港澳台)

位次	省(区、市)	人均受教育年限/年	位次	省(区、市)	人均受教育年限/年
1	北京	11.48	17	福建	8.80
2	上海	10.55	18	山东	8.76
3	天津	10.16	19	河南	8.66
4	辽宁	9.46	20	浙江	8.62
5	吉林	9.28	21	江西	8.57
6	广东	9.23	22	重庆	8.53
7	山西	9.22	23	宁夏	8.50
8	黑龙江	9.16	24	广西	8.44
9	江苏	9.13	25	四川	8.16
10	陕西	9.12	26	安徽	8.12
11	湖北	9.01	27	甘肃	8.01
12	内蒙古	8.99	28	青海	7.63
13	新疆	8.92	29	云南	7.57
14	湖南	8.91	30	贵州	7.44
15	海南	8.90	31	西藏	5.28
16	河北	8.87			

资料来源：2010年第六次全国人口普查主要数据

分县域进一步考察，对比2000年、2010年的贵州人口受教育年限的空间分布可见，2000—2010年全省人口教育文化结构发生了较大的变化，具体特征如下。

人均受教育年限小于7年的县域呈现明显减少趋势。表现为小于6年的县域，由2000年的40个减少到2010年的3个，六七年间的县域由36个减少为27个。

人均受教育年限大于7年的县域范围扩大，程度加深，明显高于全国平均水平。表现为10年间该类县域由13个增至58个。贵阳市的云岩、南明两城区以及遵义市的红花岗区，2000年人均受教育年限已超过8年，到2010年进一步上升到9年甚至是10年以上，远高于全国平均水平。

受教育年限地区间发展不平衡现象明显。表现为以7年为界，受教育年限高于7年的地区集中在贵州省北部和中部。其中，8年及以上的地区主要集中在黔中腹地。与之对应，受教育年限小于7年的地区集中在西部以及东南，如西部的贞丰、望谟、晴隆、纳雍、威宁、赫章以及东南部的从江、榕江、雷山等地区。10年内变化不大，多属于贵州省经济发展比较落后的地区，也是贵州省今后不断加大教育投入的地区。

总之，人口文化素质的提高是生产力高速发展的强大动力，是促进社会经济发展的唯一途径。近年来，贵州人口文化素质虽有了一定的发展和提高，但由于受经济、文化、历史等因素的影响，与发达地区相比仍然存在很大的差距，特别是绝大多数县域人口文化素质普遍偏低，已经成为制约贵州经济可持续发展的瓶颈。提高人口文化素质是一项复杂的系统性工程，在实施过程中，各部门应端正认识，转变观念，坚持不懈地大力发展教育，并给以必要的政策、资金和人力支持，引导人才合理流动，促进地区的联合，争取人口文化素质达到一个更高水平。

(四)总人口性别比稍高，新生婴儿性别比严重失衡

人口性别比指以女性人口为100时男女人口数之比。对于一个社会的人口状况而言，性别比在其中始终有着举足轻重的影响，它是人口的婚姻、家庭和生育状况的基本因素，与人口再生产、人口的分布和迁移以及包括劳动就业结构在内的其他人口结构也有直接的关系，性别比过高或过低都可能导致一系列的社会问题。

1. 人口性别比变动趋势

从1990年以来贵州总人口性别比变动情况来看，贵州总人口性别比波动比较明显。1990年，总人口性别比为107.34，1995年下降为106.59，到2000年又陡然升高至110.78，2005年则又降低为106.14，2010年升高为106.89。总体来说，贵州人口性别比较高，基本在国际正常值上限105的基点附近变动。与全国相比，除2005年性别比略低于全国平均值外，其余各年人口性别比均明显高于全国的平均水平。人口性别比偏高是值得注意并应逐步加以解决的问题，这一问题对社会的稳定和经济的发展具有一定的负面作用。

人口性别比偏高是多种因素综合作用的结果。其中，比较主要的有新生婴儿性别比、死亡人口性别比、人口迁移性别比等。一般来说，新生婴儿性别比越高，总人口性别比也会上升。若女性死亡率小于男性死亡率，也将引起性别比的降低。迁移人口性别构成一般男性多于女性，对于净迁出地来说，迁移导致总人口性别比下降，而对净迁入地来说，迁移将导致总人口性别比上升。因此，各种因素共同作用影响，导致总人口性别比发生相应变动。

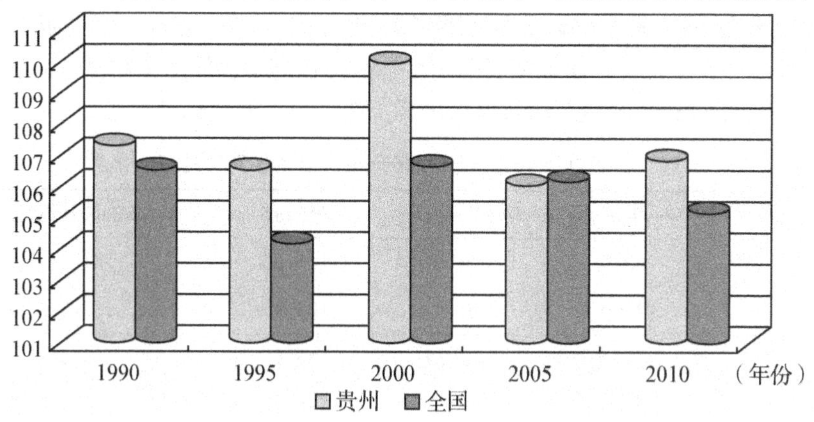

图 2-10　1990—2010 年贵州与全国的总人口性别比

2. 新生婴儿性别比

新生婴儿性别比（或称出生人口性别比）是决定人口性别构成的重要因素之一。贵州省新生婴儿性别比在“五普”前属正常范围，“五普”时为 107.03，比全国平均值低约 10 个百分点，失衡程度较全国轻，接近正常。但从 2000 年以后，新生人口性别比偏离正常值，已超出国际公认的正常范围值。与全国相较，贵州出生婴儿性别比偏高比全国出现的相对较晚，但发展速度快，2010 年出生人口性别比为 126.2，比全国平均水平高出近 1.99 个比点，在全国居第 6 位。

新生婴儿性别比偏高，不仅表现在城乡差异上，也突出地表现在孩次性别比上。由于二孩和多孩生育人群具有较强的选择生育性别倾向，因此，随着孩次的上升，其出生婴儿性别比也大幅上升。如表 2.10 所示，贵州出生性别比城镇和乡村的出生性别比均呈现上升的趋势。分孩次看，无论是全省还是各地区，除了性别比均随孩次升高而增高的一般性规律外，2010 年城市和镇的一孩出生

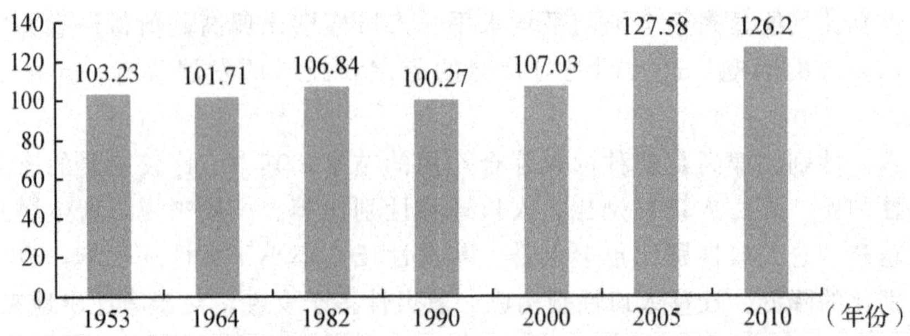

图 2-11　贵州省 1953—2010 年主要年份出生人口性别比

性别比已经超出正常水平，分别达到 121.71 和 130.3，比“五普”分别上升了 14.98 和 15.88 个比点。这表明贵州出生性别比偏高不仅发生在农村，而且已蔓延到城市，不仅在出生的二孩及以上出现，在一孩人群中也已存在。

表 2.10　2000 年、2010 年贵州省分孩次出生性别比的城乡差异

	年份	第一孩	第二孩	第三孩及以上
全省	2010	109.39	146.89	171.16
	2000	88.24	122.47	137.39
城市	2010	112.79	146.75	158.16
	2000	98.77	132.57	141.80
镇	2010	112.79	159.72	177.27
	2000	103.61	135.70	148.90
乡村	2010	107.47	143.90	171.21
	2000	84.14	120.67	136.60

数据来源：贵州省第五次和第六次人口普查资料

城镇的一孩性别比偏高的现象应该说是一个危险的信号，这无疑说明贵州出生性别比偏高程度的严重。2010 年，贵州省城市人口占总人口的比重为 33.81%，与“五普”相比，上升了 9.85 个百分点。同时，城镇的出生人口性别比却分别上升了 14.98 和 15.88。据此间接推断，虽然 21 世纪以来，随着贵州经济的较快发展，其人口城镇化水平迅速提高，但偏好男孩的传统生育文化依然影响着人们的生育行为，至今还没有根本性的转变。在这样的背景下，即使是生活在城镇，人们的生育观念仍然没有得到明显的改善。随着 B 超检测等现代医学检测技术的迅速发展，使得性别选择具备了极高的可行性，且易于实现。再加上，一段时期管理上缺乏积极的、有效的、可行的措施，因而使出生性别比偏高现象不仅发生在农村，而且也蔓延到了城镇。正如美国社会学家奥格本指出的那样：观念文化往往是适应物质文化的变化而变化的，但物质文化的变化往往要快于观念文化，这就是所谓的文化滞后。偏好男孩作为一种观念文化，它有着自身的文化惰性，并未随着经济的发展而呈现出同步的变化，而是表现出一种滞后性。

分地区观察，由于社会经济发展、人口的流动、计划生育的完成情况以及不同地区和不同民族的生育政策不同，贵州各地出生性别比差异也比较明显。2000 年到 2010 年，全省 9 个地州市出生性别比均程度不同地偏离国际正常值上限，处于严重失衡状态。其中，增长幅度较小的为贵阳市和铜仁地区，10 年间分别增长了 5.59 和 2.39 个比值，增长幅度最大的三个地区为毕节、黔西南州和安顺，分别增长了 34.18、33.85 和 24.39 个比值。其余各地州市波动幅度略有差别。出生性别比处于高位值的有黔东南州和铜仁，2000 年、2010 年这两个地区出生性别比均在 120 以上变动，其次为贵阳、六盘水和黔南州，三个地区出生性别比都在 113 以上变动，而 2000 年遵义、安顺、黔西南州和毕节 4 地的出生性别比尚处于正常状态，到 2010 年则呈现出严重失衡状态，超过 120。总体而言，2000 年到 2010 年，贵州出生性别比偏高的地区范围扩大，程度加深，均远高于国际正常值上限，呈现出明显的地域差异。

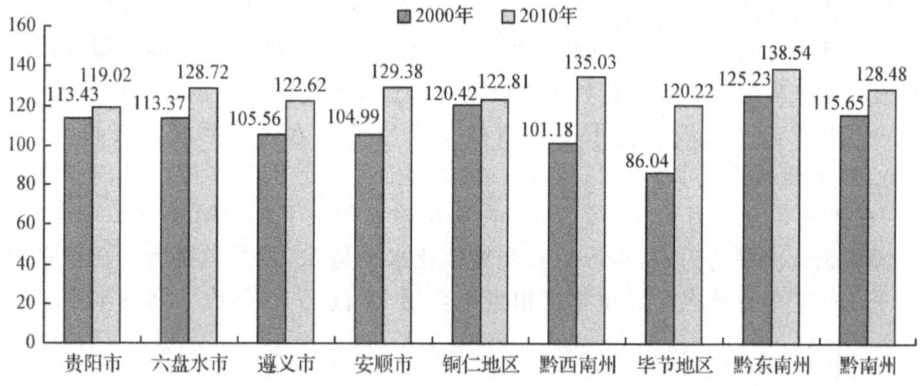

图 2-12　2000 年、2010 年贵州省出生性别比地区差异

一般来说，出生婴儿性别比偏高是多种因素综合作用的结果，既有人口过程的因素，也有社会、经济、文化和政治等因素。贵州省自然与人文环境复杂，社会经济发展程度高低有别，民族文化多元多样等实际情况，决定了其引发出生性别比失调的原因难以划一。但就总体而言，即男性偏好对出生性别比偏高具有决定作用。决定和强化男性偏好的是特殊的传统文化、经济发展状况及相应的社会保障体系、不平等的社会性别现实等根本原因。男性偏好受少数民族历史、人口生育政策等因素间接影响和强化，最终以性别鉴定、溺弃女婴和瞒报漏报等直接干预手段实现生育男孩的愿望。毋庸置疑，出生性别比严重失衡，无疑将给整个国家和社会带来严重后果。贵州出生性别比偏高，已经或可能产生的后果是婚姻挤压问题，影响家庭的稳定，影响人口安全、经济发展与社会和谐等。要改变它，必须要有一种新的男女平等的生育文化作为替代，而这种新生育文化的形成仅靠单方面的短期努力是难以奏效的。只有采取“综合治理”的办法，从社会、经济及政策等多方面共同制定长期措施，并坚持不懈地加以落实，才有可能逐渐弱化性别偏好问题。

(五)人口城镇化率低，区域差异大

城镇化的发展程度是一个国家或地区经济发展程度的重要标志，也是衡量一个国家或地区社会组织程度和管理水平高低的重要标志。改革开放后，特别是2000年以来，贵州省经济社会的快速发展极大地促进了城镇化水平的提高，城镇化进程进入加速发展阶段，城镇化率由2000年的23.87%上升到2010年的33.81%。城镇人口由2000年的896.49×10^4人上升到2010年的1 176.25×10^4人。根据世界城市化发展的一般规律，城市化过程一般分为三个阶段：起步期、加速期和平稳期。

当一个区域的城市人口占总人口比重为30%左右时，进入城市化的加速阶段，人口和经济活动迅速向城市聚集，城市规模迅速扩大。当城市人口占总人口比重超过70%时，城市化水平曲线趋于平稳，进入平稳期。因此，当前及今后一段时期，贵州将处于城镇化的加速发展阶段。但由于基础比较低，与全国相比，目前城镇化水平仍然处于比较低的水平。据统计资料显示，2000年贵州城镇化水平为23.96%，在全国排名中处于第27位，2005年贵州为26.87%，全国为42.99%，贵州在全国排名位次下降到第31位。2010年全国城镇化水平达为49.68%，贵州城镇化水平是33.81%，落后于全国平均水平15.87个百分点，贵州省仅相当于全国20世纪90年代中期的水平。从

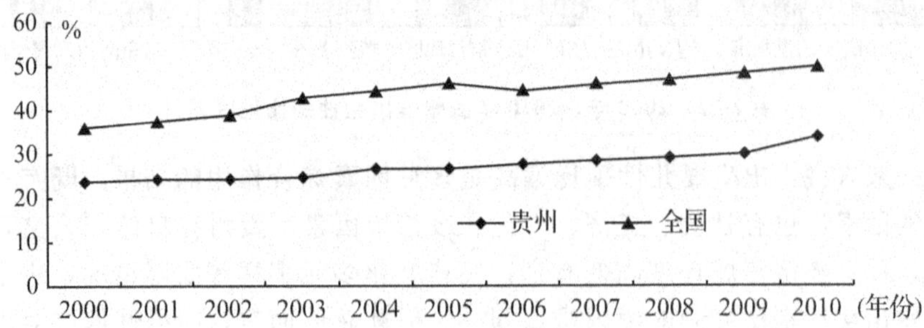

图2-13　2000年—2010年贵州人口城镇化率与全国比较

空间来考察，由于区位条件、资源禀赋和发展环境等方面的差别，贵州省不同区域人口城镇化空间分布表现出明显的差异。

首先，从各地区来看，2010 年，贵州省城镇化水平排在全省前 3 位的地区的情况是：贵阳市城镇人口为 294.63×10⁴ 人，占全省城镇人口总量的 25.08%，城镇化率为 68.13%；遵义市城镇化率为 35.02%；安顺市城镇化率为 30.04%。其余 6 个地区城镇化水平均在 30%以下。与 2000 年第五次人口普查资料相比，人口城镇化率提升幅度最大的是毕节地区，提高了 13.59 个百分点；其次是遵义市，提高了 12.07 个百分点；贵阳市提高了 6.96 个百分点。上升幅度最慢的是安顺市，仅提高 4.16 个百分点。

表 2.11 贵州省各地区城镇化水平发展对比/%

指标 地区	2010 年城镇人口比重	2000 年城镇人口比重
贵阳市	68.13	61.17
六盘水市	28.65	23.08
遵义市	35.02	22.95
安顺市	30.04	25.88
铜仁地区	25.98	16.09
黔西南州	28.15	20.9
毕节地区	26.18	12.59
黔东南州	26.02	17.96
黔南州	29.05	22.82

数据来源：贵州省 2010 年人口普查资料，《世纪之交的中国人口》(贵州卷)

其次，从县域空间来考察，在全省 86 个县级单位中，人口城镇化水平处于高位的区域主要是贵阳、六盘水和遵义的中心城区，包括南明、云岩、白云、观山湖、钟山和红花岗区，共计 6 个行政区，仅占全省县域总数的 7%左右。这些地区自然、区位条件优越，经济综合实力较强，人口稠密，人口城镇化水平都在 60%以上，在区域发展中具有较强的凝聚力。城镇化水平介于 30%～60%的地区，2000 年有 11 个，到 2010 年增加到 21 个。这些地区资源环境条件较好，空间承载力较高，开发历史较长，交通发展比较领先，是贵州经济发展的重点地区，具有发展城市群的良好条件。经过 10 年左右的努力，在空间上逐步形成以贵阳城市圈为中心，以六盘水、遵义等城市为骨干，以凯里、兴义、都匀、铜仁、毕节等区域中心城市辐射周边县域为支干，众多县域中心城市辐射周边小城镇为基础的多层次的城镇体系。除上述县(区)

外，其他县(区)城镇化水平均在30%以下。其中，2000年所含县域有70个，2010年减少为60个。尽管10年来这类县域数量有了较大程度的减少，但在全省县域中的比重仍然超过60%。这些县(区)长期以来经济发展速度缓慢，同时又远离贵阳、遵义等中心城市，受其辐射带动作用小，城镇化发展仍处于初级阶段。可见，贵州省各县(区)人口城镇化水平发展不平衡矛盾突出，制约了全省城市化的进程。怎样提高城镇化水平将成为贵州未来发展的重大课题和重要目标。

二、民　族

作为一个多民族省份，全国56个民族中，除乌孜别克族和塔吉克族外，其他各民族在贵州均有分布。第六次人口普查数据显示，2010年全省常住人口中，少数民族人口为1 255×10⁴人，占36.11%，同2000年第五次人口普查相比，减少了79×10⁴人，比重下降2.24%。比重下降的主要原因是外出人口中少数民族人口数量多，比重较高。在出省的719×10⁴人口中，少数民族有326×10⁴人。从历次人口普查少数民族人口数量变化情况看，前五次都是连续增加的，2000年第五次人口普查时达到峰值，为1 334×10⁴人。从两次普查间少数民族人口的增长速度来看，以1964～1982年“二普”至“三普”间增速最高，年均增长率为5.75%。

按少数民族人口总量排序，贵州在全国居第四位，比2000年下降1位；按少数民族人口数量多少排序，全省1 255×10⁴少数民族人口依次分布在黔东南、铜仁、黔南、毕节、黔西南、安顺、六盘水、贵阳和遵义。其中，各少数民族常住人口中，人口超过10万的少数民族有苗族、布依族、侗族、土家族、彝族、仡佬族、水族、白族、回族9个民族。

三、文化特征

(一)文化特征

1. 文化的多元性

贵州是多民族融合的省份，各民族文化的发展历史和文化内涵各有不同，既包括本地民族文化，也有各民族迁入过程中带来的民族文化，既有原始宗教文化，也有随移民迁入带来的儒家文化、佛教文化、道教文化、基督教文化和伊斯兰教文化，既有贵州传统的黔文化，又吸收了巴蜀文化、滇文化。这些文化进入贵州之后，既保留了民族文化迁出地的特征，又发展演绎出许多与当地自然和社会环境相关联的新文化，演变成当地各民族特有的文化特征，形成了贵州文化的多元性。

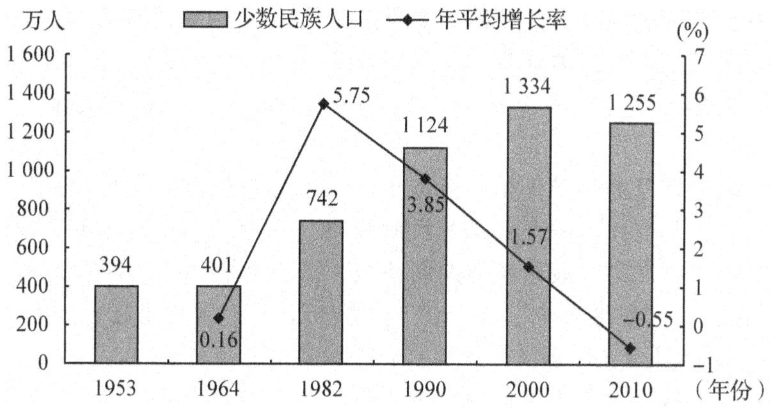

图 2-14　贵州省历次普查少数民族人口比较

2. 文化的封闭性

贵州省偏居我国西南，处于中原文化的边缘地带。新中国成立以前，因躲避战乱和政策性强制迁移，由外省迁入本省的民族，多以集团性迁入为主。民族自身凝聚力强，对本民族文化认同感高，对外来文化有抵制思想，这些在主观上造成了文化的封闭性。另外，贵州省封闭的地形，在客观上保护了本地民族免受外界干扰的同时，也造成了本地文化的封闭性。

3. 文化的山地性

贵州文化的分布和产生受到地形特点影响较深。贵州多山，没有平原，群众生产生活中为适应环境，逐渐形成了山地地区特有的风格。例如，贵州的少数民族中有许多祭山、祭树等文化活动，具有典型的山地特色。

(二)重要节日

贵州民族的多样性决定了贵州民族节日数量众多，内容丰富。贵州民族节日堪称全国之最。据统计，贵州各少数民族一年中的节日、集会共计 1 046 次。全省具有影响力的少数民族节日有苗族的苗年、姊妹节、四月八、吃新节、龙舟节；布依族的三月三、六月六；侗族的斗牛节、林王节；彝族的彝年、火把节、赛马节；水族的端节、卯节；仡佬族的祭山、吃新节；瑶族的盘王节等，这些民族节日民族风情浓郁，文化内涵丰富，除本民族群众参与外，往往还吸引相邻的其他民族的群众参加。每逢节日来临，少数民族同胞穿上节日的盛装，举行唱歌、跳舞、吹芦笙、上刀梯、击铜鼓、斗牛、斗鸟、赛马、摔跤、赛龙舟、舞龙灯、演地戏等活动。其场面之盛大，气氛之热烈，情景之感人，让人流连忘返。

(三)民间音乐

贵州省内的傩戏，被学术界、艺术界誉为“中国原始文化的活化石”、“中国古文化的活化石”、“中国戏剧文化的活化石”。贵州傩戏具有丰富的文化内涵和多学科的学术、审美价值。傩戏具有民族多、品种多、层次多、分布广、保存完整等特点。其代表包括威宁彝族傩戏“撮泰吉”、黔东北傩戏、安顺地戏。

“贵州花灯”是流行于贵州省汉族地区及部分汉族群众与少数民族群众杂居地区的一种具有广泛群众基础的民间歌舞艺术形式和略具雏形的戏剧表演艺术形式。贵州花灯一般在春节期间演出，人们称它为“贺灯”。也有一些地区唱花灯是为了“还愿酬神”，所以又叫“愿灯”，有时演出也延长至农历二月。2009 年年底，贵州花灯剧被列入国家非物质文化遗产名录。

侗戏是侗族文化艺术走向成熟的重要标志。贵州侗戏在形成、发展的过程中，受到了汉族地方剧种的影响。对其影响较大的剧种有贵州的花灯戏、湖南的花鼓戏、广西的桂戏和彩调。侗族人民逢年过节等都离不开侗戏表演。侗戏演出非常讲究，程序很严格，一般分为“踩台”、“闹台”、“开台”、“正场戏”、“扫台”、“谢幕”6 个程序。

布依戏又名“谷艺”(布依语)，形成于清朝乾隆年间，是贵州最早形成的少数民族戏剧。主要分布在黔西南布依族苗族自治州的册亨、兴义、安龙等地。它集中展示了布依族音乐、舞蹈、服饰、文学等方面的艺术成就，因其民族性、娱乐性以及独特的艺术魅力而被列入中国非物质文化遗产。

黔剧是贵州地方戏曲，曾名文琴戏，流传于贵阳、毕节、安顺、铜仁、遵义、黔西南等地，是在贵州说唱曲种“贵州扬琴”的基础上，吸收“贵州梆子”(亦称“本地戏”)等姊妹艺术的养分而发展起来的新兴地方戏曲剧种。

(四)民族歌曲

苗族飞歌是苗族歌曲的一种，高亢、豪迈、奔放、明快，唱时声震山谷，有强烈的感染力。多用在喜庆、迎送等大众场合，见物起兴，现编现唱。歌词内容以颂扬、感谢、鼓动一类为主，过苗年、划龙舟等节日喜庆活动，一般都要唱飞歌。

侗族大歌是我国侗族地区由民间歌队演唱的一种多声部、无指挥、无伴奏、自然和声的民间合唱形式。侗族大歌以“众低独高”、复调式多声部合唱为主要的演唱方式。侗族大歌可按性别和年龄分为“男声大歌”、“女声大歌”、“童声大歌”等种类。2009 年 9 月 28 日，由贵州省文化厅、黎平县政府申报的项目《贵州侗族大歌》成功入选世界《人类非物质文化遗产代表作名录》。

(五)民间工艺

贵州民族织锦用土机进行手工数纱挑织。它分素锦和彩锦两大类。素锦多以黑白为基调，属通经通纬织造。彩锦的织造工艺较素锦要复杂得多。贵州民族织锦多属几何图案，其取材主要来源于自然界的飞禽走兽和花鸟虫鱼等。

贵州蜡染以素雅的色调、优美的纹样、丰富的文化内涵，在贵州民间艺术中独树一帜。贵州蜡染具有较为原始的工艺形态，如用动物血液、杨梅汁等直接填红，用稻草灰混合锅烟煮染等。有的工艺更加精湛，如黄平、安顺等地区的苗族彩色蜡染，黔南、黔西南地区布依族的扎染等，其色调之调和、图案之精美，令人惊叹不已。贵州蜡染艺术形成了独特的民族艺术风格，是一项极富特色的中国民族艺术。

贵州各少数民族的刺绣具有独特的风格，其中以苗族刺绣最为典型，图案多取材于自然景物，具有极强的装饰效果。“苗绣”是苗族文化的重要内容之一，它用针线代笔，记录历史和生活，反映苗族人民的心理状态和审美观念。苗族刺绣世代相传，针法有平绣、补花辫绣、锁丝绣、数纱绣、破丝绣、堆花等十余种，运用时或以一法为主，或多种兼用。

银饰在苗族、布依族、侗族、瑶族、水族等族群众的生活中占有十分突出的位置，是女性盛装中不可缺少的饰件。其中，苗族的银饰最为考究，其中黔东南地区苗族银饰式样最多。

(六)民族民间文学

贵州是一个多民族省份，民族民间文学非常丰富。从分类学理论看，贵州民族民间文学具有全国分类学理论的各种类型，具体为民族民间神话、民族民间传说、民族民间故事、民族民间古歌和史诗、民族民间叙事诗、民族民间歌谣六大类。贵州民族民间文学，较早产生的类型是神话和古歌。

(七)饮食文化

贵州食物品种丰富，虽然人们都喜食大米，但由于物质条件所致，往往是米麦杂粮皆有，不完全符合“南人食米”的规律。首先从粮食的产量来看，稻米与杂粮的比例大体相当，一般来说，坝区以米麦为主，山区以杂粮居多，城镇多食大米，农村则根据经济状况而有区别。例如，遵义地区大米较多，而毕节地区多以玉米、马铃薯为主。

贵州气候炎热潮湿，肉很容易变质，经过若干尝试，人们找到了一种妥善的处理办法，就是“烟熏”。将肉剁成大块，悬挂在火塘之上，利用柴火的烟熏，将肉烘干，并添加保护层，为了使肉色香味俱佳，有意用松、柏一类有芳香味的植物作燃料熏烘，称为腊肉。

贵州人普遍喜欢糯食，犹如北方人喜欢面食一样，能用糯米做成各式各样的食品，不但平时经常食用，逢年过节更是家家必备。喜庆的日子用糯米食品款待客人，或者用来馈赠亲友，已成为一种特别的习俗。有人把它称之为“糯米文化”，作为一种文化现象，它围绕着糯米这一主题，形成了糯米栽培、糯米食品制作及与之相关的各种风俗习惯，许多社交活动都离不开糯米。糯米做成的食品种类很多，构成了一个庞大的糯食体系，把它们归纳起来，大致有糯米饭、糍粑、粽子、米花、糯米酿酒等系列。在民族节日中，糯米文化与祭祀活动有着紧密的联系，人们以糯米食品供奉祖先。

（八）茶文化

早在隋唐时期，贵州的茶叶就已通过交通干道，与邻近地区进行贸易。目前，贵州名茶有余庆苦丁茶、绥阳金银花茶、湄潭翠芽、遵义毛峰、贵定云雾茶、凤冈锌硒绿茶及都匀毛尖等。

贵州农村普遍饮用苦丁茶或高树茶，叶片硕大，形状粗糙，味苦涩而回甜，最能解暑和消除疲劳。黔西北地区有一种“罐罐茶”，用一只特制的小砂罐放在火上，倒入茶叶烘烤，直至茶叶发出香味，才将清水加入，置于文火中煨开，喝起来别有一种滋味。侗族、土家族的“油茶”以茶油加茶叶、糯米同炒，待糯米焦黄即加清水煎熬，然后把糯米粑、炒米花、炸黄豆、花生、核桃仁、蒜汁、肉末等置于碗中，冲入熬好的茶汤，一日三餐必饮，也是待客的佳品。

（九）建筑特色

贵州属于山地地形，各族人民因地制宜建造出造型各异的山地建筑，堪称“山地建筑博物馆”。

吊脚楼依山而建，后半边靠岩着地，前半边以木柱支撑，楼屋用当地盛产的木材建成。木柱木墙木楼板。木楼都建于数米高的石堡坎上，房架高6～7 m，为歇山顶穿斗挑梁木架干栏式，青瓦或杉木皮盖顶。楼分三层，二三楼和前檐用挑梁伸出屋基外坎，形成悬空吊脚。

叉叉房的建筑非常简单、容易，适合于迁徙的生活。“叉叉房”是刀耕火种的必然产物，大凡“赶山吃饭”的民族，大都使用这种房子。

贵州较寒冷的山区，不太适合通风很好的干栏式竹木建筑，需要保暖条件好的由黏土筑墙而成的土墙房。适应山区耕地分散的特点，土墙房常呈现出“山一家，水一家”的状态。

鼓楼是侗寨社会、文化、政治的中心。几乎每个较大的村寨都建有鼓楼，鼓楼整体用杉木构成，结构奇巧，造型美观。鼓楼平面多为八角形，立面为十一或十三重檐，上部楼顶呈六角或八角攒尖形，顶端是连串葫芦形铁尖，象征着崇高与权威。四周木格和木雕工艺复杂精巧，形式多样，建造巧妙而富有美感。中部的层层叠楼为鼓楼的主体部分，一般为六角，也有四角或八角，突出的翼角上多饰有兽头。楼下部是全寨人议事、休息和社交的场所，楼内雕梁画栋，图案精美。

风雨桥又名花桥，建在村前寨后溪流之上，除了可以供行人往来，还能让行人经过时在此歇息小憩和暂避风雨。花桥以两条桥廊将几座桥楼连接为一体，桥楼翼角饰有套兽，楼廊顶脊装饰各色飞禽，楼内绘有各种图案。桥廊两侧有梳齿形栏杆和长凳，构造精巧，风格独特。无论从造型艺术还是建筑风格来看，风雨桥都具有独创性，在我国桥梁史上占有重要的一席。

第五节　经济特征

一、经济发展快，但总体水平仍然较低，资本严重不足

2000 年以来，贵州已进入经济发展的快车道，经济发展不断加快。1978—2011 年贵州全省国内生产总值从 46.62 亿元增加到 5 701.84 亿元，人均生产总值从 175 元增加到 16 413 元。

表 2.12　贵州国民生产总值与产业结构表(1978—2011 年)

指标 地区	地区生产总值/亿元	第一产业/亿元	第二产业		第三产业
			工 业	建筑业	其中：交通运输、仓储、邮政业/亿元
1949	6.23	5.17	0.65	0.13	0.05
1978	46.62	19.42	15.24	3.49	1.68
1980	60.26	24.86	19.37	4.63	2.01
1985	123.92	50.45	41.96	7.92	5.86
1990	260.14	100.10	82.15	10.68	11.69
1995	636.21	227.13	208.75	23.77	22.77
2000	1 029.92	271.20	328.73	62.47	75.86
2001	1 133.27	274.41	360.73	72.79	88.47
2002	1 243.43	281.10	395.45	86.51	102.48
2003	1 426.34	298.69	473.38	95.99	119.26
2004	1 677.80	334.50	577.40	104.10	134.90
2005	2 005.42	368.94	707.35	113.81	138.65
2006	2 338.98	382.06	839.13	128.41	192.95

续表

地区＼指标	地区生产总值/亿元	第一产业/亿元	第二产业		第三产业
			工业	建筑业	其中：交通运输、仓储、邮政业/亿元
2007	2 884.11	446.38	978.86	145.93	282.04
2008	3 561.56	539.19	1 195.30	174.73	370.65
2009	3 912.68	550.27	1 252.67	223.95	399.77
2010	4 602.16	625.03	1 516.87	283.19	480.32
2011	5 701.84	726.22	1 829.2	365.13	590.91

数据来源：《贵州统计年鉴－2012》

虽然取得了上述成就，但是由于经济发展起步晚，基础差等客观原因，贵州经济发展总体水平仍然低下。经济总量小，人均水平低，发展速度不快，与全国平均水平和其他省区市的差距不断拉大，是贵州发展最为突出的问题。从经济总量指标看，贵州一般排在全国的第25～27位，但人均指标几乎都排在全国末位。2011年贵州国内生产总值仅为全国的1.21%，人均生产总值仅相当于全国平均水平的46.78%。

2012年全省生产总值6 802.2亿元，比2011年增长13.6%。其中，第一产业增加值890.02亿元，增长8.5%；第二产业增加值2 655.39亿元，增长16.8%；第三产业增加值3 256.79亿元，增长12.1%。

表2.13　2011年全国31个省(自治区、直辖市)生产总值排位(不含港澳台)

地区＼指标	地区生产总值/亿元	位次	第一产业/亿元	位次	第二产业/亿元	位次	第三产业/亿元	位次	人均生产总值/元	位次
北　京	16 011.43	13	136.21	29	3 744.37	24	12 130.85	5	80 394	3
天　津	11 190.99	20	159.09	27	5 878.02	19	5 153.88	14	84 337	1
河　北	24 228.18	6	2 905.73	5	13 098.11	6	8 224.34	7	33 571	14
山　西	11 100.18	21	641.41	25	6 577.84	17	3 880.93	20	30 974	18
内蒙古	14 246.11	15	1 304.91	17	8 092.07	13	4 849.13	16	57 515	6
辽　宁	22 025.92	7	1 915.57	11	12 150.73	7	7 959.62	8	50 299	7
吉　林	10 530.71	22	1 277.43	18	5 601.20	21	3 652.08	21	38 321	11

续表

地区＼指标	地区生产总值/亿元	位次	第一产业/亿元	位次	第二产业/亿元	位次	第三产业/亿元	位次	人均生产总值/元	位次
黑龙江	12 503.83	16	1 705.58	12	6 317.29	18	4 480.96	17	32 615	16
上　海	19 195.69	11	124.94	30	7 959.69	14	11 111.06	6	82 560	2
江　苏	48 604.26	2	3 064.77	3	25 023.78	2	20 515.71	2	61 649	4
浙　江	32 000.10	4	1 580.57	14	16 404.18	4	14 015.35	4	58 665	5
安　徽	15 110.31	14	2 020.26	10	8 226.41	12	4 863.64	15	25 340	26
福　建	17 410.21	12	1 610.61	13	9 167.54	11	6 632.06	13	46 972	10
江　西	11 583.80	19	1 391.10	16	6 592.21	16	3 600.49	23	25 884	25
山　东	45 429.21	3	3 973.80	1	24 037.38	3	17 418.03	3	47 260	9
河　南	27 232.04	5	3 512.06	2	15 887.39	5	7 832.59	9	28 981	21
湖　北	19 594.19	10	2 569.30	8	9 818.76	9	7 206.13	11	34 131	13
湖　南	19 635.19	9	2 733.66	6	9 324.73	10	7 576.80	10	29 828	19
广　东	52 673.59	1	2 659.83	7	26 205.30	1	23 808.46	1	50 295	8
广　西	11 714.35	18	2 047.30	9	5 736.78	20	3 930.27	19	25 315	27
海　南	2 515.29	28	659.15	24	714.50	30	1 141.64	28	28 797	23
重　庆	10 011.13	23	844.52	21	5 542.80	22	3 623.81	22	34 500	12
四　川	21 026.68	8	2 983.45	4	11 027.94	8	7 015.29	12	26 133	24
贵　州	5 701.84	26	726.22	22	2 194.33	27	2 781.29	25	16 413	31
云　南	8 750.95	24	1 407.81	15	3 990.97	23	3 352.17	24	18 957	30
西　藏	605.83	31	74.35	31	209.54	31	321.94	31	20 077	28
陕　西	12 391.30	17	1 220.90	19	6 836.27	15	4 334.13	18	33 142	15
甘　肃	5 000.47	27	678.22	23	2 524.25	26	1 798.00	27	19 517	29
青　海	1 634.72	30	155.44	28	939.10	29	540.18	30	28 891	22
宁　夏	2 060.79	29	184.13	26	1 076.00	28	800.66	29	32 392	17
新　疆	6 474.54	25	1 139.02	20	3 289.84	25	2 045.68	26	29 496	20

数据来源：《贵州统计年鉴—2012》

二、农村贫困面大，贫困程度深

贵州经济的落后性还表现为在农村贫困面大，贫困程度深，主要经济社会指标占全国的比重都很低。

表 2.14　2011 年贵州社会经济主要指标占全国比重(与 2006 年对比)

指　标	全　国		贵　州	
	2006	2011	2006	2011
生产总值/亿元	216 314	471 564	2 338.98	5 701.84
第一产业	24 040	47 712	382.06	726.22
第二产业	103 720	220 592	967.54	2 194.33
第三产业	88 555	203 260	989.38	2 781.29
人均生产总值/元	16 500	35 083	6 305	16 413
全社会固定资产投资/亿元	109 998	311 022	1 197.68	5 101.55
社会消费品零售总额/亿元	79 145	183 919	710.00	1 751.62
财政一般预算收入/亿元	18 304	52 434	226.82	773.08
财政一般预算支出/亿元	30 431	92 415	610.64	2 249.40
粮食产量/10^4 t	49 804	57 121	1 038	877
油料产量/10^4 t	2 640	3 307	68.24	78.85
原煤产量/10^8 t	25.3	35.2	1.18	1.30
发电量/10^8 kW·h	28 657	46 037	975	1 344
铁路营业里程/10^4 km	7.7	9.3	0.20	0.21
公路里程/10^4 km	346	411	11.33	15.78
旅客周转量/亿人·千米	19 197	30 984	349.82	631.74
货物周转量/亿吨·千米	88 840	159 324	680.96	1 060.69
入境旅游人数/万人次	12 494	13 542	32.14	58.51
国内旅游人数/亿人次	13.9	26.4	0.47	1.70
国际旅游外汇收入/亿美元	340	485	1.15	1.35
国内旅游收入/亿元	6 230	19 305	377.79	1 420.70
金融机构人民币存款余额/亿元	335 460	809 368	3 300.08	8 742.79
金融机构人民币贷款余额/亿元	225 347	547 947	2 696.11	6 841.92
城镇居民人均可支配收入/元	11 760	21 810	9 117	16 495
农村居民人均纯收入/元	3 587	6 977	1 985	4 145

数据来源：《贵州统计年鉴—2012》

截至 2011 年年底，全省仍有农村绝对贫困人口 1 149×10^4 人，农村贫困发生率为 33.4%。根据贵州省扶贫办提供的数据，2005 年，按照当时标准统计的全省绝对贫困人口为 265.13×10^4 人，绝对贫困发生率为 7.9%，低收入贫困人口 464.83×10^4 人，低收入贫困发生率 13.9%。绝对贫困人口中极贫人口超过 80%。

贵州的贫困人口主要分布在深山区、石山区、高寒山区和少数民族聚居区，这些地区土地资源和水资源奇缺，水土流失严重，生态环境恶劣。在贫困人口中，尚有 40×10^4 左右的贫困人口仍缺乏基本的生存保障。收入水平低下，加上劳动力素质低，地方财政收入少，人均储蓄水平低，导致资本形成和供给不足，劳动生产力素质难以提高，进而又造成低收入状况的难以改变，使贵州经济发展陷入了由美国经济学家R·纳克斯在《不发达国家的资本形成问题》中所提出的“贫困的恶性循环”的怪圈中。按照纳克斯的观点，资本稀缺是阻碍发展中国家经济增长和发展的关键，发展中国家在宏观经济中存在着供给和需求两个循环。从供给方面看，低收入意味着低储蓄能力，低储蓄能力引起资本形成不足，资本形成不足使生产率难以提高，低生产率又造成低收入，这样周而复始，形成一个循环。从需求方面看，低收入意味着低购买力，低购买力使投资引诱不足，投资引诱不足使生产率难以提高，低生产率又造成低收入，这样周而复始又形成了一个循环。两个循环互相影响，使经济情况无法好转，经济增长难以实现。贵州目前的资本供给状况，与纳克斯所指出的不发达国家的情况十分相似，因而经济发展后劲严重不足，制约着贵州社会的进一步发展。因而，突破储蓄率低的问题，通过集中财力或者借助外力加大投资能力，加强基础设施建设，提高劳动力素质，是贵州经济发展的关键。

表 2.15 2011 年贵州贫困人口及发生率

市(县、区、特区)名称	农村贫困人口/10^4 人	农村贫困发生率/%	市(县、区、特区)名称	农村贫困人口/10^4 人	农村贫困发生率/%
			△正安县	18.69	31.2
			△道真县	10.34	32.9
			△务川县	14.66	35.1
贵阳市	32.32	16.8	凤冈县	7.30	18.4
南明区	0.06	1.0	湄潭县	7.77	17.5
云岩区	0.06	0.7	余庆县	5.65	20.2
花溪区	4.68	20.8	△习水县	23.17	35.4
乌当区	2.03	8.8	赤水市	4.44	19.2
白云区	0.57	7.9	仁怀市	9.34	16.4
小河区	0.28	9.9	安顺市	74.65	30.8
开阳县	6.77	20.1	西秀区	8.83	13.7
息烽县	5.12	25.4	平坝县	6.68	22.2
修文县	5.62	21.4	△普定县	15.22	36.0
清镇市	7.13	17.1	△镇宁县	13.34	38.0
六盘水市	97.52	38.3	△关岭县	14.65	43.1

续表1

市(县、区、特区)名称	农村贫困人口/10^4 人	农村贫困发生率/%	市(县、区、特区)名称	农村贫困人口/10^4 人	农村贫困发生率/%
钟山区	4.76	29.1	△紫云县	15.93	43.9
△六枝特区	19.09	33.8	毕节市	250.05	35.5
△水城县	34.70	45.4	七星关区	32.40	28.4
△盘县	38.97	37.0	△大方县	34.82	39.4
遵义市	144.99	21.9	黔西县	20.25	27.3
红花岗区	2.43	11.7	金沙县	12.10	24.2
汇川区	2.86	13.3	△织金县	41.25	41.7
遵义县	20.49	17.7	△纳雍县	33.64	42.6
桐梓县	10.56	16.3	△威宁县	47.42	36.7
绥阳县	7.29	14.6	△赫章县	28.17	40.6
铜仁市	145.21	38.8	镇远县	7.20	40.2
碧江区	4.24	25.7	△岑巩县	8.97	41.2
万山区	4.32	33.0	△天柱县	15.34	42.6
△江口县	8.12	39.6	△锦屏县	9.72	46.5
玉屏县	3.91	31.0	△剑河县	10.72	45.3
△石阡县	16.65	43.4	△台江县	7.04	46.1
△思南县	24.03	37.7	△黎平县	18.47	37.0
△印江县	15.94	39.5	△榕江县	15.14	45.4
△德江县	17.75	42.3	△从江县	14.54	45.5
△沿河县	25.13	41.3	△雷山县	6.39	43.4
△松桃县	25.12	37.7	△麻江县	10.08	49.7
黔西南州	109.18	36.2	△丹寨县	7.47	49.2
兴义市	11.27	16.5	黔南州	127.72	36.0
△兴仁县	15.15	36.7	都匀市	7.73	24.4
△普安县	10.96	35.1	福泉市	7.65	30.0
△晴隆县	16.19	56.2	△荔波县	7.32	45.7
△贞丰县	14.47	38.2	贵定县	7.72	30.0
△望谟县	15.22	50.8	瓮安县	9.20	20.9
△册亨县	12.51	54.8	△独山县	13.01	40.5
△安龙县	13.41	32.7	△平塘县	15.38	50.2

续表 2

市(县、区、特区)名称	农村贫困人口/10^4 人	农村贫困发生率/%	市(县、区、特区)名称	农村贫困人口/10^4 人	农村贫困发生率/%
黔东南州	167.29	42.1	△罗甸县	15.01	48.4
凯里市	7.49	24.5	△长顺县	11.50	47.1
△黄平县	15.74	44.2	龙里县	5.15	27.3
△施秉县	3.97	38.3	惠水县	11.18	27.2
△三穗县	9.01	45.7	△三都县	16.87	50.1

数据来源：《贵州统计年鉴—2012》

注：△为新阶段扶贫开发工作重点县

三、投资拉动型增长特征明显

贵州经济具有明显的投资拉动型特征。2011 年，全省全社会固定资产投资达到 5 101.55 亿元。2006—2011 年，全省全社会固定资产投资年均增长 65.19%，固定资产投资对经济增长的贡献超过 60%，固定资产投资成为拉动全省经济增长的主动力。即便如此，投资仍然相对不足。2011 年，贵州社会固定资产占全国的比重仅为 1.6%，仅比 2001 年增加了 0.2 个百分点。增长速度低于全国多数省份。如何进一步扩大投资规模，将成为保障贵州今后加快发展的关键。

四、基础设施落后

经过多年的发展，贵州已经初步建立起运输方式齐全的综合运输网络，但省内运输线路仍满足不了经济发展的需要，线路密度、等级均较低。2004 年，公路、铁路、内河运输线路总规模达 52 853 km。其中，公路线路里程为 46 128 km，其中高速公路 413 km，一级路 85 km，等级路面占总里程的 73.3%。

铁路里程为 3 010 km，但电气化铁路仅占铁路总里程的一半左右，铁路复线里程仅 533 km。截至 2011 年，铁路营运里程仅 2 070 km，其中复线铁路 643 km。在已建成的高速公路中，国家高速公路仅 1 467 km。应对经济快速发展产生的大量交通运输需求，贵州的交通基础设施面临严峻考验，整体线路等级和运输能力亟待提高。

农村基础设施仍然薄弱。贵州农业人口人均有效灌溉面积仅 0.02 hm^2，相当于全国平均水平的 35%。农村基本医疗、公益性文化设施落后面貌亟待改变。

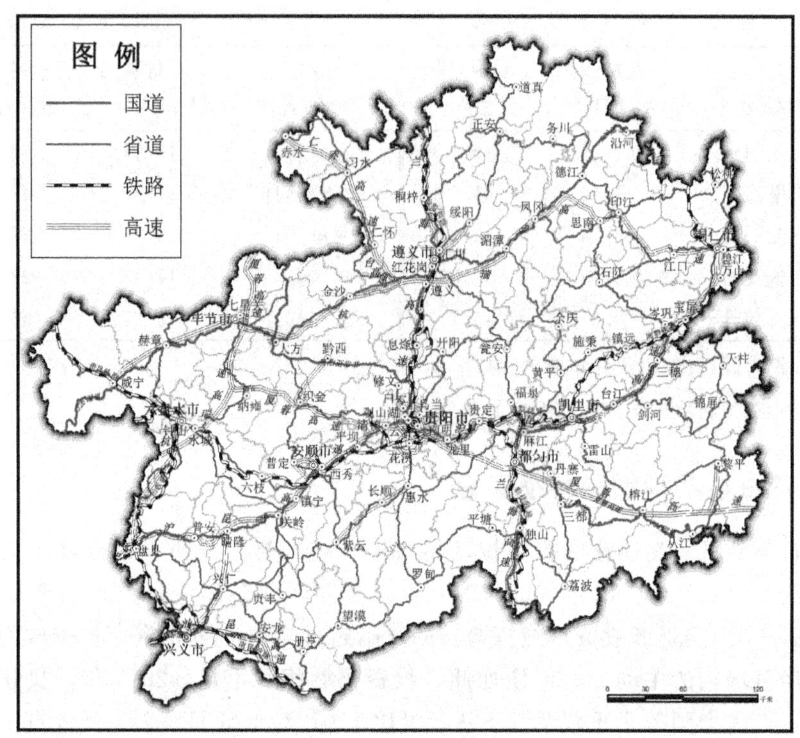

图 2-15　贵州省交通图

五、产业结构仍待改善

在西部大开发战略实施前，贵州第一产业发展较慢。从生产总值总量上看，1997—2002 年，第一产业生产总值低于 300 亿元，2010 年达 625 亿元，初步实现了农业经济多种经营、综合协调发展。从增长率上看，2002 年以前增长率较低，2003 年以后虽然有较大波动，但保持了较快的上升趋势。由于山多地少、土地不肥沃、人均耕地少、耕地面积分散、交通不畅等因素的制约，贵州长期以来以传统农业为主的农业生产发展缓慢，农业基础设施落后，农业具有极大的脆弱性和不稳定性。随着近年来国家投入的增加，贵州第一产业的产值近年来不断攀升，从 2000 年的 270.99 亿元增长到 2012 年的 890.02 亿元，在国民生产总值中的比重从 2000 年的 27.28％下降到 2012 年的 13.1％。但在三大产业中，农业增长速度及贡献率大大低于第二产业和第三产业，这表明贵州农业发展基础条件仍然很薄弱，农业在区域经济发展中的基础地位仍需加强。

2012 年，贵州种植业增加值 562.84 亿元，林业增加值 37.36 亿元，畜牧业增加值244.16亿元，渔业增加值15.06亿元。在农业生产中，粮食作物种植面积305.43×10^4 hm^2。主要经济作物种植面积进一步扩大，其中油料种植面积达到54.78×10^4 hm^2，烤烟种植面积23.70×10^4 hm^2，蔬菜种植面积81.77×10^4 hm^2。全年粮食产量$1\ 079.5\times10^4$ t。茶叶、水果、蔬菜、烤烟等主要经济作物产量增长较快，分别增长40.3%、22.6%、16.9%和14.8%。猪、牛、羊出栏数比2011年增长2.7%、9.0%和4.8%。肉类总产量191.10×10^4 t，比2011年增长6.2%。禽蛋、牛奶分别比2011年增长7.3%和5.2%。新增有效灌溉面积5.07×10^4 hm^2。

改革开放以来，贵州工业得到了快速发展。"十五"期间贵州工业总值的增加值年均递增12.6%，比"九五"期间增加了2个百分点。规模以上工业企业实现利润总额205.4亿元。但贵州工业基础薄弱，仍属于发展较缓的省份，2002年以前生产总值低于500亿元，2011年在工业强省战略实施下，超过2 000亿元。

2012年规模以上工业增加值2 055.46亿元，比2011年增长16.2%。其中，轻工业增加值773.04亿元，增长17.6%；重工业增加值1 282.42亿元，增长15.5%。轻工业增加值占规模以上工业增加值的比重为37.6%。全年规模以上工业企业实现主营业务收入5 686.18亿元，比2011年增长18.9%。盈亏相抵后的利润总额为466.04亿元，增长47.4%。2012年年末共有1 411户工业企业入驻各类产业园区，全年产业园区实现工业增加值869.78亿元，比2011年增长21.5%。主营业务收入2550.76亿元，增长21.8%。利润总额96.90亿元。

贵州的轻工行业已形成以烟草、酿酒、制药、食品为主导，涵盖家电、纺织、服装、印刷包装、皮革、家具、日化、旅游小商品、塑料、日用玻璃、室内装饰业等结构较为完整，门类较为齐全的轻工业体系。全省轻工业产品品种多样，产品质量较高，经济效益较好，优势产业日趋集中。烟草、白酒、制药和特色食品工业的发展优势比较突出，骨干企业在全国范围内已具有一定的市场竞争优势。

1997年贵州第三产业生产总值仅为227.68亿元，2004年突破500亿元，2011年超过2 500亿元。从增长率上看，虽然有波动，但保持上升趋势，2005年达到44.25%的峰值。随后几年，虽然受国际金融波动等外在不利因素的影响，增长率在波动中仍然保持较高水平。

经过多年，特别是改革开放以来的发展和调整，贵州产业结构出现了显著变化。从新中国成立初期到"七五"时期，产业结构形态一直都是"一、二、三"型，从"八五"时期开始，产业结构发生了质的变化。1995年产业结构为

35.4∶36.7∶27.8，2000 年为 27.2∶38.8∶34.0，2005 年为 18.4∶40.9∶40.7，2012 年，为 13.1∶39.0∶47.9。三次产业结构实现了由“一、二、三”型向“二、一、三”型再向“三、二、一”型的转变，产业结构逐渐向合理的方向转化。但是，贵州的产业结构在发展中仍存在不协调的一面。总体来看，第一产业正逐步被第二、第三产业替代，第三产业将成为促进经济发展的主要动力，但目前第二产业发展速度逊于第三产业。

六、产业发展优势突出

贵州虽然是相对不发达省份，但在电力、矿产资源开发、化工、烟酒制造、中药开发、茶叶开发与旅游方面，在全国仍具有比较优势。

贵州省有着丰富的煤炭资源和水电资源，水火互济优势明显。贵州省是矿产资源大省，素有“江南煤海”的美称，磷矿和铝矿的存量在全国也是名列前茅的，这为贵州发展与这些资源相关的化工产业提供了有利的条件。目前，煤及煤化工、磷及磷化工、铝及铝精加工已经成为贵州的支柱产业，为贵州经济的发展进步做出了巨大的贡献。

贵州也是旅游资源十分丰富和多样化的省份。鬼斧神工的喀斯特地貌、原生态的少数民族文化、特有的动植物资源、天然的避暑胜地……这些都是贵州得天独厚的旅游资源。丰富的旅游资源必然促使贵州走上旅游强省之路。

烟酒是贵州的传统优势产业。贵州的烟清香，贵州的酒清醇。近年来，按照“发挥优势、挖掘潜力、填补空白、满足需求”的要求，发挥贵州自然生态优势，以优良品种为支撑，以配套技术为保障，以满足知名卷烟品牌配方需求为出发点，加快特色优质烟叶开发，充分彰显贵州烟叶“山地醇甜香”和“山地清甜香”的特色风格，树立了“特色、优质、安全、生态”的烟叶品牌形象。

贵州白酒产业优势突出。茅台酒、习酒、金沙回沙酒、青酒、贵州醇等黔地美酒品质优良、久负盛名、实力强大。

贵州还有着丰富和优质的茶叶品种。2009 年在北京举办的茶叶博展会上，全国绿茶评出 17 个金奖，贵州获得其中的 10 个。都匀毛尖曾获得过巴拿马金奖、中国十大名茶的殊荣。

贵州也是全国重要的中药产地。古语有云：“夜郎无闲草，黔地多灵药。”据统计，贵州省中药资源有约 4 300 种，占全国种数的 33%。其中，重点普查的 363 种中药品种，贵州有 326 种。另外，贵州人民在长期实践中，积累了丰富独特的民族医药，如苗医药、布依族医药、侗族医药等。贵州民族药材有 1 500 多种，常用的有 500 多种。少数民族医药中，又以苗医最为完善。丰富而独特的民族医药与汉药相互渗透，形成了贵州独具特色的制药产业。2001 年以来，贵州的中药产业以年均 20%以上的速度快速递增。贵州益佰制药股份有限公司、贵州白灵制药有限公司和贵州神奇制药股份有限公司已进入全国中成药工业企业 50 强，且申请的专利位居同行业前列。2007 年 3 月，国家级知识产权试点企业——贵州同济堂制药有限公司依托其专利产品，成功登陆美国纽约证券交易所的中成药企业。

第六节　贵州省特色产业

一、能源工业

发展能源产业离不开当地丰富的自然资源。贵州省依托丰富的自然资源，大力发展能源工业，特别是以水电开发、煤炭工业和火力发电为主的能源工业已成为全省重要的支柱性产业。

(一)贵州能源消费结构

随着贵州省经济的快速发展，能源消费总量出现了连续增长的势头，其中煤炭由 2000 年的 5 146.3×10^4 t 增长到 2010 年的 10 908.1×10^4 t；焦炭由 238.86×10^4 t 增长到 380.44×10^4 t；但是相比于 2006～2008 年的焦炭消费量，出现了一定的下降；汽油由46.46×10^4 t增长到 143.36×10^4 t，其他能源的消费从整体上看也出现了不同程度的增长。近年，特别是十八大以来，国家越来越重视生态文明建设和环境质量保护，贵州承接了沿海的一些产业，自身产业结构也在升级，大量环保、低碳技术的广泛运用使能源强度将会出现小幅的下降，但是其下降幅度有限，并且短期内无法改变贵州省能源消费总量的增长趋势。

表 2.16　贵州省各类型能源消费量/10^4 t

类别＼年份	2000	2001	2002	2003	2004	2005	2006	2007	2008	2009	2010
煤炭	5 146.30	4 946.00	5 199.00	6 793.62	7 993.74	8 651.44	9 938.99	10 630.35	9 732.18	10 912.47	10 908.10
焦炭	238.86	225.34	234.4	239.99	269.06	333.86	477.05	486.06	450.97	367.79	380.44
汽油	46.46	47.83	50.48	58.94	67.23	67.52	78.94	85.65	123.42	129.99	143.36
煤油	9.37	2.36	2.29	2.55	2.69	8.41	9.63	9.73	2.95	2.95	8.94
柴油	57.81	82.85	89.23	104.41	108.4	139.04	169.73	183.5	226.46	234.69	264.66
燃料油	7.51	7.46	7.67	9.94	10.34	10.39	12.01	34.35	23.16	13.47	14.43
天然气	3.80	3.76	3.43	3.41	3.13	3.41	3.10	3.22	2.97	2.62	2.59

资料来源：《中国统计年鉴》(2000—2011)

2000 年至 2010 年，贵州省的煤炭消费量总体处于连续增长态势。结合图 2-16 和图 2-17 可以清晰地看出，在贵州的能源消费组成中，煤炭的消费占大部分，从 2000 年到 2010 年的比重始终都接近了 80%，不仅明显高于全国水平，而且远高于世界水平。这些数据表明贵州的能源消费结构有待继续优化和改善。

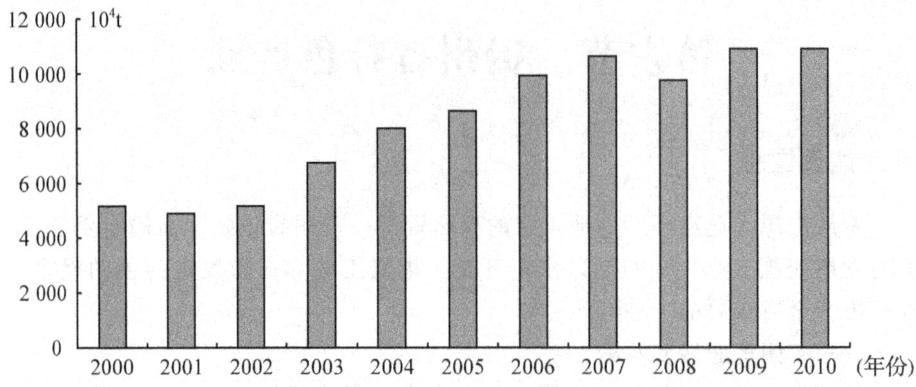

图 2-16　2000—2010 年贵州省煤炭消费量

贵州省仅次于煤炭消费量的是焦炭和柴油，两者所占能源消费量的比例在 10%以内。另外增长幅度较快的是汽油，年增长率为 10.38%，这主要因为贵州这些年经济发展，人民生活水平提高以及大量的经济建设发展消耗了汽油，使其出现连续增长的态势。

综合来讲，贵州省的经济发展在全国相对落后，高水平产业集中在高能源消耗的行业，导致煤炭在贵州省的能源消耗结构中占主导地位，比例接近 80%，高于全国和世界平均水平。同时，随着贵州省经济发展，汽油和天然气的使用量日趋增长。

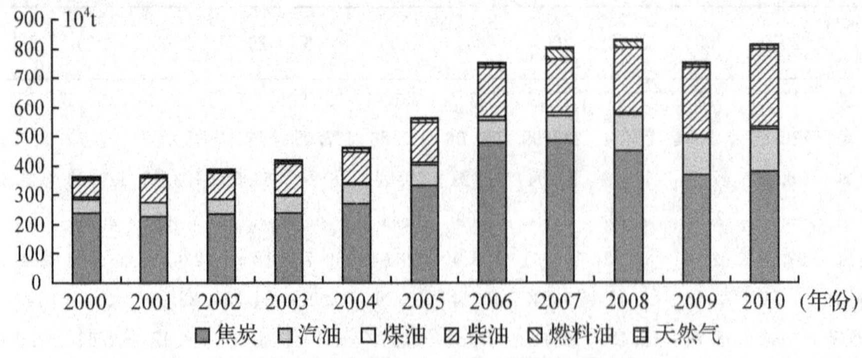

图 2-17　2000—2010 年贵州主要能源消费量(不含煤炭)

(二)贵州能源产业现状

贵州省位于云贵高原东部，属亚热带季风气候，降水充沛，地势西高东低，境内多大河峡谷，水能资源丰富，水能资源蕴藏量 1584.37×10^{8} kW，可开发装机容量 $19\ 487\times10^{6}$ kW。目前，全省具备建设大型水电站条件的区域主要集中在乌江、北盘江、南盘江、清水江等几条大河流干流上，水电站分布较为集中，已建成的有乌江渡水电站、洪家渡水电站、索风营水电站、构皮滩水电站、光照水电站等12座大型水电站；具备建设中型水电站条件的区域主要分布在乌江水系、赤水河綦江水系、牛栏江横江水系、沅江水系、南盘江水系、北盘江水系、红水河水系和都柳江水系，水电站分布较为均匀；建成的小型水电站分布较广，全省各地均有。随着西部大开发战略与“西电东送”工程的实施，贵州水电发展迅猛，全省水电开发形成了以大型为主、中型为辅、小型补充的格局。

贵州是中国南方煤炭资源最丰富的省区，素有“江南煤海”之称。其煤炭保有储存量仅次于山西、内蒙古、陕西、新疆，位列全国第五。区域内88个市(县)有74个产煤，含煤面积占全省总面积的40%，除东部部分地区缺煤、少煤外，其他地区均有煤炭产出。大量的煤炭资源为贵州煤炭产业的发展提供了坚实的基础。2010年，贵州省原煤产量达到 $15\ 954.02\times10^{4}$ t，带动了贵州煤炭采掘业和洗选业的发展。年产煤炭中，调往外省的煤炭总量达到 $4\ 993.21\times10^{4}$ t，调出比重占全省当年产煤量的31.30%，有力地支援了南方各省的经济建设，贵州省是南部各省中唯一一个煤炭净调出省。在本省自留的煤炭中，有 $4\ 913.10\times10^{4}$ t 直接用于火力发电，并通过“西电东送”输送到东部地区。

贵州在发展水能发电和火力发电的过程中，形成了一大批电力企业，带动了贵州电力行业的发展。特别是“西电东送”工程实施后，首批开工的洪家渡水电站、纳雍火电厂等“四水四火”8个总装机容量 538×10^{6} kW 的电源建设项目，仅用了6年多时间就全部建成投产。第二批开工的鸭溪电厂、构皮滩水电站等“四水八火”12个电源建设项目，大部分机组也于2010年建成投产。“西电东送”工程实施以来，贵州电网统调装机容量已净增1 900多兆千瓦，是工程实施前的4倍。大规模电力投资和建设，使能源工业成为贵州经济发展中独具特色的产业，成为贵州省支柱产业。

此外，贵州在新能源建设上也取得了诸多成绩。贵州全省风电开发建设装机规模约 900×10^{6} kW。贵州煤层气资源总量和页岩气地质资源潜力巨大，在储量上分别为 3.15×10^{12} m^{3} 和 10.5×10^{12} m^{3}，分别位居全国第二位和第四位。另外，在生物质发电、太阳能光伏发电、抽水蓄能等方面，已规划和在建多个项目，规划总投资超过了1 000亿元，这些项目的建成投产势必会增强贵州能源工业实力，促进其多元化发展。

二、有色金属开采、冶炼业

贵州省是全国十大有色金属产区之一，部分有色金属矿产资源在全国优势明显。经过多年发展，有色金属已成为贵州省重要的优势产业，是全省工业重要经济支柱之一。目前，省内已发现和探明有铝、金、钛、汞、锑、铅、锌、锡、铜、钨、钒、钼、镁、镍等有色金属矿产资源分布，其中铝土矿资源储量 5.13×10^{8} t；黄金地质储量238.55 t，远景储量超过1 000 t；锌矿、锑矿、汞矿储量分别为 144.9×10^{4} t、26.72×10^{4} t、3.04×10^{4} t，保有量均处于全国前列。

贵州省丰富的有色金属资源，为本省有色金属开采和冶炼业行业发展提供了基础，经过多年发展，贵州形成了以铝、钛、黄金三大有色金属产业为主的有色金属产业体系。“十一五”期间，贵州省年产氧化铝 220×10^{4} t，电解铝 100×10^{4} t，年加工铝加工板材 16×10^{4} t，并且发展形成了一批像中铝贵州分公司、遵义铝业股份有限公司等在行业内极具优势的企业；全省钛产业每年生产海绵钛 2×10^{4} t，钛锭 0.2×10^{4} t；贵州拥有一批大中型黄金矿山企业，2010年全省黄金产量超过10 t，黄金产量排名居全国前十位。其他有色金属，如锌、锑等行业发展也取得较大进步，产品从单一化向系列化发展，产品产量和质量得到显著提高。2012年，贵州省规模以上有色金属产业总产值达到220亿元，是2005年的1.64倍，占全省规模以上工业总产值的5.4%。

全省有色金属矿产分布集中，规模大，质量好，伴生矿多，有利于相关产业的集聚和发展。通过建设一批重点项目，调整和优化生产力空间布局，推动产业整合，促进企业向规模化发展，培育一批重点企业，提高铝、钛、金等产品深加工能力，加快有色金属产业基地特别是铝、钛、黄金工业基地的建设，增强企业发展的综合实力，进一步提高有色金属工业在全省工业中的份额和贡献率。

三、装备制造业

20世纪中叶，为满足国防需要，国家决定在中西部地区进行“三线”建设，分布在东部地区的大量军工企业及装备制造企业西迁，其中迁入贵州省的有光电工业、飞机制造业、电子工业，主要分布在贵阳、安顺和遵义等地区。这些工厂和科研机构的迁入在客观上形成了贵州工业发展的“助推器”，为贵州装备制造业发展提供了基础条件。到20世纪80年代，随着我国改革开放进程的提升，国防建设的需要逐渐降低，追求经济效益成为西迁企业的主要目标，一批三线企业陆续向附近的城市集中，形成产业聚集。迁入城市的企业，在发展过程中多半进行了改制，由军工企业转为民用企业，这批企业逐渐发展为贵州省装备制造业主力，形成飞机及零部件、汽车及零部件、工程机械及零部件、精密数控装备及功能部件、电子元器件和电子信息产品、铁路车辆及备件、新装备及零部件等系列。

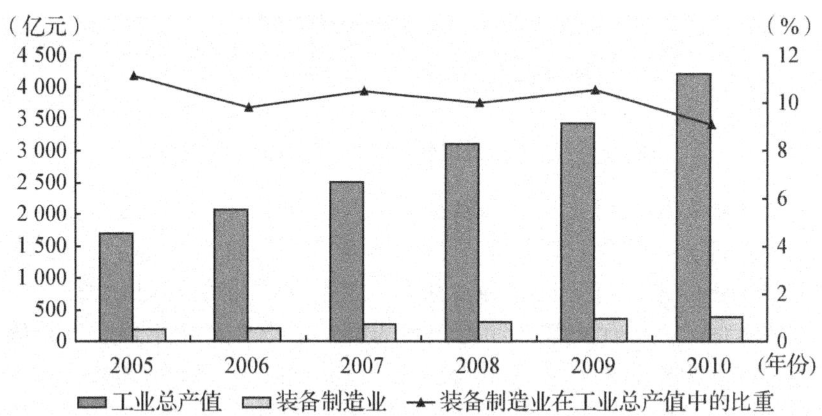

图 2-18　2005—2010 年贵州省装备制造业占工业总产值的比重

资料来源：《贵州统计年鉴—2011》

伴随着国家西部大开发战略的实施和贵州省工业强省政策的贯彻落实，贵州装备制造业得以迅猛发展，产业结构明显改善。2005 年以来，贵州省装备制造业总产值从 188.11 亿元增加到 2010 年的 382.84 亿元。近几年连续的高增长折射出贵州工业化和城市化进程的加快为装备制造业带来了巨大的市场需求。装备制造业总产值占工业总产值的比重总体上在此期间比较平缓(9.1%～11.3%)。以 2010 年为例，贵州装备制造业工业生产总值为 382.84 亿元，仅次于电力、热力的生产和供应业(947.31 亿元)、采矿业(704.13 亿元)，位居第三。2012 年，全省销售收入亿元以上的装备制造企业 52 家，其中 10 亿元以上企业 5 家，完成销售收入 193.04 亿元。

从行业结构看，交通运输设备制造业，通信设备、计算机及其他电子设备制造业，电气机械及器材制造业，金属制品业在贵州省装备制造业中所占比重较大，以 2010 年为例，比重分别为 37.67%、19.71%、11.23%、11.06%，是贵州省装备制造业中的优势产业；而其余三种装备制造业相对较弱。

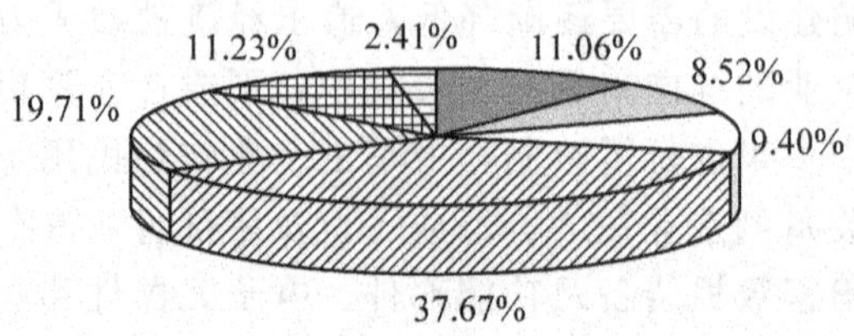

图 2-19　2010 年贵州装备制造业工业总产值分布

贵州装备制造业产业集群以航空、航天、电子三大基地为基础，主要聚集在贵阳、遵义、安顺，基本形成为两大体系、五大产业集群。具体如下：一是机械工业体系，包含以特种专用具、磨料为代表的资源优势产业集群，以航空液压件、汽车优质零部件为代表的机械基础件产业集群和以传统优势机械主机产品为代表的产业集群等三大产业集群；二是电子信息工业体系，包含以精密光学仪器、电工电器、专用设备为代表的特色机电一体化产品产业集群和以新型电子元器件、微硬盘为代表的电子信息产品产业群两大产业集群。目前，拥有以装备制造业为主的 4 个国家级产业园区，即贵阳国家高新技术产业开发区、安顺民用航空产业国家高技术产业基地、贵阳市国家级经济技术开发区、贵州航天高新技术产业园，一个省级产业园，即黎阳高新技术工业园区。毕节汽车产业基地、六盘水矿山机械产业基地等装备制造业集聚区正在形成。

表 2.17　贵州装备制造业产业集群情况

集群地名称	所属企业	企业户数	主导产品
贵阳国家高新技术产业开发区	电子信息、基础件、新材料新能源	19	电子元器件、手机、液压件、精密电机
安顺民用航空产业国家高技术产业基地	航空	49	通用飞机及航空零部件转包、轿车、微型车、客车
贵阳市国家级经济技术开发区	航空航天、汽车及零部件、工程机械、数控机床	48	航空机载设备，特种液压挖掘机、工程车，汽车电动机、散热器、密封条

续表

集群地名称	所属企业	企业户数	主导产品
贵州航天高新技术产业园	工程机械、汽车及汽车零部件	27	微型汽车，大功率液力变速器，汽车电池、继电器
黎阳高新技术工业园区	航空、汽车零部件	8	航空、汽车零部件

资料来源：《贵州实施工业强省战略研究—2009》

贵州省装备制造业，长期以来都是以"国字号"企业为主，民营企业规模较小。随着贵州企业的改制和转型，许多与之相关的领域开始对民营企业开放，民营企业得以迅速发展。2010 年，贵州省规模以上装备制造企业中，民营企业约占 62.5%，民营企业已成为贵州装备制造业的主体。

四、磷化工业

贵州省是我国磷矿资源较为丰富的省份之一，主要分布在省内的开阳、瓮安、福泉和织金。截至 2005 年年末，磷矿资源储量 26.80×10^{8} t，保有资源量 19.74×10^{8} t，位居全国第二。其中，一级品富矿储量 5.27×10^{8} t，仅开阳、瓮福两矿区富矿储量便为全国富矿储量的三分之一。

贵州磷化工产业起步于 1958 年，历经 50 余年，特别是改革开放以来的发展，已初步形成一个磷矿资源高效利用，磷肥、磷复肥、磷酸盐、黄磷及其下游精细产品初具规模的产业体系。据统计，2010 年，全省磷化工主营行业销售收入已超过 300 亿元；磷化工产量(不含磷矿)折纯量 250×10^{4} t。全省现有磷化工生产企业 100 余家，生产磷及磷化工产品 30 余种。"十一五"期间，贵州省磷及磷化工产业发展取得了较大成绩，奠定了进一步做精做强的产业基础，主要表现在以下几方面。

(一)产业发展速度较快，已形成一定规模

二十年前的贵州磷化工产品只有磷矿石、磷矿粉、黄磷等少数几个磷的初级加工产品。如今磷化工产品的技术含量不断提高，技术创新能力在国内业界处于领先地位。截至 2010 年年底，贵州省磷化工行业实现销售额占全省化学工业的 66%，磷化工已成为贵州化工的主要产业。其中，高浓度磷复肥和黄磷的生产技术、生产能力等方面在国内占有重要地位。目前，在贵州现有的百余家磷化工生产企业中，瓮福(集团)有限责任公司和贵州开磷(集团)有限责任公司建成了我国大型磷化工生产企业；贵州西洋肥业有限公司是贵州省最大民营企业，也是目前国内最大的复合肥生产企业。2010 年，以上三大磷化工企业总产值分别占全省化工和磷化工企业的46.8%和64.4%。

(二)磷化工产业带初步形成

贵州磷化工在“十一五”期间培育了一批大型骨干企业，磷化工产业在资源富集区域获得了长足发展。产业链相连接的集群已经建成并不断增强的息烽—开阳—瓮福磷化工产业带，促进了磷化工产业基地、园区的建设。分布在该产业带内的三大高浓度磷复肥企业(瓮福集团、开磷集团、西洋肥业)充分发挥产业聚集核心作用，通过产业技术创新，不断延长产业链，推动产业的蓬勃发展，进而形成了全国大型的磷化工基地。

(三)磷化工技术能力在国内业界处于领先地位

贵州磷化工在“十一五”期间通过技术创新，不断提升产业技术，延长产业链，使磷化工产业向安全、环保、高效利用资源和强化精深加工方向发展，磷化工产品由初级产品向技术含量高、附加值高的产品转变，磷化工技术创新正在国内外快速超越。例如，瓮福集团在露天采矿、选矿以及生产磷酸等技术均处于业界领先地位。2007年，瓮福集团击败欧美多家国际工程公司，成功中标沙特阿拉伯选矿项目。

(四)加强资源综合利用，促进循环经济

磷矿伴生不少氟、碘等稀缺资源，高效利用资源、促进循环经济是实现持续发展的必然。瓮福集团将国外技术引进吸收再创新建成的无水氟化氢生产装置以及碘回收工业化装置，为磷矿伴生资源利用提供了一条新途径。开磷集团采用磷化工全废料采矿技术，使采矿回收率从70%提高到92.6%，贫化率从6%降至4.52%，延长矿山服务年限25年以上。目前，已经建成了以开磷集团为主体的国家首批循环经济试点生态工业园区。

但是由于各种原因，贵州磷化工产业也面临着一些问题。一是虽有瓮福、开磷、西洋等大型企业，但低浓度磷肥产业仍呈现小而散、集中度低的特征。二是产品结构不合理，初级产品比重仍过大，生产工艺落后，资源消耗大，能耗高，高附加值的精细磷化工产品的发展相对迟缓。三是磷资源的有效保护、科学开采及合理利用任重道远，资源勘探力度亟待加强。四是资源综合利用研发投入不足，大量废弃物的资源化利用已经成为磷化工产业可持续发展迫切需要解决的大问题。五是“三废”治理率还较低，污染仍然严重，实现环境和谐的任务还相当繁重。为此，贵州大力推进资源综合利用，统筹规划磷矿资源开发，推广先进的开采技术、工艺和设备，提高采矿回采率和选矿回收率。在控制磷肥总量的前提下，进一步做强做精以磷铵为代表的高浓度磷复肥，把贵州建成国内实力最强的高浓度磷复肥基地。同时，依托已经形成的技术，优化磷化工产品结构，重点发展精细磷化工高端产品，不断提高产品附加值和企业经济效益。

五、特色轻工业

贵州省地处云贵高原东部，地形复杂，气候类型多样，全年降水丰富，热量充沛，物种资源丰富，自然条件优越。全省借助得天独厚的自然条件，发展出一批具有地方特色和产业优势的轻工产业，形成了以白酒、卷烟、茶叶、苗药和特色食品为主的特色轻工业体系。

贵州白酒酿造历史悠久，在国内外拥有很高的美誉度。贵州北部的赤水河流域是贵州白酒的主产区，当地特殊的气候、水质、土壤等自然条件，非常有利于酒料的发酵、熟化和酒中香气成分的产生，是贵州白酒发展的独特“法宝”。依靠独特的自然环境和酿造工艺，培育出以茅台酒为代表的酱香型白酒产业集群，造就了贵州白酒优秀的品质，使贵州白酒在国内外拥有较高的地位。除茅台酒外，分布在赤水河流域内的白酒还有董酒、习酒、赖茅、鸭溪窖等著名品牌，这些白酒不同的香型和特点丰富了贵州白酒，壮大了贵州白酒产业的实力，是贵州成为我国白酒生产大省的重要因素。2010 年，全省规模以上白酒总产值 203 亿元，居全国第 3 位；工业增加值 152 亿元；利税 130 亿元；从业人员 2.28 万人。白酒产业已经成为贵州省仅次于煤炭和电力行业的重要支柱产业和特色优势产业。

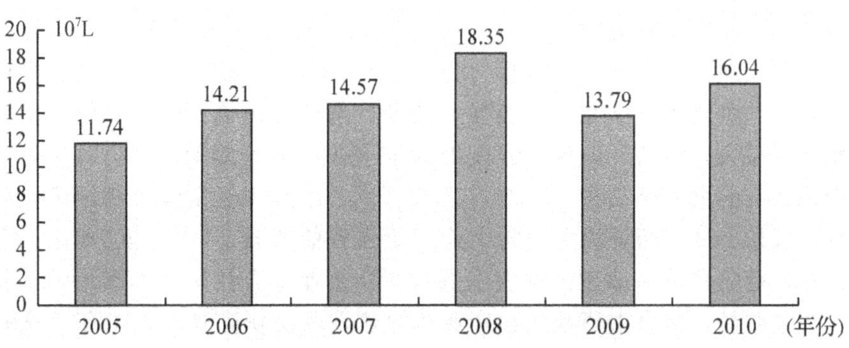

图 2-20 2005—2010 年贵州白酒生产总量

贵州自然条件适宜种植烟草，早在 20 世纪 40 年代，贵州就建立了烟草公司，加工本地种植的烟草。经过几十年的发展，贵州烟草行业取得了长足进展，卷烟拥有“黄果树”、“遵义”、“贵烟”等一系列名优品牌，在全国香烟市场上占有重要地位，“黄果树”系全国 36 个名优卷烟品牌之一。2010 年，全省烟草种植面积达到 195.37×10^3 hm^2，烤烟产量达到 37.02×10^4 t。卷烟生产规模由 2005 年的 208×10^4 箱增加到 239×10^4 箱。2010 年，全省烟草工商上缴税收158.13亿元，全省约有100×10^4人通过烟草产业实现就业，烟农种烟总收入51.3亿元。烟草工业已成为贵州工业经济增长的主要力量。

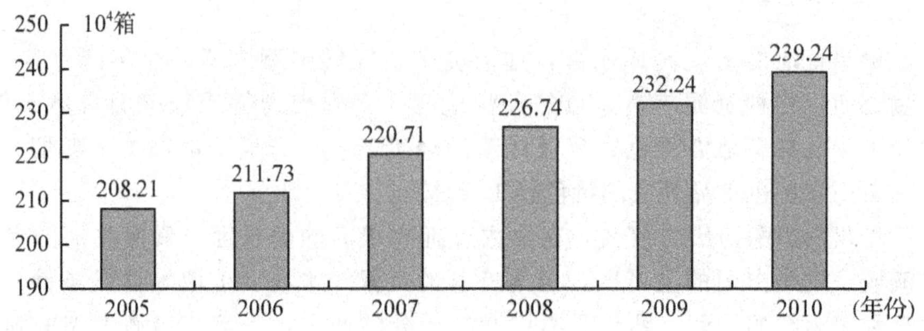

图2-21　2005—2010年贵州卷烟生产总量

贵州是全国最适宜种茶的区域之一，茶叶品质好，茶叶加工业的发展有资源依托。2010年，贵州40个产茶县茶叶种植面积突破167.19×10^3 hm^2，茶叶产量达到5.23×10^4 t，成为全国第二产茶大省。省内茶叶加工企业有600多家，产茶县从几个扩大到40个，拥有规模以上万亩茶园的乡镇116个。贵州茶叶品种丰富，都匀毛尖、湄潭翠芽、凤冈锌硒有机茶等多个茶叶品牌已成为贵州茶的优秀代表。品牌战略的实施，提高了贵州茶的市场认可度和竞争力，为贵州茶叶的创收做出了突出贡献。

贵州是我国中药材主产区之一，药用植物资源3900余种，中药材品种多，质量上乘，分布面广，素享“川广云贵、道地药材”的盛誉，发展中成药前景看好。贵州民族文化资源富集，苗药、侗药等民族药疗效奇特，民族药开发潜力巨大。中药、民族药已有27个剂型共650个制剂品种，其中具有独立知识产权的民族药品种154个。“十五”末，已跻身于全国中药制药业第一梯队，开始了从中药资源大省向中药工业强省的跃升。“十一五”期间，全省中药材规范化种植基地建设加快发展，制药企业综合竞争力不断增强，新药研发成效明显，国家中药现代化产业基地建设取得新进展。2010年，全省规模以上医药制造业实现总产值180.61亿元，中药材种植面积近1.33×10^5 hm^2，太子参、半夏、金钗石斛等中药材品种种植面积，产量位居全国首位。目前，全省先后建成了乌当、花溪、清镇、修文、息烽、红花岗、龙里、惠水8个医药工业园区，入驻医药企业有70余户，产业集聚效应逐步显现。年销售收入超亿元的医药企业30余家，逐步形成了以贵州益佰、神奇、同济堂、信邦、百灵等龙头骨干企业为代表的中药现代化产业集群。《贵州省“十二五”中药现代化发展规划》提出，2015年，贵州中药材规范化种植面积达120万亩；医药产业实现产值500亿元，组建2至3个大型中医药企业集团；

医药流通行业销售收入超过 100 亿元；组建省级综合性中药创新药物研发技术平台 1 个，力争上升为国家级研发平台。

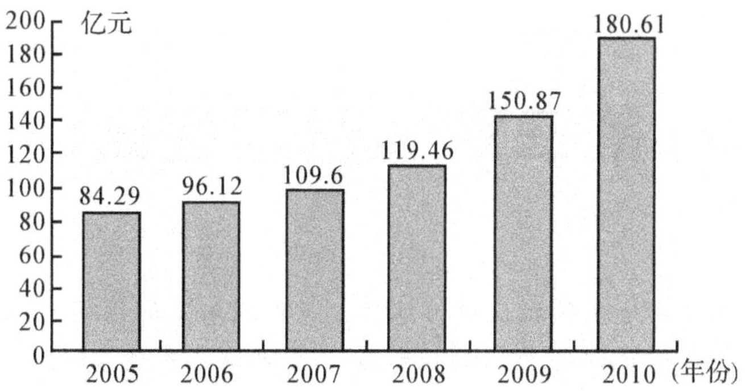

图 2-22　2005—2010 年贵州医药制造业总产值

贵州省充分发挥农产品资源优势，积极发展特色食品工业，基本形成了以辣椒制品、茶叶加工、肉干制品、调味品、禽肉制品以及果蔬等为主要产品的特色食品产业。“老干妈”、“都匀毛尖”、“牛头牌”、“味莼园”、“黔五福”等一批名牌产品，带动了贵州食品工业的发展。截至 2010 年年末，全省具有规模以上特色食品工业企业约 200 家，从业人员 2 万余人，工业总产值超过 120 亿元。贵阳南明老干妈风味食品有限责任公司、贵州永红食品有限公司、湄潭兰馨茶业有限公司等龙头企业以公司＋基地＋合作社＋农户的形式，推进种加销一体化，在促进农民增收，增加就业岗位，促进农村经济和带动相关产业的发展以及推进贵州省城镇化建设等方面发挥了重要作用。

第三章 地理区划

章前语

地理区划是对地理区域认识的结果，是在深入了解区域特征和区域差异的基础上，根据区域内部的一致性和区域之间的差异性及特定的分区目的，将研究区域划分为若干次级区域的过程。

贵州省是我国西南喀斯特高原山区的核心区域，地理环境十分特殊，区域差异巨大。自然地理方面，第四纪喜马拉雅运动产生的抬升作用，导致贵州呈现西高东低、阶梯状山地环境的总体格局。西部毕节、六盘水为贵州最高，海拔1 600～2 800 m，为贵州的第一级台阶，以起伏强烈的中山地貌和温凉亚热带气候为基本特征；中部安顺—贵阳一带为第二级台阶，属典型的溶蚀高原面，海拔1 000～1 800 m，地势起伏和缓，气候温暖湿润；以中部为核心，北部、东部、南部则处于贵州高原向四川盆地，广西、湖南丘陵过渡区域，是贵州的第三级台阶，海拔100～800 m，地势起伏较大，属低中山丘陵地貌，但水热条件优于中部。贵州地势以西部赫章—钟山交界处的韭菜坪为最高，最低为东部黎平县地坪乡水口河出口。自然环境决定了贵州人文和社会经济的区域差异：西部毕节、六盘水为高海拔、深切割中山区域，自然条件恶劣，交通不便，社会经济十分落后，是我国集中连片贫困地区之一，但该区煤炭等自然资源丰富，发展潜力巨大；中部高原区交通方便，资源丰富，社会经济相对发达，是贵州政治、经济和文化中心；东部、南部和北部边缘区，交通不便，社会经济落后，但水热条件较好，生态环境较好，发展农业具有一定优势。

关键词

地域分异；地理区划；地理区

第一节　自然地理差异

自然地理的空间差异即地域差异，是自然地理系统(自然区域)地域分异的结果，是指自然地理系统各组成要素及整体在地球表面沿一定的方向发生的组成、外貌、结构等的空间分化以及因此形成不同等级的自然地理系统的过程或现象。地域分异是一种客观现象，主要由地球内部运动和太阳辐射在地球表层分布不均引起。贵州的自然地理差异主要受地壳运动的影响，是地球构造运动在地表的反映。

一、地质岩性差异

(一)地质构造

贵州地处两个大地构造单元——扬子准地台和华南褶皱带之间。铜仁—玉屏—镇远—凯里—丹寨—三都—独山麻尾一线以东的黔东南和铜仁部分地区为华南褶皱带，以西为扬子准地台。扬子准地台又分为黔北台隆、黔南台陷和四川台坳三个部分。以温水—习水县城—醒民一线为界，西北属四川台坳，西南为黔北台隆；以镇远—福泉—贵定—贵阳—平坝—安顺—镇宁—贞丰—册亨—兴义—巴结一线为界，西北为黔北台隆，以南为黔南台陷。

(二)地层与岩性

贵州出露地层比较齐全，从元古代到新生代地层均有出露，沉积岩、岩浆岩和变质岩三大类岩石都有分布，其中沉积岩占主导，碳酸盐岩地层分布面积最广，是著名的“沉积岩王国”“喀斯特中心”。总体而言，贵州东部的黔东南和铜仁，以前寒武纪古老的变质岩为主，其余地区以古生代到中生代的沉积岩为主，具体分布如下。

岩浆岩：贵州的岩浆岩分布比较零星，面积不大，主要分布在黔东南和梵净山区。其中，梵净山、余庆县相对集中，主要为基性岩和超基性岩，如辉长岩等。

变质岩：贵州的变质岩以区域变质为主，集中分布在黔东南和梵净山区，多为浅变质的陆源碎屑岩和中酸性岩浆岩变质岩，属前震旦系和震旦系地层。黔东南前震旦系主要为广泛分布的厚13000余米的下江群巨厚层浅变质岩。

沉积岩：贵州沉积岩类型多，分布广，时代全。贵州的沉积岩从古生代到新生代都有分布，其中尤以中生代地层分布最广。

震旦系(Z)：主要分布在福泉—松桃一线以东、以南的黔东南和铜仁地区，尤以黔东南最为集中，黔中、黔北局部也有分布。黔东南的震旦系沉积岩主要为浅海相白云岩和陆源砂岩。黔中、黔北局部的震旦系地层分布以硅质岩、泥质白云岩等为主，开阳等地有凝块岩、紫红色黏土岩分布，黔北有碳质页岩、冰碛砾岩等分布。

寒武系(∈)：贵州寒武系沉积类型多样，主要分布在三都—贵阳—安顺—赫章一线以北、以东地区，该线以西、以南未发现，集中分布于铜仁、遵义、贵阳和黔南、黔东南西北部。贵州寒武系地层分上中下三段，上统($\in_3$)以白云岩为主，有灰岩、碎屑灰岩、泥灰岩、页岩等出露；中统($\in_2$)以白云岩、灰岩为主，下部页岩夹泥质灰岩；下统($\in_1$)上部以泥岩、页岩为主，下部以硅质岩为多。

奥陶系(O)：贵州奥陶系主要分布在黔北、黔东北和黔中东部。岩性以灰岩为主，上部有砂质页岩，生物化石丰富。

志留系(S)：贵州志留系地层分布不广，主要分布在黔北、黔东北和黔南都匀一带，岩性以砂岩、页岩、泥岩等为主。

泥盆系(D)：贵州泥盆系地层主要分布在赫章—纳雍—安顺—贵阳—黄平—雷山—三都一线以西、以南地区。岩性主要为潟湖相灰岩、泥灰岩，底层分布有砂岩、页岩等类别的碎屑岩。

石炭系(C)：贵州石炭系主要分布在贵州南部、西南部和西部，范围比泥盆系要大，集中出露区域为三都—瓮安—金沙—毕节一线以西、以南，为近岸浅海台地相和远岸浅海台地相沉积类型，以灰岩、白云岩为主，夹砂页岩。贵州石炭系十分发育，沉积类型多样，化石丰富，为贵州重要的含煤地层。

二叠系(P)：贵州二叠系极为发育，几乎全省均有分布，沉积类型齐全，生物化石丰富。贵州的早二叠系以碳酸盐岩为主，晚二叠系则比较复杂，贵阳地区上二叠系以砂页岩为主，龙潭组为贵州最重要的含煤地层。

三叠系(T)：贵州三叠系地层分布较为广泛，大致沿河—石阡—黄平—雷山—三都一线以西的贵州广大地区均有分布。贵州三叠系地层发育齐全，厚度大，是中国乃至世界三叠系发育最完好的地区之一。

侏罗系(J)：贵州侏罗系地层分布较为零散，主要分布区域在遵义—贵阳—盘县一线西北和黔东南天柱县帮洞一带，以赤水市最为集中、完好，厚度可达 3 000 m。侏罗系地层多为紫红色、砖红色砂岩、页岩或泥岩。

白垩系(K)：贵州白垩系为陆相沉积，发育很差，分布面积较小，零星分布于黔中和黔西南地区，赤水、习水有较大面积分布。赤水、习水一带的白垩系地层只有上统，以砖红色巨厚层钙质砂岩为主，偶夹泥岩。其他地区的多紫红色砾岩等。

第三系(R)：贵州第三系地层与白垩系地层较相似，也零星分布于贵州各处。其中，以仁怀茅台一带较集中，多为砖红色砾岩、砂页岩堆积。

第四系(Q)：贵州第四系分布较广，为松散的坡积、残积、冲积、洪积、湖积物，其中黔东南和威宁等地分布较为集中，连片分布。

二、地形地貌差异

贵州的地形地貌差异与地质构造、地层岩性有较大关系，是地质构造与岩性相结合的产物。受到降雨等外力侵蚀的影响，贵州是一个典型的岩溶高原峡谷地貌区。

贵州在大地构造上呈现明显的三大单元。东部是江南台隆(江南古陆)和梵净山古陆，是长期隆升遭受剥蚀的蚀源区，形成了贵州东部的剥蚀、侵蚀山地丘陵地貌区域。西北角的赤水、习水是四川地台的组成部分，发育侏罗纪、白垩纪红色砂岩、泥岩等陆相地层，形成贵州的“丹霞地貌”，以侵蚀中低山地貌和台地地貌为显著特征。两大构造单元之间的黔中地区属扬子地台的扬子台褶皱带，从震旦系到三叠系均有分布的碳酸盐岩石在此处的分布面积达全省的73%，出露面积61%左右，从而使此处产生了与前两个单元截然不同的地貌类型——喀斯特地貌，使贵州成为我国乃至世界的“喀斯特王国”。贵州喀斯特地貌类型齐全，峰林溶原、峰丛漏斗及洼地、石沟、石芽石林、盲谷、坡立谷、石笋、石柱、边石堤等几乎所有的喀斯特地貌类型在贵州都可见到。贵州的喀斯特地貌还有向深性和重叠性发育的特征，漏斗、落水洞、竖井、峡谷广泛分布。

(一)地势差异

贵州省地势总体呈现“西高东低、三级台阶”格局，自西向东、自南向北地势有较大变化，但大部分海拔在600～1 800 m，占总面积的78.8%(表3.1)。

从地域差异看，西部毕节、六盘水海拔较高，海拔1 600～2 800 m，为贵州的第一级台阶；中部安顺—贵阳一带为第二级台阶，海拔1 000～1 800 m；以中部为核心，北部、东部、南部处于贵州高原向四川盆地及广西、湖南丘陵过渡区域，是贵州的第三级台阶，海拔100～800 m。贵州地势以西部赫章—钟山交界处的韭菜坪最高；最低为东部黎平县地坪乡水口河出口。

表 3.1 贵州各海拔高度分级及面积百分比

编号	海拔/m	面积百分比/%
1	<600	10.9
2	600～1 000	24.1
3	1 000～1 400	44.1
4	1 400～1 800	10.6
5	1 800～2 200	5.5
6	>2 200	4.8

数据来源：《贵州省农业地貌区划》，贵阳：贵州人民出版社，1989

(二)地貌类型的空间差异

贵州地貌类型复杂多样，岩溶地貌发育，不仅有高原、山地，也有丘陵、台地、盆地(坝子)和阶地等，各地貌类型交叉分布。

贵州的高原是复合型的地貌类型，常由剥夷面组成，其中尤以西部威宁、赫章一带较典型。这一带地势起伏比较和缓，剥夷面保存完好，地表第四纪残积层较厚，高原特征比较明显。中部安顺—贵阳一带的高原面也比较完整，属于典型的喀斯特溶原残丘型高原，高原面上有面积大小不一的岩溶坝子，其上广泛残留溶蚀作用留下的低矮石灰岩丘陵。

贵州的山地以中山为主，低山比重不大。中山(900～2 900 m)主要分布在高原面周边，面积占全省总面积的 60.87%，其中以毕节和六盘水最为集中；低山(<900 m)比较集中分布在黔东南和铜仁，面积占全省的 14.24%。

丘陵主要分布在高原面及东部铜仁和黔东南一带。高原面上的丘陵以岩溶残丘为主，东部丘陵第四纪沉积覆盖较厚。

三、气候差异

受地理位置和地形影响，贵州的气候差异较大，立体气候特征明显，主要表现在以下几个方面。

(一)日照时数总体较低，从西南向东北递减

贵州多阴雨天气，整体属西南低日照地区，但存在明显区域差异。根据贵州日照分布图，贵州日照具有西南高，东北低的总体趋势。西部的威宁、盘县、兴义等地，日照时数较高，平均每年在1 500 h以上。其中，威宁最高，达到 1 800 h，号称“日光城”。赫章—纳雍—水城—晴隆—贞丰—望谟一线，

年日照时数在 1 400～1 500 h，逐渐降低，到贵阳、都匀后逐步从南向北降低，贵阳等地年日照时数还有 1 200 h，到了遵义就降到了 1100 h，到道真等地已经在 1 000 h 以下了。

(二)气温从西向东逐步升高，热量条件东西差异较大，垂直差异明显

贵州属亚热带湿润季风气候区，气候温暖湿润，但受地势高低起伏的影响，气温和热量条件的区域差异十分明显。西部威宁、赫章和六盘水一带，地势较高，气温较低，年均气温多不到 12℃，其中威宁只有 10.4℃，≥10℃积温小于 4 000℃，其中威宁只有 2 500℃左右，属高原暖温带和温带气候。以此向东，金沙—息烽—开阳—瓮安—福泉—都匀—平塘—紫云—贞丰—安龙一线以西地区，热量条件中等，属北亚热带气候，年均温 12℃～18℃，≥10℃积温 4 000℃～5 000℃。此线以东、以北、以南地区，河流切割较深，热量条件较好，属中亚热带气候，尤其是黔东南和铜仁以及赤水河、南北盘江河谷，热量条件较好，除地处山区的雷山等地外，年均温多在 16℃以上，≥10℃积温 4 000℃～6 000℃。地处河谷的铜仁城区、岑巩、玉屏、锦屏、从江县城等，年均温则在 18℃以上，≥10℃积温大于 5 000℃。

(三)降雨时空分布不均，区域差异较大，季节变化明显

贵州的降雨时空分布不均。从地域分布看，贵州降雨南部多，北部少，东南部多，西北部少。贵州有三个多雨中心，第一个是兴义—盘县—六枝的南北盘江流域，年降雨量1 300 mm以上，尤以晴隆、六枝一带最多，年均降雨量超过 1 500 mm，晴隆年均降雨量1 538 mm，为全省降雨之冠；第二个多雨中心以都匀—丹寨为中心，是包括独山、三都、都匀、丹寨、雷山和麻江在内的南部多雨区，年均降雨量1 300～1 500 mm，其中丹寨最高。第三个多雨中心位于江口—万山一带的武陵山迎风坡，年均降雨量为 1 250～1 350 mm。贵州降雨较少的区域有威宁—赫章一带和道真、务川等地，赫章年均降雨量只有 854mm 左右，为贵州最少。

贵州降雨的季节性变化明显，属于典型的夏雨型降雨区，5～9 月的降雨量占全年降雨量的一半以上，其他季节降雨相对较少。其中，毕节—普定—关岭—贞丰—册亨一线以西为冬干型，冬春降雨量少。其余地区各季节均有降雨，无明显干季。

四、植被与土壤

(一)植　被

贵州地处亚热带常绿阔叶林带，地带性植被属于亚热带常绿阔叶林，但受气候、地形等因素影响，表现出十分复杂的分布特点和区域差异。

贵州多灌丛植被，森林植被较少，且分布不均。贵州东部黔东南州和铜仁，西北的赤水、习水，南部的紫云、册亨、望谟一带的河谷地区等，森林面积较广；贵州西部和中部植被稀疏，多石灰岩灌丛。总体而言，受人类活动影响，森林植被大多集中分布在山区和河谷地区。贵州天然植被保存已不多，集中分布在黔东南的雷公山、铜仁的梵净山、遵义的金鼎山、都匀的斗篷山等山区。

受热量条件影响，贵州的植被具有明显的地带性差异。从北向南，地带性植被从中亚热带常绿阔叶林逐渐过渡到南亚热带河谷季雨林。北部边缘(大娄山以北)，植被多与川、渝相似，发育有常绿樟栲林、松杉林和毛竹林，尤以赤水、习水等地的毛竹林集中连片。中部以常绿落叶阔叶混交林和石灰岩植被为主，多灌丛。西南部南北盘江、红水河河谷地区，热量条件较好，植被表现出南亚热带的植被特征，在河谷中有“走廊式”的沟谷季雨林、河谷季雨林、河谷高草灌草丛和稀树灌草丛等热带性植被分布。

同样，受温度和降雨东西差异的影响，从东到西，贵州的植被类型也有明显变化。东部地带性植被为湿润亚热带常绿阔叶林，并且保存较为完好，破坏后演化为以马尾松林、杉木林为主的针叶林。中部喀斯特植被极为典型且分布普遍，但受人为活动的影响，地带性常绿阔叶林已不多见，仅在局部地区保存有斑块状的喀斯特常绿、落叶阔叶混交林和以柏木为主的针叶林。受人类活动影响较大的石灰岩丘陵山地，多为次生的喀斯特藤刺灌丛，而碎屑岩出露区域或碳酸盐岩古风化壳上发育形成的酸性土区域，则有马尾松林、杉木林及栎类灌丛分布。西部乌蒙山地区地势较高，发育的植被逐渐演变为与云南相似的类型，即地带性植被是半湿润常绿阔叶林，有部分硬叶常绿林分布，针叶林以云南松林为主，还有部分滇油杉林、华山松林分布。

受地形影响，贵州植被垂直地带性表现突出，尤其是梵净山、雷公山等高大山脉地区，表现更为明显。梵净山相对高差超过 2 000 m，因而具有明显的垂直地带性：1 300 m 以下为以栲、青冈为主的常绿阔叶林，1 300～2 100 m为以青冈、水青冈(落叶)等为主的常绿、落叶阔叶混交林，2 100～2 350 m为以铁杉、冷杉为主的亚高山针叶林，2 350～2 572 m 为以杜鹃、大箭竹为主的亚高山灌丛和以冷蒿、流苏等为主的草甸(北坡)。雷公山与此类似，1 300 m 以下为以甜槠栲、钩栲等为主的常绿阔叶林，1 300～2 100 m 为以水青冈、灯台树、木荷等为主的落叶、常绿混交林，2 100 m 以上为以猫儿刺、大白杜鹃等为主的山地灌丛。

(二)土　壤

贵州土壤受气候、岩性影响较大，因此，其类型多种多样且地域差异较大。

贵州的土壤以地带性土壤为基础，兼有岩性土和耕作土。贵州地处亚热带湿润季风气候区，地带性土壤属黄壤、红壤，海拔较高处为黄棕壤。受岩性影响，发育较浅的岩性土壤——石灰土和紫色土，分布面积较广，是主要土壤类型。在人类活动影响下，水稻土、黄泥土、大土泥等人工土壤广泛分布于各处。

贵州东部(铜仁和黔东南)受岩性影响小，土壤发育程度深，红壤、黄壤为主要土壤。其中，红壤主要分布在河谷地区，黄壤广泛分布在海拔1 400 m以下的低山丘陵地区。海拔 1 400～1 600 m 地区则发育有山地黄棕壤。海拔 1 600 m 以上地区多山地灌丛草甸土。

贵州中部碳酸盐出露较广，属喀斯特地区，石灰土分布面积广泛，与黄壤交错分布。风化沉积层较浅薄的丘陵、低山等大多是石灰土，平坦低洼处冲积、残积较厚的区域则发育有地带性土壤——黄壤。紫色砂页岩出露区发育有紫色土，但一般分布面积较小，属零星分布。

贵州西部(威宁、赫章、六盘水一带)因海拔较高，风化层厚，广泛分布地带性土壤——黄棕壤，局部有石灰土、紫色土分布。

贵州西北角的赤水、习水一带，受岩性影响较大，是紫色土集中分布区域，而西南部南北盘江流域(罗甸—册亨—望谟—贞丰一带)，气候干热，发育的土壤以红壤为主。

五、自然地理的总体分异与综合自然区划

(一)地域分异因子

贵州自然地理环境的区域差异是多种因素影响的结果，其中，地理位置、海拔、岩性是根本因素，在此基础上，热量、降水的差异是造成贵州自然地理环境产生区域差异的主要直接原因。贵州自然地理环境总体差异是以上因子共同作用的结果。

(二)地域分异

从自然地理要素和整体两方面看，贵州自然地理的地域差异还是比较明显的。从水平方向看，存在从东到西、从南到北两个方向的分化。贵州自然地理环境从东到西，依次出现亚热带低山丘陵—亚热带喀斯特高原—高原暖温带；从南到北，主要景观更替表现为干热河谷南亚热带—亚热带喀斯特高原山地—丹霞低中山河谷。从垂直方向看，低热河谷到高寒山区，出现南亚热带到温带的景观变化。

(三)综合自然区划

根据前述自然地域分异，贵州自然地理从东到西可分为三个自然综合地域单元：东部亚热带低山丘陵区、中部亚热带喀斯特高原低中山区、西部暖温带高原中高山区。从南到北，则可以划分为南部亚热带干热河谷区、南部亚热带喀斯特中低山区、中部亚热带喀斯特高原丘陵区、北部亚热带喀斯特中低山区和西北亚热带干热河谷丹霞地貌区。综合而言，贵州综合自然区划可划分为七个自然区：东部亚热带低山丘陵区、中部亚热带喀斯特高原丘陵区、西部暖温带高原中高山区、南部亚热带干热河谷区、南部亚热带喀斯特低中山区、北部亚热带喀斯特低中山区和西北亚热带干热河谷丹霞地貌区。

第二节　人文地理差异

一、民族分布的空间差异

贵州是少数民族较多的省份，少数民族分布受自然地理环境影响明显，也与历次社会变迁和人口迁移有关。

贵州属于西南偏远山区，历史上就是少数民族集中分布之地。汉族主要从四川逐步迁入贵州，所以相对而言，遵义、安顺、毕节的汉族比较集中，少数民族总量较少，分布相对分散。贵州南部、东部、东北部和西部，则是少数民族集中分布之地，尤其是贵州南部的黔西南、黔南和黔东南，少数民族总量多，占人口比重大，分布集中连片，是传统的少数民族聚居地。这与历史上人口迁移和扩散过程、路径有关。

苗族是贵州少数民族中分布最广的民族，也是贵州人数最多的少数民族。苗族在贵州各地都有分布，具有大分散、小集中的特点，贵州南部和西部分布较多，北部和东北部则分布较少。布依族是贵州仅次于苗族在分布区域上较广的民族，黔西南、黔南和安顺南部都有分布。侗族集中于黔东南和铜仁南部的玉屏、万山等地。彝族集中分布于毕节的黔西、大方一带，威宁、赫章等地也是彝族的聚居之地。仡佬族集中分布于遵义的道真、务川，土家族则聚集于沿河、印江、德江和思南一带。水族分布区域较小，集中于黔南州的三都、荔波一带。贵州回族的集中分布区域不多，主要在威宁、平坝等地。

总体来看，黔东南州以侗族、苗族为主，黔南、黔西南州多布依族和苗族，大方、黔西、威宁、赫章和六盘水等西部县市是彝族核心分布区，沿河、印江、德江和思南一带是土家族集中分布之地，道真、务川则是仡佬族的聚居之所。

二、地域文化差异

贵州地理环境区域差异大，地表破碎，地理空间封闭性强，导致地域文化差异十分明显。

黔东南黎平、从江、榕江等地是我国侗族聚居地，形成了十分鲜明的侗族文化。其中，最著名的是独具特色的建筑——鼓楼与风雨桥，音乐——侗族大歌和特色饮食（如腌鱼）。

黔东南的凯里、台江、雷山等地地处苗岭核心，也是苗族的传统文化中心，地域文化特色十分鲜明，以吊脚楼（建筑）、银饰（服饰）、酸汤鱼（饮食）、木鼓舞及板凳舞（舞蹈）等最具特色，是黔东南苗族的基本标志。

黔西南和黔南是布依族之乡，布依文化特色鲜明。其中，蜡染、刺绣、八音坐唱等独具特色，蜚声中外。聚居在此的水族的端节（三都水族自治县）、水书习俗（黔南布依族苗族自治州）、水族马尾绣（三都水族自治县）等水族文化独具一格。

西部威宁是彝族、回族和苗族等少数民族聚居地，多元文化特征显著。因气候影响，彝族的羊毛披毡（赶毡）和苗族的麻衣等特色服饰独具特色。

织金、黔西、大方等地是彝族文化中心，彝族文化传统在此有明显表现。

安顺等地以屯堡为中心的古汉军旅文化和傩文化的地域特色十分明显。

黔北遵义、毕节的金沙等受四川影响区域，具有明显的巴蜀文化特色，并演化出了繁盛的黔北文化。

黔北的务川、道真是仡佬族的家乡，在以巴蜀文化为主基调下，也形成了一定的民族文化特色。

苗族是贵州的第一大少数民族，地域分布很广，在历史传承过程中发生了较大的文化变异，是贵州民族文化差异最大的民族。黔东南的苗族，贵阳、安顺等黔中地区的苗族和西部六盘水、威宁等地的苗族在服饰、语言等方面差异较大，如黔东南的苗族多高腰衣、高脚裤，而安顺、六枝等地的苗族多为长衣长裤，威宁、赫章等地的苗族除长衣长裤外，还多披毡等保暖衣物。

第三节　发展差异

贵州地处边远山区，地形起伏较大，地表破碎，经济发展整体长期落后于交通便利地区，在全国长期处于末尾位置，社会经济十分落后，是全国贫困地区最多的省份之一。同时，由于地域差异较大，省内经济发展的区域差异也较大，发展极不平衡：遵义、贵阳经济水平相对最高，不仅经济总量大，而且产业结构较完善，生产力水平较高，而地处山区的黔东南和黔南等少数民族聚集区，经济发展十分落后，其中，威宁—赫章等乌蒙山区，黔南、黔西南的滇黔桂石漠化地区，铜仁的武陵山片区是全国著名的连片特困地区。

经济发展水平的衡量指标较多，评价方式也多样。根据贵州基础资料情况和评价目的，选取2010年贵州各地的GDP、三大产业总产值、公路里程、地区首位城市建成区面积、人口城市化水平、金融机构存款余额、农民人均纯收入等作为评判指标，对贵州社会经济发展差异进行以下基本分析评价。

一、地区发展差异

以GDP为标准来衡量贵州经济发展的区域差异，贵阳、遵义长期处于领先地位，经济发展总水平相对较高，是贵州传统的经济发达地区，而铜仁、安顺等则长期处于低位。

表3.2　贵州省各地经济发展统计(2010)

名称 地区	生产总值/亿元	人均生产总值/元	按生产总值排名	按人均排名
贵阳	1 121.82	26 209	1	1
遵义	908.76	14 650	2	3
毕节	600.85	9 113	3	8
六盘水	500.63	17 462	4	2
黔南州	356.68	10 861	5	4
黔东南州	312.57	8 839	6	9
黔西南州	307.13	10 839	7	5
铜仁	293.62	9 304	8	7
安顺	232.90	10 014	9	6

数据来源：《贵州统计年鉴—2011》

改革开放以来，毕节、六盘水、黔西南州等自然资源富集地区，依托资源开发，经济总量迅速增长，成为贵州经济发展较快的地区。

二、城乡发展差异

贵州社会经济发展的城乡差异较大，二元结构十分明显，主要体现在以下几个方面。

(一)城乡居民人均收入差距较大

贵州社会经济发展的区域差异中最为明显的就是城乡差异，而城乡差异中收入差异十分显著。从历史发展看，尽管近年来城乡差距有所减小，但二元结构特征仍十分明显，未有明显改观。

(二)城乡基础设施发展极度不平衡

城乡发展差异的另一重要方面就是基础设施，包括交通、医疗卫生和教育等，差异十分巨大。交通情况，尽管目前贵州各地已实现乡乡通公路，但公路等级低，路况较差，道路通达能力远远低于城市。贵州大部分行政村已通公路，但路况大多很差，许多通村公路甚至连越野车都难以通行，更不用说轿车了。医疗卫生方面，贵州各地都建有乡镇卫生院，但医疗服务种类少、质量差，基本的检查和治疗设备十分短缺，加之医生数量少，水平低，常规检查和治疗都难以保证。与城市相比，农村的医疗条件远远落后，缺医少药的情况仍十分普遍。教育方面，经扫盲、普及义务教育等措施的实施，农村教育条件已大为改观，但上学难仍未完全解决，农村教育设施和教师水平远远低于城市。加之农村收入水平低，家庭教育投入不足，农村孩子与城市孩子相比，受教育条件和受教育机会的差距越来越大。

(三)乡村经济单一，规模小，产值低

贵州农村由于地处山区，山高坡陡，交通极为不便，所以经济长期落后，难以发展。除大城市郊区和个别矿产资源或旅游资源较富集的少数乡村外，贵州农村经济几乎都以传统种植业为主，并且多数是以家庭为单元的分散型小农经济，工业等现代产业十分少见。与发达地区相比，贵州乡村经济十分落后。

当然，贵州由于自然环境差异较大，立体气候明显，所以各地发展特色农业的条件都较好。目前，各地在省政府和各厅局的帮扶下，特色产业正在逐步形成，一批特色农业正在产生，如威宁的苦荞、马铃薯，湄潭、正安等地的茶，罗甸等地的早熟蔬菜和热带水果(火龙果等)，麻江的蓝莓和鸭养殖，施秉等地的太子参种植等都已形成规模和品牌效应。

三、经济发展区划

“黔中带动、黔北提升、两翼跨越、协调推进”是《国务院关于进一步促进贵州经济社会又好又快发展的若干意见》对贵州发展布局的定位。黔中即黔中经济区；黔北指遵义和铜仁部分地区，是黔中连接成渝的经济走廊；毕水兴(毕节、六盘水、兴义)和三州(黔东南州、黔南州、黔西南州)是两翼。在这个布局中，黔中经济区具有格外重要的地位。黔中经济区主要包括贵阳全部和遵义、安顺、黔东南州、黔南州的部分地区，是全国主体功能区规划确定的 18 个重点开发区域之一，是国家实施新一轮西部大开发布局中的 12 个重点经济区之一，也是国家“十二五”规划纲要明确要重点培育的新的经济增长极。

黔中经济区划分为贵阳环城高速公路以内的核心圈，距贵阳环城高速50 km以内的带动圈，距贵阳环城高速约100 km的辐射圈。根据规划，贵州将构建以黔中经济区为核心，以贵阳—遵义、贵阳—安顺、贵阳—凯里为轴线，若干区域中心城市组团发展的山区特色城镇体系。黔中经济区将成为以贵阳为核心，以快速陆路交通通道为主轴的黔中经济区“一核三带”，打造全国重要的能源原材料基地、以航天航空为重点的装备制造业基地、烟草工业基地和南方绿色食品基地，西南连接华南、华东地区的陆路交通枢纽和全国的商贸物流中心。到2020年，黔中经济区将容纳$2\,000\times10^4$人。目前，《黔中经济区黔中新兴产业示范园区城乡统筹总体规划》等已编制完成。

黔北经济区在区位上属于成渝经济区外围，包括遵义地区的务川、正安、道真、桐梓、赤水、习水，铜仁地区的北部、东北部。该区的发展立足于承接川渝经济转移和配套。目前，贵州已与重庆就两地共同发展进行了协商，双方将在能源、IT和信息产业、装备制造业、基础设施投资等多领域展开交流合作。

毕水兴经济带位于川滇黔桂交界处，占贵州省面积的33.53%，煤、磷、风能、水能等资源丰富，是贵州乃至南方重要的能源基地。2011年，毕水兴地区的GDP总量占贵州省的30.8%，是贵州省经济总量较大且发展速度较快的经济板块之一。本区的发展思路是打造全国重要的能源基地，资源深加工基地，区域性战略新高地，资源开发强区，富民创新发展示范区，循环经济示范区和煤炭、煤电综合利用及配套产业发展示范区，大力推动资源要素的优化配置、基础设施的互联互通、重点产业的优化布局、体制机制的无缝对接，共同撬动贵州经济新支点。

第四节　地理综合规律

贵州地理环境的地域分异总体上是以自然地理环境的地域分异为基础的，由此衍生形成人文和经济的区域差异。东部在地貌上属非喀斯特的低山丘陵河谷区域，海拔总体较低，河流较多，水热条件较好，农业和林业相对较发达，地势起伏较大，少数民族聚居，社会经济相对落后，民族文化丰富多彩，原生态文化保存完好；从东部向西，进入黔中高原，地貌演化为喀斯特高原，海拔较东部高，但地势相对较平，经济发展条件较好，为贵州社会经济中心所在，贵阳、遵义、安顺等大城市均分布于此。往西，地势逐渐抬高，进入六盘水一带，属于第一级台阶向第二级台阶过渡的斜坡地带，地势起伏巨大，气候变化较大，山高坡陡，生存条件恶劣，农业和社会经济十分落后，但该区有丰富的煤炭资源，以煤炭开采为经济支柱，经济总量相对较高。再往西，则进入贵州的第一级台阶的台面，地势和缓但气温较低，属于高原温带气候，虽然土地资源和气候条件等对农业发展有利，但由于偏远，社会经济十分落后。

从黔中往北，进入大娄山山区和四川盆地边缘斜坡地带，地势起伏较大，自然条件较差，社会经济相对落后，但赤水河谷地区的水上交通比较发达，受巴蜀文化影响较大，发展历史悠久，社会经济发展水平相对较高。

苗岭山区及其以南的南部亚热带喀斯特低中山区，地势起伏较大，喀斯特地貌发育，少数民族集中，社会经济落后。最南端的亚热带干热河谷区热量条件较好，但山高谷深，交通不便，社会经济十分落后。

第五节　地理区域划分

一、区划的指导思想

贵州地理区划的指导思想是根据地理环境的区域差异性和一致性，在尊重传统习惯的基础上，科学地将贵州划分为不同的地理单元，揭示区域分异规律和各区域特点，从而因地制宜地进行区域开发和管理，促进贵州可持续发展。

二、区划的基本原则

第一，发生统一性原则。尽量保持自然和人文景观起源的统一性，将景观演化的历史渊源揭示清楚，确保其发生发展的连贯性。

第二，相对一致原则。区内尽量保持自然景观、人文景观特征的一致性。

第三，区域的完整性原则。保持行政区域的完整性和自然景观的一致性。

第四，尊重历史、符合习惯的原则。综合考虑人们已经习惯的分区和名称，尽量保持原有区域的完整性。

第五，综合性与主导因素相结合的原则。分区依据方面，尽量考虑综合性和主导性的有机结合，提高划分的科学性。

第六，与上级分区相衔接的原则。在名称、区划体系和分区界线上，与上级区划尽量衔接。

三、区划的方法

主要采用自上而下的划分思路，定性与定量相结合，进行综合分区。首先，从地理方位出发，结合景观特征，进行大区的划分。其次，根据区内自然景观的差异，结合社会经济特征，进行二级分区。

四、区划的依据

本次综合区划的依据是根据分区层次逐层独立进行选取，不强求分区依据的连续性和完全统一。首次划分时，主要依据是历史习惯和已经形成的区域概念及界线划分；二次划分主要以地形因子为基础，同时考虑资源条件和社会经济特色及发展水平，按主导因素法进行区划。

五、区划的等级系统和单位

根据区划的使用目的，贵州地理区划采用两级系统，等级单位尽量与中国地理区划等级衔接，最高一级为地区，第二级为小区。

六、区划的命名

根据习惯和科学性，一级区直接按方位命名，二级区采用“方位＋地形＋区域经济特色或方向”的方式命名。

七、区划的结果

按上述划分原则、方法和依据，贵州地理区划结果如下：

图 3-1　贵州省地理区划图

1. 一级区

Ⅰ黔中地区；

Ⅱ黔南地区；

Ⅲ黔北地区；

Ⅳ黔西北地区。

2. 二级区

I_1 黔中经济核心区；

II_1 黔东南低山丘陵农业优势区；

II_2 黔南中山河谷立体农业优势区；

II_3 黔西南低山丘陵矿产优势区；

III_1 遵义综合经济区；

III_2 铜仁低山丘陵综合发展区；

IV_1 威宁高原温带果蔬优势区；

IV_2 毕节—六盘水中山峡谷煤炭优势区。

第二篇　分　论

第四章　黔中地区

章前语

黔中地区指贵州省中部，包括贵阳全市，安顺市的西秀区、普定县、平坝县，黔南布依族苗族自治州的瓮安县、福泉市、贵定县、长顺县、惠水县，总面积 22 652 km^2。该区地理位置优越，气候温和，喀斯特地貌发育良好，旅游资源丰富，人口稠密，主要是汉族以及苗族、布依族、侗族、土家族、仡佬族、回族、满族、白族、水族、黎族、蒙古族、壮族、瑶族等 32 个少数民族的群众居住于此。2010 年，区内人口达 738.44×10^4 人，生产总值达 1 481.935亿元。该地区是贵州省开发条件较好、经济实力最雄厚的地区，矿产总类丰富，储量多，农产丰富，劳动力充裕，科技、文化、教育等各项事业发展良好，在我国西南地区和全国生产力布局中都具有重要影响。

关键词

黔中地区；交通枢纽；经济中心

第一节　自然环境与资源特征

一、自然环境

（一）地貌复杂多样，岩溶发育，层状地貌明显

黔中地区尤其是苗岭山地以南，碳酸盐类岩石分布面积广，厚度大，质地纯。地表的石芽、溶沟、漏斗、落水洞、竖井、洼地、盲谷、槽谷、峰林、峰丛、溶丘、岩溶湖、潭、多潮泉，地下的溶洞、伏流、暗湖，应有尽有。喀斯特地区地表多裂隙、洞穴，地表水易转入地下，地下水资源比较丰富。

黔中地区层状地貌明显，剥蚀面分布普遍，以 1 250～1 300 m、1 160～1 200 m分布较广，保存完好。高原面上残丘、峰林散布，丘、峰之间“镶嵌”着洼地或河谷盆地。岩溶剥蚀面上有的洼地长期积水形成海子，构成高原湖群景观，如黔西县林泉、沙窝、雨朵等区就有大小海子 100 多个。岩溶高台

面、岩溶井、岩溶潭和地下河密集，岩溶水埋藏浅，出露多，密度大，易开采，构成了“岩溶地面富水面”。

(二)气候类型多样

本区纬度较低，海拔较高，属高原季风湿润气候，冬无严寒，夏无酷暑，气候温和宜人。气温分布的一般特点是谷地热，盆地暖，高原凉，中山冷。南北冬温差异大，夏温相差甚小，北部秋温高于春温，南部则春温高于秋温。冬季北冷南暖，夏季南北普遍高温。北部春季受冷空气影响较大，春雨较多，云量大，光照少，春温偏低；南部受冷空气影响较小，春雨少，云量小，光照好，春温较高，蒸发较强，易出现春旱。

(三)河网密布，高原湖泊众多

本区水系密集，水流湍急，以横亘中部的苗岭山脉为分水岭，北部属长江流域的乌江水系和洞庭湖水系，南部属珠江流域的北盘江水系和红水河水系。

(四)植物种类较丰富，植被分布错综复杂

本区地处亚热带，属贵州高原腹心部位，自然条件复杂，植物种类丰富。据现有资料统计，全省共有种子植物 2 030 种，分别隶属于 166 科，908 属，黔中地区的种子植物种类约占全省总数的 41%。此外，还有多种苔藓、蕨类植物。全区共有 16 种国家级保护植物以及一些贵州特有的珍稀植物，如青岩油杉、安顺阔楠、贵阳阔楠、贵州石楠(贵阳)、贵州花椒(贵阳)、平坝槭、贵定杜鹃、贵州柿(惠水)、长柄柿(贵阳)等。

(五)土壤类型多样，分布错综复杂

本区土壤类型主要有黄壤、红壤、黄红壤、黄棕壤、山地灌丛草甸土、石灰土、紫色土、潮土、沼泽土、水稻土等。

南部的北盘江谷地往北至黔中高原边缘的断块中山地，再到乌蒙高原高中山地，随着地势的增高，气候呈湿热—温湿—凉湿—冷湿递变，成土过程中的风化、生物循环等作用逐渐减弱，土壤类型从南部沟谷红壤—红黄壤—黄壤—黄棕壤逐渐演替为高中山山顶草甸土。

本区 1 250～1 300 m、1 160～1 200 m 两级岩溶高台面或岩溶剥蚀面上红色黏土风化壳上的土被都较厚，连续性较强，适宜较大面积的垦殖。岩溶山丘由于人类利用不当，土被不仅厚薄不均，而且裸岩广泛出露，土被分布连续性差。

二、资源特征

(一)土地类型复杂，有利于农林牧渔全面发展

本区不同的土地类型具有不同的自然属性、土地生产力、复原能力和利用方向。盆地海拔较低，一般坡度较小，地势较开阔，田块连片，土层较厚，水热条件较好，是粮食生产的基地。河谷盆地或山间谷地，水源和灌溉条件较好，一般以种植水稻为主。岩溶洼地或槽子，水源条件较差，一般以旱作为主。丘陵有岩丘和土丘之分，石灰岩丘陵土层瘠薄，钙质土壤适宜浅根喜钙的棕榈和柏木的生长。塘库和高原湖群，适宜发展水生植物和动物的养殖。

(二)热量资源较丰富，四时宜耕，冬无严寒，夏无酷暑

黔中绝大部分地区属中亚热带气候。地势高的山地，只能种植耐寒喜凉作物，宜于林业和畜牧业的发展。其余广大地区，农作物一年两熟，是黔中种植水稻、玉米、小麦等粮食作物和油菜、烤烟等经济作物以及茶树、油茶、油桐、棕榈等经济林木的主要地区。1 000 m 以下的河谷地带可种植中亚热带果木，蔬菜四时均可种植。本区冬无严寒，夏无酷暑。

(三)生物资源极为丰富

本区植物资源极为丰富，其中以多种菌类为主的蛋白质植物、维生素植物种类最为丰富。天麻、杜仲等药用植物各县均有分布。保护和改善环境植物包括抗污染植物、净化污水植物、石灰岩荒山造林植物、园林绿化植物等树种。本区林地面积广大，其中经济林以油茶、油桐、果木林较为重要。

野生动物超过 300 种，属国家保护的珍稀动物有云豹、金钱豹、猕猴、短尾猴、林麝、穿山甲、白冠长尾雉、鸳鸯、大鲵等。家畜家禽优良品种有关岭黄牛、黔西马、关岭猪、贵农金黄鸡(杂交改良)、平坝灰鹅等。

(四)矿产资源丰富，开采条件好

矿产资源种类多，已发现矿产 46 种，其中探明储量的有 38 种。矿产资源中，有色金属矿 7 种，化工原料矿 8 种，黑色金属矿 2 种，冶金辅助原料矿 6 种，建筑材料矿 8 种，特种非金属矿 2 种，能源矿 2 种。矿产种类之多，类型之齐全，为贵州省其他地区所不及。这些矿产资源，储量大，质量优，分布集中，开采条件好，开采价值高。

(五)水资源丰富，综合利用效益高

三叉河、六冲河及乌江干流流经本区，落差大，水量大，水能资源蕴藏量大。全区水能资源理论蕴藏量 444.5×10^4 kW，水能资源占全省总量的 23.7%，可开发资源 240.2×10^4 kW，占全省普查总量的 18.19%，单位面积蓄能 138 kW，并有丰富的煤炭资源相配合，加之开发条件优越，可建成强大的能源基地，为发展本区耗电大的铝、磷工业生产提供了充足的动力。

(六)旅游资源丰富

黔中高原景色优美、风光秀丽，既有山景、水景、洞景和林景等自然景观，又有历史文物、少数民族风情等人文景观。

清镇红枫湖是贵州高原最大的人工湖，有“高原人造海”之称。该湖湖外有山，湖中有岛，岛中有湖，湖滨奇峰异洞，林木苍翠，山水相映，景色优美。

天河潭是以喀斯特自然风光为主、名人隐士文化为辅的风景名胜区，具有河谷曲拐、沟壑险峻的地貌特征，融山、水、洞、潭、瀑布、天生桥、峡谷为一体，有“贵州山水浓缩盆景”的美称。

贵阳开阳省级风景名胜区由南江峡谷、香火岩峡谷、紫江地缝及岩画、温泉、溶洞群、张学良幽禁旧址等景点组成。南江峡谷以奇峰、险滩、绝壁、悬空栈道、钟乳石、峡谷漂流著称，峡谷内有700余种植物，是重要的植物基因库。紫江地缝区内植物保存完整，森林覆盖率超过90%，其中灵芝崖、一线天、水帘宫、凤凰滩等景点尤为壮观。香火岩峡古景区有飞水潭、珍珠帘、石人拜、香火岩、香火岩大瀑布、玉门关峡古等景点。

第二节　经济发展现状

在《全国主体功能区规划》中，黔中地区被列入18个重点开发区域之一。《中共中央国务院关于深入实施西部大开发战略的若干意见》将黔中地区纳入重点经济区。这是国务院文件中第一次正式提出“黔中经济区”的概念。2012年1月，《国务院关于进一步促进贵州经济社会又好又快发展的若干意见》提出了要“充分发挥黔中经济区辐射带动作用”的策略，从而使黔中地区在国家层面上得到了充分肯定，在贵州省进入了具体的建设实施阶段。

一、黔中地区范围界定

对于黔中地区概念的界定，存在多种说法，分歧主要源于对“黔中”二字理解的差异。部分学者从地理区域角度出发，认为黔中代表的是贵州中部，是以贵阳为中心的贵州中部城市群。另一部分学者则认为，黔中代指的是贵州经济的中坚，是贵州省内经济发展程度较高的区域组成的新的增长极。这两种观点有很大的一致性。贵州省内较为发达的贵阳、安顺等地基本都位于贵州中部，因而采用区域划分法，这也是目前通行的黔中地区的定义。

早在20世纪80年代，贵州省委省政府就已着手研究建设以贵阳为龙头的黔中经济区。1992年，《贵州省国土总体规划》将黔中地区的范围确定为以贵阳、安顺为依托，包括织金、普定、镇宁、平坝、清镇、黔西、修文、息烽、开阳、瓮安、福泉、龙里、贵定、长顺、紫云等22个市(县、区)，总面积32 024 km^2。2006年，贵州首个区域经济规划明确界定了黔中经济区的范围，即以贵阳为中心，辐射半径 80～100 km 的集中连片区域。2010 年，《中共贵州省委贵州省人民政府关于加快城镇化进程促进城乡协调发展的意见》中指出，黔中经济区包括贵阳全部和遵义、安顺、黔东南州、黔东南州部分地区。2012 年，综合考虑到区域影响、产业基础、交通条件等因素，《黔中经济区发展规划》将黔中地区的范围扩大到 32 个县级行政区域。因此，黔中地区地处贵州的中部，但区域范围究竟多大，需要根据区域的联动带动效应确定。贵州省的地域特点是：中部平坦，周边起伏大；中部产业较集中，边缘产业较少；中部联系紧密，边缘通达性较差。综合这几方面，黔中地区的内涵具有特定性，即黔中地区指以贵阳为中心，以周边各城市和产业带为支撑的经济聚集区。具体来说，包括以贵阳中心城区、修文、龙里为内核，以织金、普定、镇宁、平坝，清镇、开阳、福泉、贵定、长顺等为重要支撑点的核心区，同时包括以毕节的金沙、大方，遵义的红花岗区、汇川区及遵义县和仁怀，黔南州的都匀、瓮安、福泉和黔东南州的凯里、麻江为腹地的外围区。

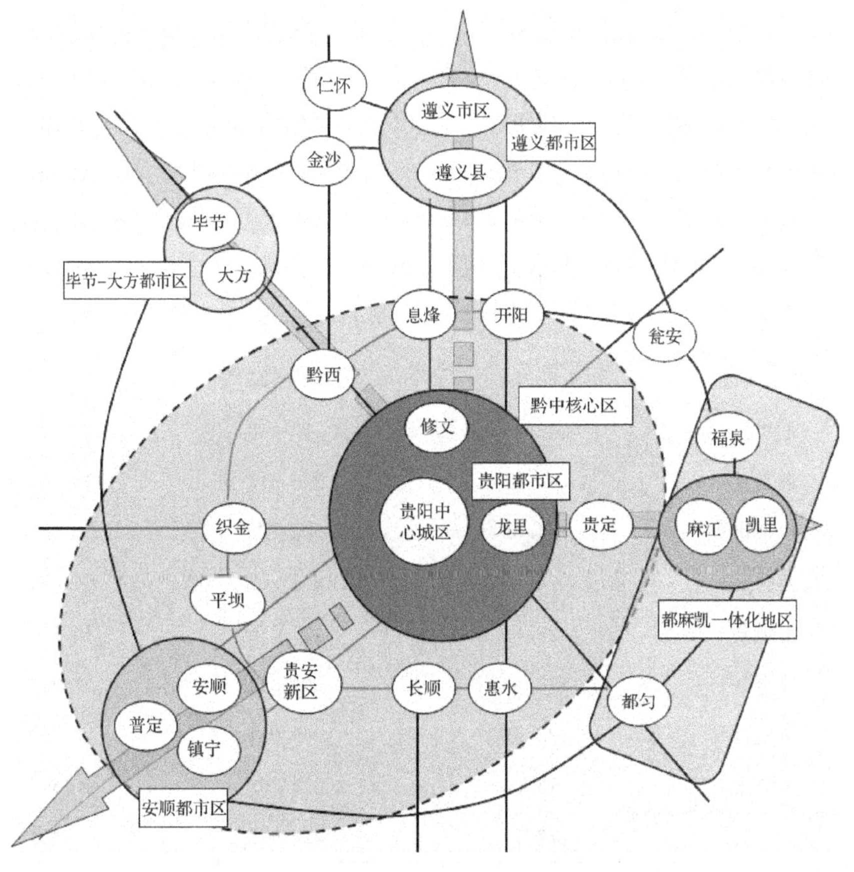

图 4-1　黔中地区经济空间结构示意图

二、经济发展的概况

黔中地区历来就是贵州经济发展的重点区域，具有较好的经济基础和要素，是贵州经济最发达的地区。2010年，黔中地区人均GDP在贵州省排名进入前10位的地区有8个，进入贵州省排名前20位的地区有15个。2010年年末，黔中地区GDP总量为2 673.85亿元，人口1 530.7×10^4人。

表4.1　2010年黔中经济区市(县、区)主要经济指标表

地区＼指标	常住人口/10^4人	GDP/万元	人均GDP/元
南明区	83.07	2 267 007	27 290
云岩区	95.83	3 061 217	31 944
花溪区	36.05	795 911	22 078
乌当区	37.75	998 910	26 461
白云区	26.49	636 833	24 041
小河区	24.85	589 969	23 741
开阳县	35.85	623 234	17 384
息烽县	21.31	521 397	24 467
修文县	24.93	461 839	18 525
清镇市	46.8	932 948	19 935
红花岗区	65.74	1 627 523	24 757
汇川区	43.9	1 120 448	25 523
遵义县	94.52	1 378 340	14 583
仁怀市	54.66	2 002 320	36 632
西秀区	76.63	887 907	11 587
平坝县	29.85	421 785	14 130
普定县	37.88	304 844	8 048
镇宁县	28.41	251 031	8 836
毕节市	113.86	1 214 269	10 665
大方县	77.74	724 635	9 321

续表

地区＼指标	常住人口/10^4 人	GDP/万元	人均 GDP/元
黔西县	69.68	765 555	10 987
金沙县	56.15	868 714	15 471
织金县	78.48	617 508	7 868
凯里市	47.92	780 034	16 278
麻江县	16.78	142 395	8 486
都匀市	44.43	755 320	17 000
福泉市	28.44	538 967	18 951
贵定县	23.13	287 282	12 420
瓮安县	38.1	409 236	10 741
长顺县	19.12	160 416	8 390
龙里县	18.09	306 049	16 918
惠水县	34.27	284 662	8 306

注：依据《贵州统计年鉴—2011》中数据计算

三、黔中地区经济产业发展的主要特征

1. 增长速度快，地位重要，但总体水平仍然较低

2010 年，黔中地区人均 GDP 为 1.75 万元，是全省平均水平的 1.33 倍，但是仍远低于全国 29 992 元的水平，比周边的四川、重庆、广西、湖南的平均水平要低，只比云南的平均水平稍高，由此可以看出黔中地区经济发展的总体水平仍然较低。

表 4.2　黔中地区人均 GDP 与其他地区比较

地区	黔中	贵州	四川	重庆	云南	广西	湖南
人均 GDP/元	17 468.15	13 119	21 182	27 596	15 752	20 219	24 719

数据来源：《中国统计年鉴—2011》

2. 区域间经济水平差异大，主要地区的“火车头”和“发动机”作用仍然不明显

由黔中地区主要经济指标可以看出，贵阳市(中心城区)是贵州省的龙头城市，GDP 约占整个黔中地区的 1/3 以上，而遵义市(城区)约占 10.6%，毕

节、安顺、都匀、凯里则相对较少。显著的差异水平制约着这些区域之间的互助性，相应也制约了黔中地区的整体发展。贵阳市是省内经济总量最大的城市。贵州省委、省政府希望贵阳能够成为黔中地区最为重要的经济体和最为强劲的“发动机”。但作为一个省会城市和全省唯一的特大城市，贵阳市目前尚不具备带动全省发展的实力，主要是其经济总量不大，工业经济的带动作用不强，投资、消费的拉动作用还不够。2010 年，贵阳市地区生产总值 1 121.82亿元，在全国省会城市和计划单列市中位居第 31 位；人均地区生产总值 33 272.55 元，在全国省会城市和计划单列市城市中位居第 33 位。在贵州省内，贵阳市的经济发展也呈现相对下降的趋势。以 2001—2010 年间统计数据为例，在此期间，贵阳市地区生产总值在全省所占比重下降了 4.43 个百分点，人均地区生产总值从全省平均水平的 3.16 倍下降到 1.99 倍，第二产业增加值在全省中的比重下降了 11.12 个百分点，规模以上工业增加值在全省所占的比重下降了 14.7 个百分点。省内其他地区和贵阳市之间的发展差距逐步缩小，贵阳市在省内的经济首位度逐步下降。这种情况必然影响黔中经济区的集聚效应和黔中经济区对全省的辐射带动作用。

表 4.3　2001—2010 年贵阳市部分指标占全省的比例/%

指标＼年份	2001	2005	2009	2010
地区生产总值	28.63	27.67	24.84	24.20
第二产业增加值	35.01	30.31	26.76	23.89
规模以上工业增加值	37.46	34.15	24.98	22.76

数据来源：《贵州统计年鉴》(2002—2011)

3. 产业发展层次较低，二、三产业发展滞后

新中国成立以来，由于受计划经济体制、国家宏观政策以及区域自然环境的影响，黔中地区一直以传统的第一产业为区域主导产业，直到改革开放和国家实施西部大开发战略，产业结构逐渐发生变化。2009 年黔中地区生产总值达到 2238.82 亿元，三次产业增加值分别为 242.81 亿元、983.01 亿元和 1057.8 亿元，三次产业比重为 11∶43∶46，产业结构呈现出“三、二、一”的结构特点。但整体而言，黔中地区的产业发展层次仍然较低，其中第一产业产值虽然较低，但比重仍然高于全国同期平均水平(全国为 9.9)，且第一产业的就业比重是三次产业就业比重中最高的，超过 30%，同时第一产业主要以农业为主，占第一产业的 80%以上。第二产业产值虽比全国同期水平有所下降(全国为 45.7)，但第二产业主要以工业为主，占第二产业的 80%左右，且

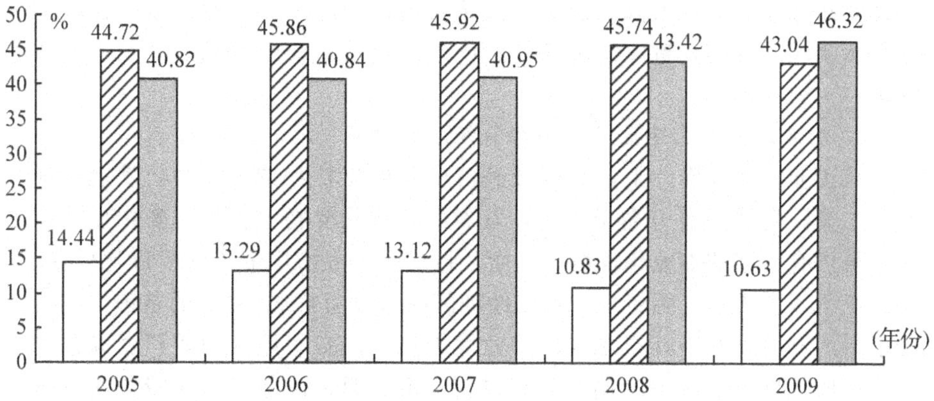

图 4-2 2005—2009 年黔中地区产业结构指标

资料来源：《黔中经济区城镇协调发展规划》

工业中重工业比重超过 75%。第三产业的比重虽有小幅上升(全国为 44.4)，但第三产业以交通运输、仓储、邮政储蓄和批发零售业为主，比重占第三产业的 44%左右，金融业等资本密集型行业比重不到 6%。显然，经过改革开放 30 多年的调整，黔中地区产业结构虽然有了很大改善，但整个产业结构仍然比较落后。其具体表现为：第一产业仍然较高，传统农业是第一产业的主体。第二产业是其产业的核心和主体，工业内部重工业比重较高。第三产业水平不高，以交通运输、仓储、邮政储蓄和批发零售业等为主。且第二、三产业均以劳动密集型产业为主，产业效率较低，金融等资本密集型产业的比重较小。因此，调整和优化黔中地区的产业结构，不仅要调整其三次产业的比重，使三者协调发展，更要注重提高三次产业的质量。

4. 产业布局分散，整合度不高

黔中经济区的建立，虽然在客观上扩大了贵阳城市经济圈的规模，但是它与新融入的遵义、都匀、凯里等地在优势资源和支柱产业上较为相似，缺乏特色，且大小企业的整合度不高。区域内的产业禁锢在一定范围之内，各地区或独立发展自己的优势产业，或彼此将对方视为最强大的竞争对手，存在着不良竞争的现象，如磷化工行业，虽然有黔南州的瓮福磷矿和贵阳市的开阳磷矿等大型企业，但全区现有大大小小的磷矿生产企业几十家，总体上呈现小而散、集中度低的特征。相关领域的学者早已提出要整合瓮福和开阳两大磷矿企业，但由于历史文化因素的制约，地方保护主义的思想长期存在，两大企业的整合计划被长期搁置。这种做法的直接后果就是在区域内部形成内耗式的恶性竞争，无法形成具有竞争力的产业体系，产业的集群化发展更是无从谈起。因而，黔中经济区的建设并没取得带动全省经济大发展的战略效果。

5. 明显的欠发达地区特征制约着经济的发展

从工业发展来看，工业是区域经济的主要支柱和持久动力。发展的动力在于工业，发展的潜力在于工业，发展的希望同样在于工业。黔中地区在工业上虽然有一定的专业化优势，然而，目前黔中经济区的工业发展比较落后，整体竞争实力不强。多年来，黔中经济区一直没有摆脱"富饶的贫困"的状态，最根本的原因就在于其粗放式的工业发展路径。黔中地区的矿产资源种类齐全、品质优良。煤炭保有量为西部之冠，磷、铝、锰等资源的储量均位居全国前列，具有相当的比较优势。但由于工业发展方式粗放，资源利用效率低，致使黔中地区的这种比较优势难以转化为竞争优势，因而无法转化为现实的经济优势。

第三节　主要产业发展概况

黔中地区是贵州省社会、经济、政治中的核心地区。本区开发历史较早，自然条件优越，是贵州省重要的粮食主产区。新中国成立以后，本区成为贵州省现代工业建立和发展的主要区域，工业产业结构较齐全，产值比重最大。近年来，本区的旅游业也蓬勃发展起来，成为贵州省旅游资源开发最早，旅游设施最齐全的地区。在未来的发展中，本地区必将成为对贵州省社会、经济发展具有推动作用的重要地区。

一、农业发展概况

1. 农业发展的现状特征

黔中地区以低山丘陵地貌为主，边缘间有山原，地形较开阔，相对高差较小。区内交通便利，经济为全省最发达地区，农业生产水平较高，是省内粮食、油菜、烤烟、茶叶的主要生产区。近年来，黔中地区利用其优越的自然条件和交通方便，城镇人口多，消费市场广阔等有利社会经济条件，大力发展都市、生态、特色农业、地区特色种、养殖业和农产品加工业，农业产业结构不断优化。这主要表现在以下几个方面。

一是在种植业方面。第一，油料作物种植业是黔中地区农业的一大特色优势产业。油菜籽的特色优势极为显著，油菜籽生产基地县包括西秀、平坝、普定、清镇、修文、开阳、瓮安、福泉、贵定、息烽等地。第二，粮食作物种植基地初具规模。平坝、西秀、长顺北部、惠水、清镇南部、普定、龙里、贵定、福泉、瓮安、开阳、修文等为粮食主产区，其中平坝、惠水、长顺等地盛产优质大米。第三，集中发展菜、果、烟、花、药、茶等经济作物，基本形成蔬菜、花卉、水果、中药材、茶叶、蚕桑6大特色优势种植业。2009年，贵阳花卉苗木面积已达$2.07\times10^3hm^2$，水果基地面积达$2.23\times10^4hm^2$，中药材核心基地达$1.53\times10^3hm^2$，种植面积不断扩大，产值不断提高，“区域化布局、规模化生产、产业化经营、标准化管理”的发展模式已初步形成。

二是在养殖业方面。在贵遵、贵黄等高等级公路沿线，在开阳、息烽、修文、乌当、花溪、清镇、平坝等地初步形成奶牛产业带、肉牛产业带，开阳、清镇、乌当、修文、花溪等地形成优质猪基地县，开阳、清镇、息烽、乌当、修文、花溪等地正在形成稻田生态渔业示范区；清镇、乌当形成了优质肉鸡生产基地，特色农业地区初步形成区域化布局，为黔中地区发展肉制品工业提供了充足的原材料供给，而且牲畜品种优良，如白云、花溪、乌当、清镇、西秀、龙里等地的畜奶产品产业，在全省中具有较强的优势地位。

三是农业产业化步伐不断加快。坚持以扶持发展龙头企业为重点，推动农业产业化经营。例如，贵阳市已发展龙头企业77家，其中国家级龙头企业8家，省级龙头企业33家，市级龙头企业46家。龙头企业总销售收入达67亿元、市场交易额35亿元，带动省内外农户40余万户。涌现出老干妈、三联、黔五福、好一多、五福坊等一批优秀本地龙头企业，形成了一批辣椒、乳制品、肉类、中药材等特色农产品加工业企业。

四是贵阳通过多年生态农业建设，形成了不同规模、不同类型的生态农业示范村、精品示范村、示范乡(镇)。各示范村、乡通过实施生态农业建设，产业结构不断优化，资源得到了合理利用，农民收入稳定增长，农产品质量大大提高，生态环境显著改善，基本实现了生态环境与经济发展的良性循环，农业和农村经济持续、稳步增长，为黔中地区加快生态农业建设积累了一些成功经验。

2. 今后的发展方向

一是加快农业产业结构调整，大力发展特色优势产业，不断优化产业结构，促进农村经济发展。构建区域优势明显，主导品种突出，规模效益凸显，商品化程度较高的现代生态农业产业体系，实现农业生产、农村生活和生态环境的协调发展。

二是结合地区资源优势和产业发展现状，突出区域优势，合理布局，以区(市、县)为单位，做大做强“蔬、果、肉、蛋”四大主导产业，培育壮大“奶、茶、药、花、烟”等特色产业。力争把本区建成省内主要的粮食、油菜、烤烟、茶叶、水果和中药材生产基地，建成以蔬菜、猪、奶、肉牛、禽蛋、鱼为主的城郊农业和专业型蔬菜基地，以满足城市发展和进军南方市场的需要。

三是大力推进农业产业化经营。坚持扶优扶强的原则，进一步加大对龙头企业的培育扶持，重点扶持“基地＋加工”“基地＋销售”型龙头企业，抓好产业聚集程度高、发展前景好的大型龙头企业的发展；积极培育和壮大农民专业合作经济组织，推动农业产业结构调整，提高农产品加工转化率，加速农业现代进程，使本区农业走在全省农业现代化的前列。

四是加强农业和农村基础设施建设。加强农村公路建设，新建、修缮、加固、改造农村公路，提高农村公路等级标准；加快水、电等基础设施建设，进一步改善生产生活条件，提高经济发展潜力。加强生态环境保护与建设，提高森林覆盖率，营造大贵阳和大黔中经济区(包括贵遵、安顺、都匀经济区)的良好生态环境。

二、工业发展概况

1. 工业发展历程

新中国成立前，贵州因地势高寒、地形复杂、人烟稀少、交通闭塞等原因，农业生产水平极低，工业只有卷烟工业较为兴盛，除极少数手工作坊外，其他工业发展毫无基础。因此，社会经济发育程度极低，工业基础极其薄弱，与东部沿海地区相比已经形成相当大的差距。新中国成立以后，国家采用计划经济的手段对贵州进行了较大规模的投资，特别是 20 世纪 60 年代中期，贵州成了“三线建设”的重点区域，当今黔中地区的贵阳、安顺、遵义、都匀和凯里等(另外还有六盘水)更是重中之重。“三线建设”为黔中地区的经济发展注入了新的活力，相继开工建设了一批煤炭、电力、冶金、机械、电子、化工等骨干企业和航天、航空、电子三大军工基地，加快了工业建设步伐。1981 年，贵州确定以卷烟、名优酒为重点，大力发展纺织品、皮革、缝纫机、轻骑摩托车等工业产品。把贵阳、遵义、都匀、安顺等市列为开发新产品和优产品的重点城市，转变机械、电子、化工、冶金、建材等部门的服务方向，增加了消费品服务。从 20 世纪 80 年代初期开始，按照“军民结合、平战结合”的方针和市场需要，着手国防科技工业结构的调整。经过几年的调整，黔中地区轻工业特别是消费品生产得到一定的加强，工业结构初步改善，工业生产经济效益得到一定提高。国家实施西部大开发以来，贵州紧紧抓住西部大开发的机遇，高度重视工业经济水平的提高，黔中地区依托本地区资源优势，形成了一批门类齐全、相对完备的工业体系，主要表现在以下几个方面。

在重工业方面，2008年黔中地区的重工业增加值超过374亿元，占全省工业增加值的50.87%，成为全区工业增加值快速增长的主要拉动力。例如，贵阳、遵义、黔西、金沙、织金的煤化工业基地，织金、开阳、息烽、瓮安的矿产资源和已有的开磷集团、瓮福集团等龙头的磷及磷化工产业基地，贵阳、安顺、遵义的航空航天用铝及其他铝制品加工为主的有色工业基地均分布于黔中地区。都匀电厂、安顺电厂二期和黔西电厂、织金电厂、金沙电厂等为黔中地区的电力、热力生产和供应提供了重要支撑。

轻工业方面，以茅台集团为龙头的酿酒业，以贵州黄果树集团为龙头的烟草制品业和以贵州百灵集团为龙头的医药制造业构成了黔中经济区轻工业体系的三大支柱。除茅台集团位于黔北仁怀一带以外，其余产业均是黔中经济区的特色优势产业，为黔中经济区轻工业优势地位奠定了坚实的基础。

2. 工业发展中面临的主要问题

黔中地区经济发展的关键在于工业的进步。然而，由于种种原因，目前黔中地区的工业发展仍比较落后，整体竞争实力不强，主要表现为以下几个方面。

(1)产业结构不尽合理

黔中地区工业结构以重工业、资源型产业、高耗能产业较多，很多支撑全区经济的企业都是高投入、高耗能企业，如中铝贵州分公司一家平时就要消耗贵阳市三分之一的电量。高新技术和名牌产品企业较少。工业增长仍然停留在粗放型、外延式扩张阶段，增长的基础不够坚实。重点产业集群发育程度低，上下游企业衔接不紧密，产业链条短，企业之间行业关联度不高，集群效应和规模经济的竞争优势不明显。

(2)产业链短，辐射带动作用不强

黔中地区的工业主要以电力、采矿、烟草、饮料制造(主要是白酒)等产业为主。2009年，贵阳市规模以上工业中，烟草制品业增加值占20.77%，医药制造业占12.45%，电力占11.19%，化学原料及化学制品制造业占10.80%。安顺电力和煤炭两个产业合计占66%以上。遵义饮料、电力、烟草、有色金属合计占75%以上。黔南州化学原料及化学制品制造业、医药制造业、烟草、黑色金属冶炼及压延4个行业合计占62%以上。毕节工业也以电力、煤炭和卷烟为主。这样的产业结构一方面存在链条短、附加值低等问题，另一方面也使各地的产业关联较低、相互带动和相互促进的作用不强。

(3)自主创新能力不强

黔中地区企业自主创新能力普遍薄弱，拥有自主知识产权、自主品牌、高附加值的产品比重较低。尤其是新产品和出口交货值总量过低，对工业增长贡献有限。例如，2008年贵阳全市规模以上工业完成新产品产值(当年价格)52.11亿元，实现出口产品交货值为30.42亿元，分别占全部规模以上工业总产值的6.01%和3.51%，所占比重还分别比2000年低2.71和0.70个百分点。这说明新产品的开发力度较弱、产品出口能力较差，对工业增长的贡献率有限。

表4.4 2000—2008年贵阳市新产品和出口交货情况

年份＼指标	工业总产值(现价)/万元	占工业总产值的			
		新产品产值/万元	出口产品交货值/万元	新产品产值占工业总产值的比重/%	出口产品交货值占工业总产值的比重/%
2000	2 496 275	217 679	105 115	8.72	4.21
2001	2 588 494	179 991	101 502	6.95	3.92
2002	2 958 943	348 332	124 287	11.77	4.20
2003	3 569 419	463 153	184 692	12.98	5.17
2004	4 920 242	435 687	289 965	8.85	5.89
2005	5 740 645	473 345	241 587	8.25	4.21
2006	6 696 494	463 685	225 115	6.92	3.36
2007	7 559 236	602 871	191 192	7.98	2.53
2008	8 667 178	521 123	304 171	6.01	3.51

资料来源：《贵阳统计年鉴》(2000—2008)

(4)大中型企业数量少，缺乏品牌带动效应

黔中地区的能源、矿产等资源丰富多样，资源加工型企业较多，但大中型企业明显偏少，经济发展缺乏强大的支撑力量。《中国省域竞争力发展报告》数据显示，2008年，黔中地区规模以上工业企业数排名全国第25位，品牌数量居全国第24位，驰名商标持有量居全国第25位，企业竞争力居全国第23位，工业竞争力居全国第26位。这说明了黔中地区工业整体竞争实力较弱。

(5)产业整合度不高，布局分散

当前，黔中地区的工业布局分散且产业结构趋同化程度高，致使黔中地区工业整体竞争力不强。以磷化工行业为例，矿山和高浓度磷复肥产能及其技术装备业已达到国际先进水平，虽然有瓮福集团、开磷集团等大型磷化工企业，但全区现有磷化工生产企业约100家，总体上产业仍呈现小而散、集中度低的特征。而且，大型磷化工企业虽呈竞争之势，却未结成有竞争实力的大企业集团。

3. 工业发展的路径选择

(1)品牌带动战略

黔中地区工业发展加快、转型加速的关键在于抓龙头企业。不断强化名

牌发展战略，一是加大政府对名牌战略的宣传、引导和扶持力度，努力提升区域品牌；二是加强企业家队伍建设，保证名牌战略的实施；三是加快一批产业基地和工业园区建设，努力打造一批行业名牌；四是引导企业积极创出名牌，建立和完善名牌服务体系；五是鼓励名牌企业增强核心竞争力，进一步做优做强。最终形成大中型企业与小型企业协调联动的良性发展格局，以推进黔中地区工业企业整体竞争力的快速提升，最终实现地区工业经济的快速发展。

(2)园区化发展战略

工业园区的建设，既是黔中地区实现工业化的主要依托，也是实施工业强省战略的重要途径。工业发展园区化有助于打破行政区划的界限，促进相互关联的产业向园区集中并统一规划，合理布局，形成产业集聚，促进园区土地利用集约化、污染处理集约化以及工业生产集约化。同时，“飞地工业”的园区发展模式配合优惠政策进行大规模的招商引资或承接产业转移，将资金、技术、设备、人才等要素引入园区，并以现代化理念来进行园区管理，在园区内可以形成一股强大创新与协作的“产业空气”。这将会有助于提升园区工业的技术含量，提高工业附加值，增加园区的工业竞争力，对于振兴园区经济和实现地区工业跨越发展具有重要的战略意义。

(3)区域联动战略

一方面，黔中经济与西部经济区之间可以优势资源与特色产业为抓手，建立起良好的分工与合作机制，有效整合磷化工、煤化工及铝加工等几大特色产业。既要保持工业发展的整体一致性，共同开发东盟、珠三角等市场，又要各具特点，以避免区域间的恶性竞争，走合作性的差异化发展道路。另一方面，重视与东部大经济区的互补效应，即以资源优势为依托，以地缘优势作保证，加大与东部经济区的贸易往来，在两大经济区之间搭建起一座沟通的桥梁，互惠互利、共同发展，最终实现“双赢”的战略目标。

三、交通业发展概况

新中国成立以来，特别是改革开放以来，黔中地区交通基础设施建设迅速，总体上形成了水路、铁路、航运相互联系的交通网络体系。截至2010年，黔中地区综合交通网络(不含民航线路)总里程达15.71×10^4 km，其中铁路营运里程1 983 km，公路总里程15.16×10^4 km，内河航运里程3 563 km，民用航空机场6个。如图4-3所示，目前从整体上来看，黔中地区已经形成以公路运输为基础，铁路运输和内河航运为骨干的交通运输方式。

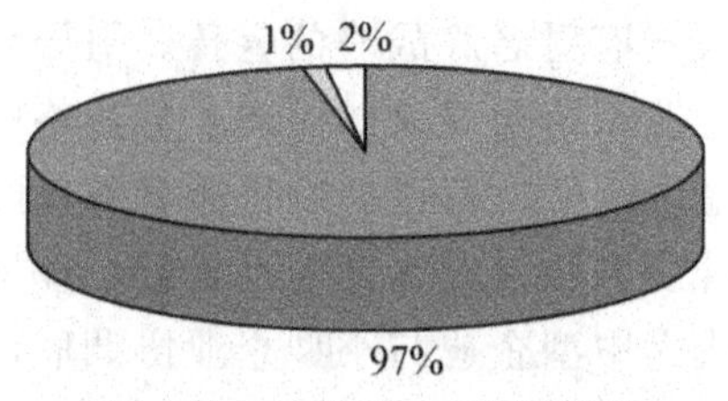

图 4-3　2010 年黔中地区交通运输结构示意图

1. 铁路发展迅速，但运能不足

新中国成立以来，黔中地区的铁路发展迅速，已建成铁路有湘黔—贵昆、渝黔—黔桂、内昆—水红—南昆、渝怀等干线铁路和开阳(小坝寨至金钟)，水(城)大(湾)，湖(潮)林(夕)等支线铁路，营运里程 1 983 km，均为客货混运的电气化铁路。其中，除了湘黔—贵昆株洲至六盘水段为复线外，其余均为单线铁路，铁路路网密度约为 1.13km/100m^2，仅为全国平均水平的 80.41%，明显落后于东部地区。此外，在建铁路总里程约 1 216 km。目前，黔中地区已形成了以贵阳为中心的十字形布局的基本铁路网络，贵阳成为黔中经济区重要的铁路中心。然而，已有规划铁路网络，强调的是省际的骨架通道建设，经济区内多数资源富集地区要么没有铁路，要么虽有铁路但所能提供的配套运能不足，不能支撑资源的有效开发，严重制约了黔中地区的工业化进程。

2. 公路运输是基础，建设质量有待提高

黔中地区地处中国西南地区，长期以来交通落后，信息闭塞。为了缓解交通基础设施不足对经济区经济发展的约束，中央政府、贵州省政府和经济区内各主要城市的地方政府以公路建设为重点，不断加大公路基础设施的建设力度，在不断增加公路通车里程的同时，改善公路网络的布局，使物流和信息流从城镇等核心区延伸到广大边缘区，努力扩大公路运输的规模并不断提高其质量，以满足黔中地区经济和社会发展对公路运输的多样化和层次化需求。截至 2010 年年底，公路总里程已达到 151 644 km，其公路运输长度、质量和结构如表 4.5 所示。

表 4.5　2010 年黔中地区公路通车里程/km

区域	公路里程	高速公路	一级公路	二级公路	三级公路	四级公路	等外路
黔中地区	151 644	1 507	153	3 578	8 222	59 096	79 088

数据来源：根据《贵州统计年鉴－2011》及《中国统计年鉴－2011》数据整理

总的来说，黔中地区公路交通现状主要突显出两个方面的问题：一是高速公路与邻省的通道少，仅 4 个，连接中、东部地区的运输通道数量和通道运输能力明显不足。二是等外级公路的比重大，为 52.1%，大多为农村公路，通达深度不够，技术标准不高。由于运力较弱，受不良气候条件、自然灾害影响大，通行能力十分有限。

3. 水运通道少，且基础设施功能较弱

黔中地区内河流以苗岭为界，南、北分属珠江水系和长江水系，主要有南、北盘江，红水河(简称“两江一河”)以及赤水河、乌江。改革开放以来，经济区的内河航道里程不断延长，航道得到不断整治，内河港口吞吐量也不断增加。截至 2010 年年底，已有内河通航里程 3 563 km，其中四级航道 270 km，五级航道 336 km，六级航道 1 025 km，七级航道 584 km，等级外航道 1 348 km。其中，通航里程中等级航道2 215 km，高等级航道仅有 270 km。港口码头客运超过 1 500 km·人，货物年吞吐能力超过1 500×10^4 t，水运通道仅形成 1 个，水运基础设施功能较弱，航运配套设施不齐全，北进长江、南下珠江的内河通航能力薄弱。

4. 干线机场承载能力逐渐改进，航空市场发展潜力巨大

黔中地区民航事业始于 20 世纪 50 年代，机场几经易址，目前已建成民用航空机场共 6 个，其中贵阳龙洞堡机场为干线机场，其余 5 个为支线机场，分别为铜仁机场(C4C 级)、兴义机场(3C 级)、黎平机场(C3C 级)、安顺机场(4C 级)和荔波机场(4C 级)。航空事业的蓬勃发展，极大地改善了全区交通运输条件和人民群众生产生活条件。但与其他兄弟省区市相比，黔中地区发展仍然比较落后，运输服务能力不足，支线机场发展困难，远远不能满足经济社会发展的需要。特别是近 10 年来，随着贵州经济的快速发展，龙洞堡机场旅客吞吐量、货邮吞吐量、航班起降架次大幅上升，2005 年机场承载能力已趋于饱和，停机坪狭小，停机位紧张，滑行跑道长度不够已成为制约其发展的“瓶颈”。而支线机场由于定位低，管理体制不健全，经营状况不尽如人意，吞吐能力也十分有限。加之缺乏公益性政策支持，运力引进难度较大，发展受到严重制约。为解决这一矛盾，满足贵州经济社会特别是旅游发展的需要，贵州省积极争取国家支持，“十一五”以来，不仅先后完成了龙洞堡机场一期、二期的改扩建，同时建成了毕节机场。《贵州省国民经济和社会发展第十三个五年规划纲要》计划，“十三五”期间，将实施贵阳龙洞堡三期及黎平、荔波等机场改扩建工程，推进遵义、仁怀等机场建设，增加和培育国际国内航线，加快完善国内航线网络，力争开通贵阳到美国、德国、瑞士、澳大利亚、新加坡等国际航线。未来，黔中地区龙洞堡机场将建成双跑道，跻身 4F 级机场

行列，与北京首都国际机场同等级，可起降全球最大民航客机——空客A380。并形成以龙洞堡国际机场为中心，支线机场相协调的航空运输网，进而为促进黔中地区与省内外区域间的物流、资金流、信息流等，推动招商引资，做大旅游业，树立对外开放新形象以及经济发展、社会进步做出更重要贡献。

5. 交通基础设施建设受自然条件限制，建设速度、总量和质量仍需提高

黔中地区发育着典型的喀斯特地貌，地形崎岖、地表破碎，使得在黔中地区修建铁路和公路要克服许多天然屏障，工程投资巨大且工程十分艰巨。此外，黔中地区山体滑坡、泥石流等地质灾害频繁，这为交通线路建设和维护带来很大不便。恶劣的自然条件极大地限制着黔中地区的交通发展，这也成为黔中地区交通基础设施发展滞后的原因之一。

除了自然条件限制之外，区域内交通基础设施整体呈现以下几个方面的问题：一是交通基础设施总量不足，交通基础设施标准低；二是交通运输结构性矛盾突出，交通基础设施地区间发展不平衡；三是交通运输市场发展不规范，市场监管不力。特别是区域内缺少主导市场发展的大型公路运输企业，大型散货专业化运输和多式联运等现代化运输组织方式在运输体系中尚未占据应有比重，现代物流刚刚起步。

为了解决交通基础设施存在的问题，加快黔中地区开发，要确立交通发展的主要思路，坚持发展综合运输体系的方向，以科技进步为动力，以质量为重点，以效益为中心，以创新促发展，实现交通基础设施可持续发展。

四、旅游业发展概况

旅游资源是整个黔中地区最具优势的资源之一。黔中地区自然景观和人文景观多种多样，加之喀斯特地貌所形成的独特的地形特征，整个地区形成了旅游资源极为丰富，并且旅游资源在种类和整体组合方面的综合优势十分明显，其开发价值和市场潜力十分突出。因此，加快黔中旅游资源整合是贵州旅游经济发展的必要途径，也是贵州省实施区域带动，实现经济社会后发赶超的必然要求。

1. 黔中旅游业发展现状

近年来，贵州省加强对黔中地区旅游业的发展，取得了一定的经济效益和社会效益，在开发方面存在以下特点。

(1)旅游资源丰富，开发利用价值巨大

黔中地区是贵州省旅游资源最为富集的地区，区内自然风光秀丽雄奇，民族风情浓郁神秘，气候冬无严寒，夏无酷暑，自然景观和人文景观融为一

体，既有独特性，又有广泛性。而且，经济区内三条轴线的旅游资源关联度大，互补性较强。这为该地区旅游资源的综合开发奠定了基础，有利于提高黔中地区旅游资源的经济价值。被誉为“避暑之都”的贵阳，截至2012年，全市共有国家级风景名胜区1个，国家4A级旅游区6个，国家3A级旅游区2个，省级风景名胜区8个，国家级重点文物保护单位1个，省级历史文化名镇1个，省级文物保护单位25个，此外，还有一大批市县级风景名胜区。

(2)经济效益凸显，整合力度有待加强

黔中地区旅游资源优势明显，已形成了良好的开发态势。例如，2011年“十一”黄金周期间，贵州全省旅游收入71.98亿元，黔中经济区旅游收入61.65亿元。2011年黔中经济区旅游总收入1 381.29亿元，占当年GDP的31.72%，占全省旅游总收入的96.62%。但与自身资源的优势相比，黔中经济区旅游资源整合力度仍有待加强。由于行政体制及利益分配的问题，黔中地区的旅游资源开发上多头管理现象突出，区域旅游壁垒高树，旅游产品开发层次单一，缺乏“个性化、特殊化、游客渴望参与化”的产品，更没有形成有机的、鲜明的旅游形象和主题。同时，旅游投资短缺，导致资源优势转化率低，城市旅游功能不完善，市场促销无力，信息服务滞后，抑制了地区旅游经济增长势头。例如，2011年第二季度，黔中地区有五星级酒店3家，四星级酒店28家，三星级酒店108家，四星级以上入住率基本在71%以上，三星级入住率仅在63%以上。

(3)旅游资源开发同质化严重，旅游竞争力不足

当前，黔中经济区旅游开发投入较少，政府安排导向性资金不足，而且旅游产业的融资渠道也比较单一，没有充分调动民间资本。这使得旅游业发展面临资金“瓶颈”，严重影响了旅游促销、教育和配套设施的建设进程。旅游企业大多“小、散、弱、差”，缺乏强有力的旅游企业集团，企业的创新能力较弱，产品开发同质化，雷同现象普遍。大量集中发展休闲度假、山水观光、古镇游览、农家乐等项目，缺乏市场竞争力。大部分景区旅游设施简单，公共设施、通信设施建设薄弱，娱乐设施建设单一，配套设施不完善等多种因素极大地降低了游客的旅游兴致，造成游客除了必要的旅途花费和游览时间外，不愿多滞留景区的现象，降低了旅游经济效益。

对2011年全省“十一”黄金周黔中地区与全省重点监测景区收入进行分析，门票收入排前10名的仅有黄果树旅游区、龙宫旅游区和白云动漫游乐园三个景区，分别占第1位、第6位和第10位。综合收入方面，遵义会议会址旅游区、黄果树旅游区、龙宫旅游区分别占第2位、第3位和第10位，旅游竞争力在全省还处于较弱地位。

(4)旅游资源分散，形象不鲜明，整合难度大

旅游产业是一个综合性产业，需要从全局角度加以规划和管理。黔中地区由于涉及6个地州市的行政归属，目前各地出于区域利益分配的关系，很难对旅游业进行全面的管理和调控。旅游资源多头管理现象突出，旅游促销各利益主体表现为竞争有余，合作不足，没有很好地发挥整体的组合优势，只能是各自为政，使有限的资金更加分散，缺乏整体效应，有时甚至出现“互相排挤”的现象，旅游资源进行整合的难度加大。大部分旅游资源，仍然停留在局地性、点状、分散开发态势，旅游产品知名度低，网络联系少，积聚效应低。区域内有的景区过度商业化，建有大量的违章建筑且装修风格过于现代，使区内原生态古村落的资源特色和优势逐渐弱化，也导致旅游形象不鲜明，线路特色不突出。

2. 黔中地区旅游业发展的途径

根据以贵阳为中心的黔中地区的经济和旅游业的发展基础，结合区位、交通、气候、资源等条件综合分析，提出下列几点建议。

第一，编制高起点、高水平的旅游开发总体规划。在充分掌握资源和市场的基础上，编制高起点、高水平，与国际和国内先进地区接轨，符合黔中实际，反映地方特色，科学的、前瞻性的、可操作性的旅游开发总体规划，并严格按照规划实施。

第二，加强旅游资源的线路整合。充分发挥贵阳中心城市的作用，对“小、散、乱”的旅游资源进行有效组织，打造精品线路整体营销，串联黄果树瀑布、安顺龙宫、织金洞、镇远㵲阳河等周边地区的国家重点风景名胜区，编制好以贵阳为中心的放射型的旅游线路，改善交通状况，使旅游线路上参与组合的要素增多，真正起到全省旅游集散地的主体作用。

第三，加大旅游资源的空间地域整合。大力开发中心景区的临近景点，发展不同的旅游环境和资源的特色，实施组团开发，统筹规划，合理布局，打破地域界限，形成空间系统整体，发挥区域整体效应，提升旅游资源档次，以增加游客在贵州停留时间和消费额度。同时，对近距离同质的资源开发，要鼓励开发创意，将同属层次的旅游资源整合起来，利用现有旅游品牌的辐射带动产生的叠加效应，建设大景区，形成旅游经济圈。

第四，加强旅游资源主题整合。深度开发旅游资源，努力挖掘文化旅游资源，塑造鲜明的旅游形象，形成旅游吸引力。例如，贵阳的建设目标是优秀旅游城市和生态型城市。为此，在规划和建设中应坚持高标准，突出城市特色。可以考虑在新城区一定地段，按民族风格建设，体现多民族的特点。在绿化、美化上应下大气力，使贵阳成为名副其实的“避暑之城”、“森林之

城”、“园林之城”，塑造贵阳鲜明的旅游形象，形成旅游吸引力。

第五，加强旅游市场整合。根据黔中地区旅游的市场定位，加大市场整合力度，将不同类型旅游产品中核心目标市场一致的旅游资源进行捆绑式开发，利用贵阳的人力资源和手工业的发展基础，设计并批量生产具有贵州特色的纪念品，把贵州特有的风情风貌物质化、精品化、名牌化。组织各种大型的全国性乃至国际性的旅游节庆活动，促进资源联合促销，提高黔中旅游资源的文化品位和科研价值，形成区域市场合力，不断提升黔中旅游品牌在国内外的知名度和竞争力。同时，进一步开发黔中饮食文化，使之形成多层次的旅游发展模式。

第六，突出市场导向性，发挥政府主导作用和企业主体作用。在市场经济体制下，政府仍然是旅游业发展的主导动力，应充分发挥主导作用，合理利用行政、经济和法律手段，对旅游行为实行宏观调控，对服务质量与秩序进行严格管理，保护旅游者和投资者的正当权利。

第四节　城市化发展现状及存在的问题

黔中地区拥有一定规模与数量的城市。黔中地区城市密度大，是贵州经济发展的精华所在，具有发展城市群的良好条件。贵阳、遵义、安顺、都匀、凯里等城市及众多小城市，构成了黔中地区城市发展的基础。

一、黔中地区城市化发展的现状

1. 总体上处于城市化的加速发展阶段

统计数据表明，黔中地区 2000 年城市化率为 35.1%，2011 年提高到 45.66%。根据城市化“S”曲线演进规律，即城市化水平低于 30%，属缓慢发展阶段；30%～70%属加速发展阶段；高于 70%属稳定发展阶段。可见，黔中地区已进入了城市化快速发展阶段。再从经济发展水平和产业结构来看，2009 年黔中地区人均 GDP 为 14645 元，三次产业结构比重为 11∶43∶46，产业结构呈现“三、二、一”的结构特点。按照美国经济学家钱纳里关于经济发展阶段的划分标准，黔中地区处于工业化中期发展阶段，正是城市化水平加速发展阶段。

2. 城市化总体水平较高，内部差异明显

贵阳市 2009 年城市化水平已经突破了 60%，远高于全省城市化水平，但经济区外围区县的城市化水平仍然达不到全省平均水平。区内县域城市化水平普遍偏低，与市区之间的差距明显。此外，区域内的不同区县之间差距也较大。这也是造成区内城市化率低于全国平均水平的主要原因。例如，2010年贵阳市所辖的一市六区三县中，除中心城区云岩区、南明区和小河区的人口城镇化率在95%以上外，其余县(市、区)与三区存在着较大的差距，甚至一些县的城镇化率仍在30%以下。

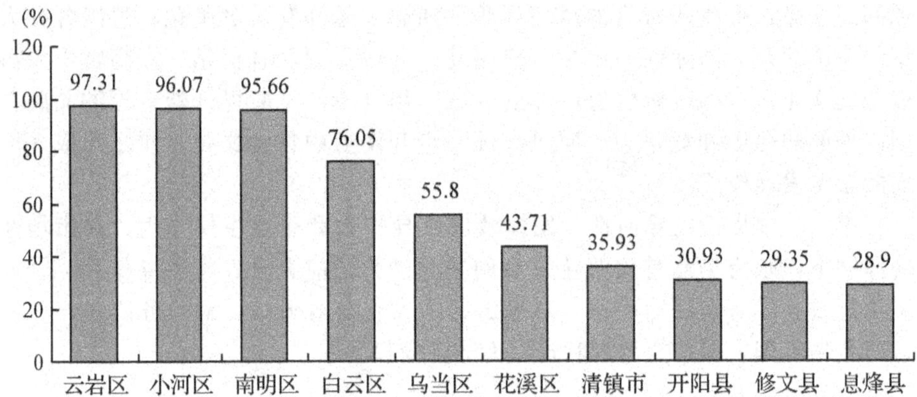

图4-4　2010年贵阳市所辖县(市、区)城镇化率

资料来源：《贵州省第六次人口普查主要数据公报》

3. 城市等级规模发展不平衡，等级结构不完善

根据中国统计部门的规定，市区非农人口数 400×10^4 人以上的为超大城市，$100\times10^4\sim400\times10^4$ 人为特大城市，$50\times10^4\sim100\times10^4$ 人为大城市，$20\times10^4\sim50\times10^4$ 人为中等城市，20×10^4 人以下为小城市。根据表4.6中数据，截至2010年年末，黔中地区有特大城市2座、中等城市3座，小城市3座，没有超大城市。

表4.6　2010年黔中地区主要城市规模等级情况

人口规模等级	数量	城市
超大城市	0	
特大城市	2	贵阳市、遵义市
大城市	0	
中等城市	3	安顺市、凯里市、仁怀市
小城市	3	清镇市、福泉市、都匀市

资料来源：根据《贵州统计年鉴－2011》及《中国城市统计年鉴－2011》整理而成

从表4.6中可以看出，黔中地区缺少超大城市，贵阳市作为特大城市其首位城市的垄断地位明显，缺乏大城市，中等城市和小城市比较集中。从各等级城市规模来看，黔中城市群呈现出“下大上小”的三角形结构，这种结构有利于特大城市对中等城市的带动作用。但是，黔中城市群中的大城市和小城市的缺乏，在一定程度上限制了特大城市的辐射带动作用，限制了整个地区城市的发展。

二、城市化发展面临的主要问题

1. 中心外围发展差距较大，城乡“二元”结构明显

黔中地区既有社会经济水平发展较高的贵阳市所辖县区云岩区、南明区、观山湖区等，同时也存在发展水平较低的地区。以人均 GDP 为例，2009 年五个区县均超过了全国人均 GDP 的水平，17 个区县超过了全省 10 309 元的水平。但是，仍有 10 个区县人均 GDP 均在 10 000 元以下，远低于全省平均水平。经济区内麻江和织金的人均 GDP 较低，在 6 000 元以下。2009 年，贵阳市城镇居民可支配收入为 15 040 元，农民人均纯收入为 5 316 元，而同期麻江、织金县的农民人均纯收入不足3 000元。可见，经济区内中心和外围发展差距较大，城乡二元结构特征明显。城乡发展的显著差距为城乡之间、区域之间要素的流动带来了障碍，使得中心与外围之间、城市与乡村之间难以形成合理有效的融合与贯通。

2. 中心城市辐射带动能力较弱，外围城镇发展动力不足

贵阳市作为黔中地区的核心城市，城市化水平远远高于区内的其他地区。贵阳是市区人口超过百万的特大城市，全省的政治、经济和文化中心，也是国务院确定的“黔中产业带”、“南贵昆经济带”和“泛珠三角经济区”内的重要中心城市，主要工业产品和工业行业在全国居于重要地位。其人口占经济区总人口的 31.3%，生产总值占经济区的 50.21%。城市首位度明显，长期以来作为区域中心带动周边地区经济发展。2010 年，贵阳市的 GDP 突破1 000 亿元，达到 1 211 亿元。按照城市经济学的一般规律，一个城市的 GDP 超过 1 000 亿元是一个里程碑，标志着该市经济建设和社会事业将跃上一个新的发展平台，步入了经济发展的“快车道”。但是，外围县城经济基础相对薄弱，与核心区没有形成合理有效的产业链接，因而中心城市对外围县城的辐射带动能力较弱，无法起到很好的聚集和扩散作用，很难通过外围县城这些节点，进一步向更为广阔的腹地扩散，相应地客观上制约了该地区城市化的快速发展。

此外，城市首位度过高，造成城市中心区功能过度强大，抑制了次级市镇的发展，特别是临近市镇的发展。例如，近几年来，大量的人才、物流、信息流源源不断地涌入贵阳市，使贵阳市区人口密度大幅度增加，根据贵州

统计年鉴数据计算结果显示：2010 年贵阳市城区(云岩、南明、小河 3 个区)人口密度达到了 9 248 人/km^2，成为全国人口密度最大的城市之一。城市人口过于稠密加重了贵阳市的城市问题，城市环境污染严重，交通拥挤，土地价格和住房价格上涨，增加了聚集于城区的企业的生产费用，产生了大量的外在成本。而外围中小城镇同贵阳市城市规模相距甚远，导致大量的人才、物流、信息流源源不断地流出，不仅没有受到贵阳市辐射带动作用的影响，反而在很大程度上导致外围城镇自身发展动力严重不足，城市化进程缓慢。

3. 城镇发展受资源环境约束，生态环境保护压力较大

黔中地区大部分区域处在石漠化敏感地区，部分山区水资源需加以保护。为此，黔中地区城镇发展必须综合考虑各地资源环境的承载力。应当规范空间开发秩序，优化黔中地区社会经济发展空间格局，形成科学合理的区域发展格局。

4. 城镇发展职能趋同，行政区划障碍和市场分割明显

由于自然资源条件、经济发展模式、经济发展水平等条件的相似性，黔中地区内市县(区)不同程度存在着发展目标相似，产业结构雷同，城镇职能单一的现象，多数县区热衷于发展旅游业，缺乏合理有效的专业化分工合作，城镇职能不能形成各自的特色，缺乏有效的整体竞争力。此外，由于行政区划的影响，不同的地方利益主体受局部利益驱动，各打各的优势仗，不但不能优势互补，还不同程度造成了优势抵消。生产要素难以合理流动、集聚和优化组合，因而难以形成整体竞争优势和集群发展格局。

第五节　区域开发与规划

一、区域发展限制因素

1. 区位劣势

从地理区位来看，黔中不沿海、不沿江、不沿边。区域内山地多，平地少，地形破碎，生态环境脆弱，交通和物流成本过高。

2. 产业发展劣势

由于黔中自然资源密集，产业空间布局分散，产业规模小，产能低，产业链短，产业之间的同质性强。加之，黔中仍处于工业化的初期阶段，工业化水平低下，工业生产以初级加工、原材料生产为主，导致产业集中度低，产业链较短，产业关联度低，产业配套不同步，产品价格低廉，生产性服务业发展严重滞后，产业投资空间小，吸纳劳动力的能力十分有限。

3. 城市体系发展劣势

黔中地区不仅城市量少，而且规模等级不高，束缚了全区城市的联动式发展。虽然黔中经济区内的中心城市发展较快，但由于大城市缺失而出现断层，极大地影响了中心城市的辐射力。中等城市数量有限且发展水平不高，也限制着其自身聚集和扩散作用的发挥，对周边小城市发展的影响作用更是微乎其微，城市间的梯次辐射效应没有得到充分发挥。因此，要以贵阳市为龙头，形成一个布局合理、层次分明、功能完善、各具特色、大中小相结合的梯度结构城市群体，建立起以大城市为核心，中小城市为纽带，城乡协调发展的城市体系，这将决定未来黔中地区发展的成败。

二、区域开发

黔中经济区处于贵州腹心位置，聚集了全省巨大的人力、物力和财力，矿产种类多，质优量大，分布相对集中，是全省工业最发达，农业生产水平较高，经济实力最雄厚，科技文化教育先进，人才荟萃的地区。

贵州省“九五”计划提出了增强中心城市的辐射带动作用，要利用贵阳市作为内陆开放城市和全国优化资本结构试点城市的有利条件，充分发挥其对全省经济社会发展的辐射带动作用。在贵阳至遵义、安顺、都匀、凯里的公路和铁路沿线，依托城镇和大中型企业，以线带面，点、线、面结合，大力发展规模不同、特色各异的通道经济带，加快乡镇企业开发小区建设，提高城镇化水平。

贵州省“十五”计划提出了促进大中小城市协调发展的规划。加快省会城市的建设发展，以建设21世纪现代化大都市为长远目标，充分发挥贵阳市在全省实施西部大开发中的龙头带动和辐射作用。重点支持遵义、六盘水、安顺、都匀等城市加快发展，将其逐步建设成为较强经济实力的大城市。积极培育发展中小城市，将凯里、兴义、毕节、铜仁逐步建设成为各具特色的中等城市，加快清镇、仁怀、赤水、福泉等小城市发展，培育一批基础好、潜力大的县城发展成为小城市。

贵州省“十一五”计划提出以加快贵阳城市经济圈建设为重点，积极调整区域经济结构和产业布局的规划。建成一批贵阳城市主干道和连接周边城市的高速通道，支持贵阳加快打造以电子信息、民族制药、优势原材料、先进装备制造业和现代服务业为重点的都市型经济中心区和产业聚集区，促进金阳新区开发。

2010年7月，中共贵州省委十届九次全体会议再次明确黔中经济区的范围，包括贵阳城市经济圈的原有范围及遵义市、黔东南州的部分地区，所占面积进一步扩大。贵州省“十二五”制定了黔中经济区城市群发展战略。

2013年7月，贵州省委、省政府召开推进黔中经济区加快发展座谈会。会议强调，要紧紧围绕黔中经济区的战略定位和发展目标，努力建设西部地区新的经济增长极，率先全面建成小康社会，努力当好“火车头”和“发动机”，带动全省经济社会又好又快、更好更快发展。

2016年1月，《贵州省政府工作报告》中指出，要大力构建山地特色新型城镇体系。培育黔中城市群，支持贵阳市建设创新型中心城市，支持贵安新区建设践行五大发展理念(创新、协调、绿色、开放、共享)先行示范区，加快把花溪大学城建成现代化新兴城市。

三、区域开发战略规划

黔中地区是贵州经济社会发展的发动机，也是全国主体功能区规划决定的18个重点开发区域之一，是国家实施新一轮西部大开发布局中12个重点经济区之一。根据国家规划部署，未来黔中地区将成为“国家重要能源资源深加工、特色轻工业基地”“国家文化旅游发展创新区”“全国山地新型城镇化试验区”、“东西互动合作示范区”、“区域性商贸物流中心”，成为西部地区新的经济增长极。贵州将集中力量重点打造黔中经济区，经国家发展和改革委员会批准，贵州省全面启动实施《黔中经济区发展规划》。该规划提出，将在黔中地区建设一批煤、电、油、气、化一体化的循环工业基地以及铝加工产业带和磷化工基地。此外，建设西部地区装备制造业基地，打造新材料、新能源、节能环保产业等战略性新兴产业基地，建设国家重要的名优白酒基地、绿色食品加工基地和民族医药基地，全力推进工业强省。贵州省还将整合黔中旅游资源，实现旅游市场一体化，建立黔中无障碍旅游区。为此，要紧紧围绕黔中经济区的战略定位和发展目标，当前和今后一个时期，要进一步开创黔中地区开发建设新局面。

一是完善大交通，提升发展支撑能力。即要按照统筹规划、合理布局、适度超前的原则，大力推进各种运输方式统筹协调发展，形成连接南北、沟通东西的交通网络格局，构建高效便捷的现代综合交通运输体系。打破区域界限，打造贵阳至黔中城市群中心城市1小时、至其他市(州)中心城市2小时交通圈，逐步构成连接珠三角、长三角、成渝经济区、广西北部湾经济区四条战略大通道。

二是做强大产业，加快形成产业集群。即以电力、煤炭、有色金属、化工、装备制造、烟草、民族医药、特色食品及旅游等优势产业为重点，加快推进特色产业园区建设，打造现代产业聚集区，重点打造贵安一体化核心区和贵阳—遵义、贵阳—都匀、凯里—贵阳—毕节特色经济带，推进产城互动。把黔中地区建设成为国家重要能源基地、资源深加工基地、装备制造业基地、战略性新兴基地、国家优质轻工产品基地、国际旅游示范基地。

三是实施大招商，汇聚外部发展要素。即充分利用中国—东盟自由贸易区、大湄公河次区域、泛珠三角地区等平台，加强与东南亚、南亚等国际区域在经贸、教育、科技和文化等领域的合作，承接产业转移，打造东西合作示范基地。深化与成渝经济区、长株潭城市群、北部湾经济区等周边区域的互动合作，组织开展有针对性的招商，举办系列招商推介活动，增加社会、公众、市场对经济区的认知度。积极推进基础设施互联互通和生产要素自由流动，全方位加强在能源、旅游、生态、产业等领域的协作，实现优势互补。把黔中地区建设成国内外产业转移的重要承接区和出口商品加工基地，打造成富有活力和竞争力的内陆开放新高地。

四是推进大城建，打造黔中城市群。即以空间布局为引领，探索山地新型城镇化道路，构建以黔中经济区为核心，以贵阳—遵义、贵阳—安顺、贵阳—凯里等为轴线，若干区域中心城市组团发展的山区特色城镇体系。按照500万人口远景目标，把贵阳市建设成为西南地区重要交通枢纽及物流集散基地、西部地区重要中心城市和具有国际影响力的生态休闲度假旅游城市。以贵阳连接周边地区的高速公路和快速铁路为依托，增强贵阳对周边地区的辐射带动作用。加快贵安新区开放开发，推进贵安新区与贵阳、安顺同城化发展，推动城市组团快速形成规模，加快构建黔中城市群。做大做强区域中心城市，提升区域次中心城市功能，推动遵义、毕节、铜仁、凯里、都匀、兴义等城镇组群加快发展，加强区域城市间重大基础设施和公共服务设施建设，统筹抓好城市综合体和小城镇建设，建设一批交通枢纽型、旅游景点型、绿色产业型、工矿园区型、商贸集散型、移民安置型等特色小城镇，优化城镇生产生活生态空间布局，促进城镇与乡村协调互动。

五是构筑大生态，提升经济区品牌形象。依托黔中地区气候和生态环境良好的优势，强化生态建设，要把生态文明理念贯穿始终，将山水资源与空间布局相融合，加强自然保护区、森林公园、湿地公园、风景名胜区保护和建设，提升生态系统功能，形成山水、田园、乡村、都市交相辉映的独特景观，深入推进贵阳全国生态文明城市建设，建设一批全国生态文明示范县，把黔中地区打造成为区域性生态文明建设的新亮点。

第五章　黔西北地区

章前语

本区位于贵州西北部，西部与云南省相邻，北部与四川省泸州市毗邻，东北邻遵义市，东部接贵阳市、安顺市，南接黔西南州。黔西北地区包括毕节及六盘水2个地级市，下辖1个特区，2个区，9个县(包括1个自治县)，总面积3.676万km^2，占全省土地面积的20.87%。据第六次人口普查数据，全区总人口为938.76万人，占贵州总人口的27.02%。2010年本区生产总值为1 101.49亿元，人均11 787元，略低于贵州人均水平。三次产业比重为14∶51.1∶34.9，第二产业比重高于全省的平均水平。本区地势较高，岩溶地貌发育，地形破碎，矿产资源丰富。

关键词

黔西北；贵州屋脊；西南煤海

第一节　区域概况

一、自然地理概况

黔西北是贵州省地势最高的地区，素有“黔西高原”之称，贵州最高峰小韭菜坪位于本区。黔西北西部为云南高原向东延伸部分，但高原面仅在威宁县中部和赫章县西南部等地保存较完整，大部分区域地形崎岖，岩溶地貌发育。气候温暖湿润，区域差异明显，日照充足，雨量比较充沛，主要集中在夏季，秋风干旱危害较大。河流大多属长江水系，少部分属珠江水系。河床比降较大，水力资源丰富。

(一)山区地貌，复杂多样

新构造运动以来，贵州自西向东掀斜抬升，西部上升为全省地势最高地区。受新构造运动的影响，黔西北地势西高东低，地势最高处为毕节市赫章县和六盘水市钟山区交界处的小韭菜坪(海拔 2900.65 米)，也是全省最高峰；地势最低处位于金沙县清池镇鱼塘河与赤水河汇合处，海拔 457 米。本区西部由于河流下切作用强烈，保存有较完整的高原面，仅局限在威宁县中部和赫章县西南一带海拔较高处，大部分区域地形崎岖。

黔西北是一个多山的地区，山地面积占 60.2%，平地面积所占比重不到 10%。出露的岩层以碳酸盐岩类最多，岩溶地貌发育，岩溶地貌面积占总面积的 60%以上。岩溶地貌形态多样，有溶洞、漏斗、溶蚀洼地、盲谷、峰林、峰丛等，岩溶地貌的形态组合有区域差异，西部主要分布岩溶缓丘盆地，中部为峰丛槽谷、丘陵洼地，东部为峰林谷地、缓丘洼地。

(二)季风气候，差异显著

黔西北地区地带性气候为亚热带高原性季风气候，气候特点表现为夏季凉爽，冬季较冷。最热月(7 月)平均气温为 17.7℃～25℃。六盘水市被誉为“中国凉都”。最冷月(1 月)平均气温为 1.9℃～4.2℃。雨量较充沛，雨热同季，多年平均降雨量为 850～1 500mm，降水量南部多于北部，东部多于西部，高山多于河谷。日照时数为全省较高地区，其中威宁日照最强，多年平均日照时数约为 1 805 h，向东逐渐减少，金沙县仅有约 1120 h。气候差异显著，有“隔岭不同天”现象。

(三)山地河流，谷深水急

受地形及气候条件的影响，河流为山区雨源性河流，河谷深切，河床狭窄且比降较大，河流水流急、落差大，阶地不发育。河流汇水速度快，水量变化大，陡涨陡落特征明显，洪水期径流量占全年径流量的 62%。

西部的乌蒙山脉是白水河、可渡河和乌江三大河流的分水岭；乌蒙山向东北方向延伸，接大娄山余脉后呈东西向山脉构成赤水河与乌江的分水岭；乌蒙山向西南方向延伸，成为长江水系(乌江上游三岔河)与珠江水系(北盘江)的分水岭(表 5.1)。

表 5.1　黔西北地区河流统计表

流域	水系	河流名称	流域面积/km^2	河流条数/条	河流长度/km	河网密度/$km \cdot 10^{-2} km^{-2}$
珠江	西江	可渡河	1 239	9	241.6	19.5
长江	金沙江	牛栏江	1 893	11	350.5	18.52
		白水河	3 008	14	397.2	13.2
	赤水河	赤水河	2 943	25	612	20.8
		三岔河	3 543	27	970.7	18.93

续表

流域	水系	河流名称	流域面积/km^2	河流条数/条	河流长度/km	河网密度/$km \cdot 10^{-2} km^{-2}$
长江	乌江	北盘江	6 645	20	138.4	
		南盘江	392	2	26	
		六冲河	9 879	80	1 937.8	18.6
		野济河	2 234	9	326.5	14.62
		偏岩河	1 278	16	372.2	29.12
		乌江干河	829	2	151.7	18.29

数据来源：《毕节地区综合农业区划》，1988；《六盘水市地方志》，1988

二、社会经济概况

(一)经济水平较低，区域差异明显

经济发展水平是指区域在某一时期创造财富或获得财富的综合能力，通常以人均国民生产总值(GNP)或人均国内生产总值(GDP)来衡量。黔西北地区经济发展速度较快，差异明显。GDP从2000年的203.55亿元增长到2010年的1 101.49亿元；2010年人均GDP为11 787元，略低于贵州人均水平，人均GDP最高的钟山区为29 736元，最低的威宁县为4 843元。

(二)人口增长较快，城市化水平低

2000—2010年，贵州常住人口呈负增长态势，2000年为3 524.77×10^4人；2010年为3 474.65×10^4人，减少了50.12×10^4人。

黔西北地区常住人口呈正增长态势，第六次人口普查数据显示，黔西北地区常住人口为938.75×10^4人比第五次人口普查增加了31.60×10^4人。从人口分布来看，钟山区人口密度最大，为1 279人每平方千米，最小的水城县为196人每平方千米。

城镇化水平低，增长迅速。黔西北地区2000年城镇人口为143.01×10^4人，城镇化水平为15.76%，比全省平均水平低8.19%；2010年城镇人口252.80×10^4人，城镇化水平为26.93%，比全省平均水平低6.88%，属于城镇化水平较低的地区。但增长速度快，10年增长了11.17%，全省年均增长率为0.99%；城镇化率提升幅度最大的是毕节市，提高了13.59个百分点，增长速度居全省第一位；六盘水市的提升幅度较小，只增加了5.59个百分点，增长速度居全省第八位。

(三)公路交通为主，建设成效显著

黔西北地区过去交通状况较差，毕节市 2011 年尚未建成高速公路，仅有二级公路 2 条，从 2010 年全省各县级行政单位交通通达度情况看，全省交通通达度平均值为 82，黔西北地区为 64。黔西北内部各县区之间差别较大，交通条件最好的盘县通达度为 182，最差的赫章为 20，只有盘县、黔西县和金沙县的通达度高于全省平均水平。

交通建设步伐快，成效显著。杭瑞高速和夏蓉高速是国家东西向横线高速公路。杭瑞高速公路起于浙江杭州，止于云南瑞丽，经安徽、江西、湖北、湖南，在贵州途经铜仁、遵义、毕节、六盘水。厦蓉高速起于福建厦门，止于四川成都，途经福建漳州、龙岩，江西瑞金、赣州，湖南郴州，广西桂林，贵州从江、榕江、都匀、贵阳和毕节。这两条高速公路的建成，极大提高了西南腹地通往华东、华南地区的便捷性。

毕水兴[毕(节)—水(城)—兴(义)]高速公路，北接四川，南连广西，纵贯黔西北西部，是西南地区南下的出海大通道，加强了黔西北地区与“泛珠三角”经济圈的联系。

区域内部已经实现县县通高速。随着毕威高速、黔织高速、黔大高速、毕水高速、六六高速的建成通车以及贵阳至黔西的高速公路、六盘水市到威宁的高速公路、水盘—盘兴的高速公路等的建设，黔西北地区东西、南北的高速公路主干构架基本形成，内部交通条件大大改观。

六盘水市铁路网较发达，沪昆铁路横贯六盘水市，内六铁路，水柏铁路、威红铁路、盘西铁路、株六铁路复线，形成北上四川，南下广西，东出华东，西进云南的态势，有“四省立交桥”之称。

毕节市是贵州 9 个市(州)政府所在地唯一不通铁路的市，原仅有长 171 千米的内昆线通过威宁县。近年来，铁路建设步伐不断加快，2011 年建成贵阳到织金铁路，2016 年林歹至织金至纳雍的铁路建成。在建铁路项目有成贵铁路(乐山至贵阳段)，织金至毕节铁路[隆(昌)黄(桶)铁路的毕织段]；拟建铁路项目 4 个，即毕节至叙永铁路、纳雍至六盘水铁路、昭通至黔江铁路毕节段、六盘水至威宁城际铁路。

黔西北航空运输起步较晚，2013 年建成机场，开通了毕节市、六盘水市到北京、上海等 16 个城市的航线，加强了对外交流合作，推动了区位优势和资源优势向经济优势的转化。毕节飞雄机场位于贵州省毕节市大方县响水乡飞雄村；六盘水市月照机场位于钟山区月照乡。

第二节　资源与环境特征

一、土地利用粗放

(一)土地利用结构以林地为主

黔西北地区2010年林地面积最大，为1 543 416.42 hm²，占地区土地总面积的42%；其次为耕地，面积为1 311 778.69 hm²，占黔西北地区总面积的36%；交通用地和水域面积最小，所占比重为1%；其他土地面积353 091.05 hm²，占10%；草地270 513.18 hm²，占7%；居民和工矿用地106 716.43 hm²，占3%(表5.2)。

表5.2　黔西北地区2010年土地利用结构情况

地类＼指标	面积/hm²	地区总土地面积的比例/%	人均面积/(hm²·人⁻¹)
耕地	1 311 778.69	36	1.40×10^{-1}
林地	1 543 416.42	42	1.64×10^{-1}
草地	270 513.18	7	2.88×10^{-2}
居民点及工矿用地	106 716.43	3	1.14×10^{-2}
交通用地	37 354.26	1	3.98×10^{-3}
水域	42 190.85	1	4.49×10^{-3}
其他土地	353 091.05	10	3.76×10^{-2}

(二)人均耕地资源少，质量较低

人均耕地少，耕地质量低。黔西北地区人均耕地拥有量为0.14 hm²，略高于贵州省人均耕地水平(0.13 hm²)。黔西北地区地貌以山地丘陵为主，海拔高差较大，耕地分布海拔从500 m左右至2 700 m，是贵州省耕地垂直分布幅度最大、上限最高的一个地区。耕地中以旱地为主，中下等田土所占面积大，质量偏低。

(三)土地资源短缺，利用粗放

黔西北地区山多平地少，可供人类利用的土地资源十分有限，土地资源短缺，提高土地集约利用水平可减缓土地资源短缺带来的压力。

“土地集约利用”是指在一定面积土地上，集中投入较多的生产资料和劳动，使用先进的技术和管理方法，以求在较小面积土地上获取高额收入的一种经营方式。土地集约利用度可用单位土地面积的投入产出状况来衡量，详见表5.3。农用地的产出以农林牧渔总产值表示，投入以农业就业人员、化肥施用量、农业机械动力使用量表示；建设用地产出用工业增加值表示，投入以非农就业人员、城镇固定资产投入表示。

表5.3　土地集约利用评价指标体系

目标层	准则层	指标	单位
土地集约利用	农用地产出	农林牧渔总产值	亿元
	农用地投入	化肥使用量	t
		农机动力	10^4 kW
	建设用地投入	农业就业人员	10^4 人
		非农就业人员	10^4 人
	建设用地产出	城镇固定资产投资	亿元
		工业增加值	亿元

利用《贵州统计年鉴—2010》数据，分别计算全省和黔西北地区的土地集约利用度，结果显示，全省土地集约利用度为700，黔西北地区的仅为500.55，土地集约利用水平低于全省平均水平，利用粗放。

二、煤炭为主的矿产资源

黔西北地区矿产资源丰富，已探明矿种有32种，包括煤、铁、硫、铅锌、磷、硅石、锰、铜、重晶石、石膏、大理石、石灰石、黏土、高岭土、铝土等。煤炭是本区优势资源，储量居全省前茅，已探明储量452.9×10^8 t，占全省煤炭资源的比重超过92.8%，区内埋深2 000 m以上煤炭资源总量为1 470.7×10^8 t。煤质优良，发热量高，多为中灰(15%左右)、低硫(3%以下)煤，有“西南煤海”、“江南煤都”之誉。煤炭资源在织金、纳雍、金沙、大方等地集中分布。

铁矿主要分布在赫章，已查明资源储量总数为5×10^8 t(矿石)；硫铁矿主要分布在七星关区、大方、水城、盘县，已查明资源储量总数为118.1×10^8 t(矿石)；泥炭主要分布在织金，已查明资源储量总数为15×10^8 t；铅锌矿主要分布在赫章、威宁、水城，已查明资源储量总数为0.13×10^8 t。

三、丰富的动植物资源

(一)植物资源

本区地带性植被为亚热带常绿阔叶林，由于海拔高且地形地貌复杂，植物类型复杂多样。

森林资源中，森林植物资源 150 科，700 余种，其中知名木本植物有 70 多科，近 300 种，主要造林树种有 15 科，50 多种，包括被列为国家保护植物的珍稀树种——水杉、香果树、鹅掌楸、福建柏、银杏、黄衫、水青树、华南五针松、楠木等。此外，还有本区特有的威宁短柱油茶。药用植物主要有天麻、黄连、厚朴、鸡血藤、杜仲、黄柏等 2 100 余种。

农作物种类繁多，包括 73 个种类，455 个品种，包括水稻、玉米、小麦、豆类、马铃薯等。主要经济作物有油菜子、烤烟、茶叶、蚕桑、反季节蔬菜、水果等，其中烤烟产量占贵州省的 40%以上，是全国四大烟区之一。毕节市还有“竹荪之乡”、“中国漆城”、“天然药园”之誉。

(二)动物资源

全区有野生动物 1 000 多种，珍稀和稀有动物在 10 种以上，包括黑颈鹤、大鲵、贵州疣螈、蓝尾蝾螈、白鹳、白冠长尾雉、猕猴、穿山甲、林麝、西南黑熊、大灵猫、小灵猫、豹猫。

畜禽种类较全，数量较多，有驰名全国的西南山地型马(黔西马)及可乐猪。

四、旅游资源

全区旅游资源丰富，有古文化遗址 5 处，古建筑、历史纪念建筑 66 处，石刻 181 处，革命遗址 34 处。大方城北“奢香墓”、黔西沙窝区的“观音洞旧石器时代遗址”、毕节青场镇“新石器时代遗址”、龙场镇“大屯土司庄园遗址”、威宁中水镇汉墓群最具特色。著名自然景观包括有“高原明珠”之称的威宁草海，被誉为“地下天宫”的织金洞，有“天然公园”之称的百里杜鹃，“古、野、奇、曲”的纳雍总溪河，大方“九洞天”及十里溶洞探险漂等。

第三节　区域条件与区域规划

一、区域发展条件

(一)煤炭资源丰富

黔西北地区煤炭储量居全省前茅，已探明的煤炭资源总量达

452.9×10^{8} t，占全省煤炭资源探明储量的92.8%。其中，六盘水市探明储量178.85×10^{8} t，毕节市探明储量预计可达274×10^{8} t。

从煤质来看，六盘水市煤炭资源品种齐全，有气煤、气肥煤、肥煤、焦煤、瘦煤、贫煤及无烟煤，其中炼焦煤资源非常丰富，探明储量占六盘水市煤炭资源探明总储量的63.2%，占全省炼焦煤储量的88.7%，相当于“江南九省”炼焦煤储量之和。毕节市煤炭资源以无烟煤为主，在累计探明储量中，无烟煤储量为246.04×10^{8} t，焦煤储量为9.35×10^{8} t。煤质优良，原煤硫分0.5%～2.5%，发热量在30×10^{6} J/kg左右，约50%的煤炭为高发热量、低灰、低硫的优质无烟煤，毕节市是国家和贵州省规划的电煤基地、化工用煤基地和优质无烟煤出口基地。

从分布来看，六盘水煤炭主要分布在六枝、盘县、水城三大煤田，毕节市主要分布在纳雍、织金、大方和黔西。

(二)煤电为主导的产业结构

根据配第—克拉克定理，随着经济的发展，第一产业比重不断下降，二、三产业比重逐渐上升，经济发展水平越高的地区，第一产业所占比重越小，二、三产业所占比重越大。

黔西北地区2000年到2010年，第二产业提升迅速，2010年三次产业比重为14∶51.1∶34.9，第二产业所占比重最大，高于全省39.1%的平均水平，产业结构实现了“三、二、一”到“二、三、一”的转变。

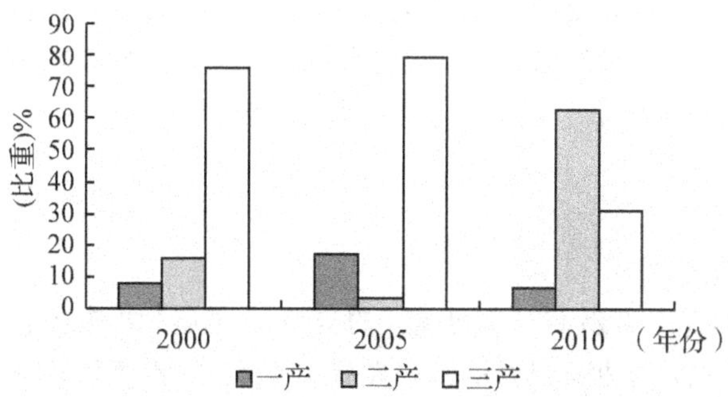

图 5-1 黔西北地区产业结构图

从产品构成看，规模以上工业主要产品为原煤、发电、化肥和水泥。2010年黔西北地区生产原煤$8\,037\times10^{4}$ t，占全省产量的63.5%，发电7 142 792 kW·h，发占全省发电量的52.57%，化肥占全省总产量的3.63%，水泥占15.51%。

煤炭工业发展较为迅速，六盘水市煤炭开采集中在六枝、盘江、水城三大矿区，建有六枝特区凉风洞电站、盘县特区电站及水城大型钢铁联合公司，形成了煤钢为主体的产业结构。毕节市建成了金沙、纳雍、大方、黔西等大型坑口电站，建成了黔西青龙、纳雍五轮山、纳雍中岭、纳雍比德、大方五凤等大中型骨干矿井。经国家和省核准的煤矿项目共 27 个，形成了以煤电为主导的产业特色。

(三)农业生产地位重要

2010 年第一产业占 GDP 比重不到 15%，但农业的基础地位依然重要，农业从业人员较多，2010 年有 325.51×10^4 人从事农业生产，占全省农业产业人员的 27.39%，占全区总人口的 34.63%。

黔西北地区农业以种植业为主，种植业产值占农林牧渔总产值的 62.1%；其次为牧业，占 36.22%；比重最小的是渔业，不到 1%。烤烟地位重要，黔西北地区，尤其是毕节市已经成为国家烟草局现代烟草农业试点之一，也是全省最具发展潜力的烟区之一。

在农业产业化发展过程中，重点实施优质烟、脱毒马铃薯标准化生产示范、优质牧草生产、双低油菜标准化生产、特色农产品生产等六个富民工程。通过烟水配套、水土保持、坡改梯等工程的实施，农业基础设施不断改善，农业产业化水平不断提高。

(四)旅游业基础设施条件不断改善

随着交通等基础设施的建设，区域旅游资源开发利用率逐渐提高，旅游业地位日益重要。为把旅游业培育成为支柱产业，应充分挖掘资源潜力，着力打造红色旅游、生态旅游、乡村旅游、民族风情旅游等优势品牌，努力塑造“神奇乌蒙、山水毕节、避暑天堂”的特色旅游形象。

二、区域规划

(一)区域发展目标

按照“守底线、走新路、奔小康”的方针，实施“大扶贫、大数据、大旅游、大健康”战略，积极融入“一带一路”、“长江经济带”和“珠江—西江经济带”，将黔西北地区建设成贵州西部区域性经济中心。推动经济增长从“规模粗放型”向“质量效率型”转变，努力建成全国循环经济示范区，打造六大基地，即能源化工基地、装备制造基地、资源深加工基地、战略性新兴产业基地、山地特色农业基地和旅游基地。加强长江、珠江上游重要生态屏障的建设。

(二)区域发展战略

1. 产业结构调整

推进一产转型、二产升级、三产优化。加快实现农业转型，充分发挥山地优势，努力打造喀斯特山地特色农业示范区，把山地特色农业培育成为新的经济增长点，扎实推进发展生态畜牧业、特色果业、蔬菜产业、茶产业、中药材产业五大特色产业。

积极促进第二产业升级，巩固电力、煤炭等传统支柱产业，把发展煤化工作为产业结构调整的战略重点，按照“基地化、规模化、多联产、一体化”和发展循环经济的要求，加快推动煤炭行业转型升级，煤炭资源就地转化率提高 10 个百分点以上，加快推进煤层气、页岩气和再生能源的开发利用，加大粉煤灰、煤矸石等工业固体废弃物的综合利用。延长产业链、产品链，增加产品附加值，最大限度地提高资源利用效率。积极创造条件发展新兴产业。

2. 区域发展布局

(1)加快“一带两翼”经济区建设

“一带两翼”经济区，即以七星关区—大方县“双百”城市为龙头，沿贵毕公路和毕威高速公路，形成黔西、大方、毕节、赫章、威宁沿线若干城镇为主体组成的黔—毕—威综合经济带；以织金、纳雍，尤其是织金新型能源化工循环经济基地为重点，涵盖沿线小城镇和旅游景区的南翼循环经济区；以金沙县城、百里杜鹃功能区为重点，沿线若干小城镇和工业园区、旅游景区组成北翼特色经济区。

积极融入成渝、黔中、西江上游、滇中等经济区，构建“攀西—六盘水”经济区，抓住东部产业向西部转移机遇，建立承接产业转移的经济合作园区。

(2)合理布局小城镇

截至 2010 年，本区初步形成了以毕节市的七星关区和六盘水市的钟山区为核心，县城和重点城镇为骨架，以一般小城镇为补充的多级城镇体系。

根据黔西北地区山高谷深，人口居住分散的特点，城镇发展战略以“相对分散、规模适当”为主。依托沿线铁路、高速公路等交通主干道节点，在经济基础较强、地理条件较好的地方建设一批功能完善、特色鲜明的小城镇，积极培育特色优势产业，尽快完成从农业立镇到产业强镇的战略转变。紧密依托中心城市的主导产业，积极发展配套产业，形成各具特色的专业镇。按照工业型、农业型、流通型、旅游型、民族特色型等模式，大力推进盘县柏果、老厂、响水、英武、鸡场坪，六枝岩脚、木岗，水城南开、发耳、野钟、化乐、龙场、郎岱、城关等重点小城镇建设，促进农村人口有序转移，推进城乡统筹发展。

(3)交通运输发展布局

以快速铁路、高速公路和机场建设为重点，加强对外通道建设，形成高效率、高速度的客运、货运及旅游通道，快速融入全国主要经济区2至8小时经济圈；加快国省道、县乡道改造步伐，优化区内道路等级结构，实现90%国道、30%省道的等级提升。

大力抓好铁路建设，形成比较完善的综合交通运输体系。积极推动毕节—水城—兴义城际快速铁路、毕节至叙永铁路、纳雍至六盘水铁路、昭通至黔江铁路毕节段、六盘水至威宁城际铁路、水城—攀枝花铁路的建设，打通通往"珠江三角洲"地区的快速通道。积极推进公路建设，建成水盘高速、杭瑞高速(六盘水段)、六盘水至赫章高速公路的建设。围绕重要的煤化工基地、电厂、煤矿，修建二级公路，新改建三、四级载重运煤公路。积极推进水运建设，推动北盘江等重点流域的航运建设。

第四节　人地关系与可持续发展

一、存在问题

(一)区内交通条件有待改善

黔西北初步形成了高速公路、铁路和航空的综合对外交通体系，但是配套交通基础设施有待进一步完善，航空运输刚起步，航空运输能力有待提高。

区内虽然实现了县县通高速，村村通公路，但村村之间、村镇之间的路网等级低，运煤道路破坏严重，道路等级需要提升。

(二)经济对资源的依赖程度高

黔西北矿产资源丰富，但以产品的粗加工为主，产品附加值低。另一方面，黔西北地区经济发展以煤炭资源开采和煤电为主，支撑产业单一，经济发展对煤炭资源开发的依赖程度高，一旦煤炭资源枯竭，必然对区域经济发展造成严重影响。

(三)人力资源匮乏

黔西北地区人口密度大于全省平均水平，人口增长较快，但劳动力平均受教育程度较低，伴随着产业升级，高素质人才将成为区域经济发展的瓶颈之一。

二、可持续发展思路

(一)延长产业链条，解决区域贫困问题

本区整体经济发展水平较低，尚有部分人口未能脱贫。在区域发展的主导产业中，煤炭资源的开采和加工占据主导地位，但是，资源开发利用粗放，以初级产品为主，产品附加值低。因此，解决区域贫困问题，需要延长煤炭产业链条，增加产品附加值。

资源枯竭是资源型城市面临的重大问题。延长产业链，减少资源开采量，降低资源消耗水平，是缓解资源型城市由于资源枯竭导致产业退化的重要途径之一。

(二)发展绿色产业，保护生态环境

黔西北地区地处长江、珠江上游，长江右岸最大的支流乌江发源于毕节的威宁县和赫章县，生态地位重要。研究显示，产业延伸与资源型城市的生态环境质量有密切关系，在资源开采和加工产业链形成初期和资源型产业链延伸期，区域生态环境质量随着产业的发展不断下降。因此，黔西北地区将面临产业发展和保护环境的困境。

要协调发展与环境保护的关系，必须发展绿色产业。

第六章　黔南地区

章前语

本区位于贵州南部，东起贵州与湖南边界，西至贵州与云南省边界，北抵黔西北地区、黔中地区、黔北地区，南与广西相接，包括黔南布依族苗族自治州的部分地区、黔东南苗族侗族自治州、黔西南布依族苗族自治州及安顺市镇宁县、紫云县、关岭县，共计 33 个县级单位，土地总面积为 67 720.85 km^2。据第六次人口普查数据，全区总人口为 877.59×10^4 人，占贵州总人口的 25.23%。2010 年，地区生产总值 887.35 亿元，人均产值为 10 111.18 元，略低于贵州人均水平。黔南地区与贵州其他地区相比，海拔较低，地势崎岖，自然环境特殊而复杂，经济发展速度缓慢，人口总量较少，教育文化事业和交通落后。

关键词

黔南；民族文化

第一节　区域概况

一、黔南中山河谷立体农业优势区

本区位于苗岭南部，包括黔南布依族苗族自治州的都匀市、平塘县、三都县、独山县、罗甸县、荔波县。东与黔东南低山丘陵农林优势区为邻，西与黔西南低山丘陵矿产优势区相接，北与黔中地区相接，南与广西相邻。全区土地总面积为15 145.52 km^2（表 6.1）。

黔南中山河谷立体农业优势区地理位置优越，土地肥沃，气候温和，交通方便。全区总人口 162.37×10^4 人，分布有汉族、布依族、苗族、水族、壮族、侗族、毛南族等民族。

表 6.1　黔南地区行政区划一览表/个

地级单位	县级单位	县级市	县	自治县
1	6	1	5	1
1	16	1	15	0
1	11	1	10	3

二、黔东南低山丘陵农林优势区

本区位于贵州省东南部，包括凯里市和麻江、黄平、丹寨、施秉、镇远、岑巩、三穗、天柱、锦屏、黎平、从江、榕江、雷山、台江、剑河 15 个县。东邻湖南怀化，南与广西柳州、河池地区接壤，西与黔南中山河谷立体农业优势区、黔中地区毗邻，北抵黔北地区。东西宽 220 km，南北长 240 km，总面积 30 305.2 km^2，占黔南地区土地总面积的 45%。全区总人口 348.52×10^4 人，居住着苗族、侗族、汉族、布依族、水族、瑶族、壮族、土家族等 33 个民族，少数民族占总人口的 79.5%，其中苗族人口占 42.2%，侗族人口占 29.7%，因此有天下苗都、侗乡之称。

三、黔西南低山丘陵矿产优势区

黔西南低山丘陵矿产优势区地处黔、滇、桂三省接合部，贵州西南隅，云贵高原东南端。全区包括兴义市、兴仁县、普安县、晴隆县、贞丰县、安龙县、册亨县、望谟县、关岭县、镇宁县、紫云县。本区东与黔南中山河谷立体农业优势区相连，南面与广西西林县、隆林县、田林县、乐业县隔江相望，西面与云南富源县、罗平县以及六盘水市盘县相接，北临安顺市和六盘水的六枝特区、水城县。全区总面积为 22 270.13 km^2，占黔南地区土地总面积的 33%。全区总人口约 366.70×10^4 人。

第二节　区域资源环境特征

一、黔南中山河谷立体农业优势区

(一)地质、地貌及地势况

黔南中山河谷立体农业优势区地质构造以褶皱和断裂为主。三大地质构造单元分别为黔南古陷褶断束、册亨—罗甸迭陷断束、三都—荔波古陷褶断束。由于受到造山运动及凹陷的影响，海相沉积(主要是生物沉积、化学沉积和机械沉积)多，厚度大，因而形成了一系列排列整齐有序且平缓宽大的背斜和陡峻狭长的向斜相间的隔槽式褶皱，褶皱方向基本为南北向。

全区处于一个完整的地质单元中，特别是晚元古代形成地台基底后，多次接受海相沉积，形成了地层发育齐全，层次清晰，厚度大，化石丰富的特点。地层从最古老的晚元古代的板溪群、震旦系到古生代的寒武系、奥陶系、志留系、泥盆系、石炭系、二叠系以至中生代的三叠系和新生代的第三系均有出露。

本区处于云贵高原东南部边缘的斜坡地带，平均海拔 875 m，地势西北高，东南低。地貌类型复杂多样，以丘陵和山地为主，山地、丘陵、盆地和河谷相互交错，山地和丘陵占全区总面积的 92.77%，盆地坝子仅占 7.23%。本区气候温暖湿润，江河交错，水系发达，河流侵蚀切割强烈，峡谷较多，特别是河流中下游，地形比较破碎。喀斯特地貌分布广泛。地下岩溶发育，地下河、溶洞既多且奇，形态多样，地面上峰丛、峰林、槽谷、洼地、天生桥等普遍分布。

(二)气　候

本区地处中亚热带季风湿润气候区，区内大部时间受海洋暖湿气流的影响。在季风影响下，全区气候温暖多雨，年平均气温约为 17.37℃，年平均降水量 1 408.6 mm。每年 4～9 月为多雨期。

本区年平均日照时数 1 289.17 h。区内大部分地区，日照率在 30%左右。一年四季，冬天日照率最小，在 20%以下，夏季日照率为 35%～45%。日照特点是北大于南，东大于西，夏大冬小。

各地年平均相对湿度为 78%左右，以南部罗甸县的 75%为最小。

区内年平均气温 15℃～19℃，自北向南，自西向东递增，表现为“一低三高”，地势偏高、位置偏北的都匀市为低温区。高温区为南部河谷低地的罗甸县(19℃)和东部三都县(18℃)以及东南部的荔波县(18.3℃)。但山区地形复杂，气候垂直分异明显，地方性小气候类型多样，“山下桃花山上雪，坡前下雨坡后晴”的现象屡见不鲜。

(三)河流湖泊与水资源

本区气候湿润，河流较多，水系交错，河流主要分属于珠江水系。全区有中、小河流 100 多条，主要河流有清水江、樟江、红水河、马场河、曹渡河、蒙江、烂土河等。河流主要为降水补给，属雨源型山区河流。水资源总量约 93.16×10^{8} m^{3}，其中的地下水资源量约为 21.14×10^{8} m^{3}。

(四)土地资源

全区土地总面积 15 145.52 km^{2}，占贵州总面积的 8.6%。以山地、丘陵为主，山地面积占 64%，丘陵面积占 29%，平坝面积占 7%。全区人均耕地

0.04 hm^2。

(五)生物资源

区内植物茂盛，动物种类繁多，生物资源丰富，为经济的发展提供了优越的自然条件。

野生植物种类繁多，分布广泛，经济植物有：食用植物(如淀粉植物类、蛋白植物类、维生素植物类、蜜源植物类以及植物性饲料类等)；药用植物(如银杏、三尖树、天麻、杜仲、乌梅等)；工业用植物(如松、杉、樟、梓、泡桐等)，纤维植物，芳香油植物，树脂树胶植物；经济昆虫寄生植物；改善和保护环境植物(侧柏、无花果、刺槐)等。列入国家一、二、三级保护的珍稀植物有喙核桃、柄翅果、伞花木、杜仲、福建柏、掌叶木、鹅掌楸、马尾树、观光木、十齿花、短叶黄杉、田林细子龙、翠柏、蝴蝶果、八角莲、领夏木、天麻、黄枝油杉、柔毛油杉、华南五针松、银鹊树、凹叶厚朴、红花木莲等。杨梅、猕猴桃等野生植物遍布全区。

各类野生动物500多种(含亚种)，其中鸟类200多种，占全省鸟类总数的一半左右，珍稀动物较多。

(六)矿产资源

本区矿产资源已探明储量的有磷、煤、油页岩、铁、汞、铝、锌、锑、金、铜、火黏土、硅石、石英砂、白云石、砷、重晶石、电石灰石、石灰岩、石膏、辉绿岩、花岗石、大理石、水晶、冰洲石等。独山半坡的锑矿储量居全省第一位。

(七)旅游资源

本区山水秀丽，景色迷人。现有世界自然遗产地1处、国家级AAAA级风景名胜区2个(荔波樟江、平塘掌布)。荔波茂兰国家级自然保护区以典型的喀斯特地貌和丰富的动植物资源，被联合国教科文组织列为世界自然遗产，被誉为“地球上同纬度最后一颗绿宝石”。平塘掌布景区的“藏字石”，形似“中国共产党”五字，堪称一绝。三都水族的文字水书被称为“不可知的天书”，是中华古文字的“活化石”。红色旅游景点有猴场会议会址、突破乌江遗址、板寨会师旧址等。此外，荔波县是国家级生态示范区。

二、黔东南低山丘陵农林优势区

(一)地质、地貌及地势

黔东南低山丘陵农林优势区及邻区位于江南造山带西南段的北亚热带、中亚热带和扬子陆块的东南缘。

本区地层从元古代到第四系均有出露：元古代的四堡群和下江群，震旦系至古生代的寒武系、奥陶系、志留系、泥盆系、石炭系、二叠系，中生代有三叠系、侏罗系、白垩系及新生代的第三系、第四系。震旦系主要分布在本区西部的丹寨及台江—三穗、岑巩等地，黎平、从江一带亦有成片分布。寒武系地层在区内分布广泛，镇远—凯里—丹寨以西有大面积出露。

区内有凯里翁项剖面、台江番召剖面等国内典型的地层剖面。同时，有八郎中下寒武系国际层型剖面，且凯里古生物化石被确定为国际寒武纪中下阶的“金钉子”。另外，本区还有丹寨南皋地区寒武典型的剖面，雷公山变质岩剖面、沉积岩剖面，从江火山岩剖面等。它们形成于不同的沉积环境，具有不同的沉积组合，发育多种多样的岩浆岩和变质岩，具有不同的岩浆岩组合和不同的变质相带，受控于不同的大地构造背景，存在多期次构造运动，形成的构造线方向主要为北东、北北东方向。不同时期不同的构造形态叠加、改造而形成了十分复杂的构造地貌。

区内地势西高东低，山地、峡谷交错分布，最高海拔 2 178 m，最低海拔 137 m，相对高差较大。本区总面积 30 337 km^2，喀斯特出露面积占 23.1%。

全区主要有五种地貌，分别为中山、低中山、中低山、丘陵、盆地。五种地形交错分布，使得本区地貌崎岖复杂。

(二)气　候

本区地处低纬度地区，是典型的中亚热带湿润季风气候。全区年均气温 16℃，1 月为该区最冷月，平均气温为 3.6℃～7.7℃；7 月为该区最热月，平均气温 23.2℃～27.4℃。区内年均降水量 1 045～1 421 mm，其中，年降水量≥1 200 mm 的地区集中在西南部和东部边缘地区，降雨集中在 4～10 月。经纬度位置决定了此处大气环流的特点，赋予了本区季风气候的所有特点，但是独特的地形地貌，使得区内的气候又具有高原山区气候的特点，并且表现出垂直分异的特点。本区气候的总的特点是冬无严寒、夏无酷暑、雨热同期。东南部的清水江、都柳江流域属于河谷亚热带湿润气候区，北部中低山丘陵为山地亚热带湿润气候区。

(三)河流湖泊与水资源

本区复杂独特的地貌和湿润多雨的气候孕育了 2 900 多条大大小小的河流。全区水系发达，河网密布，是全省河网密度最大的地区。其中，著名的河流有北部的㵲阳河、中部的清水江、南部的都柳江，这三条主要河流自西向东横贯全区，水系呈树枝状分布。

区内河流以苗岭雷公山为分水岭，北部河流汇入清水江，属于长江流域，南部河流汇入都柳江，属于珠江流域。

㵲阳河发源于瓮安县垛丁，是沅江主要支流，东西流向，区内河道总长度为166 km，流域面积5 146 km^2，多年平均径流总量达27.8×10^8 m^3。清水江被苗族群众誉为“母亲河”，发源于贵定县斗篷山南麓，东西流向，是沅江上游干流，区内河长369 km，流域面积14 883 km^2，多年平均径流总量96.5×10^8 m^3，主要支流有重安江、巴拉河、八卦河等。都柳江发源于独山县的里腊，是融水的上源，流向自西向东南，流经榕江、从江两县，区内长141 km，流域面积8 802 km^2，多年平均径流总量58×10^8 m^3，主要支流有寨蒿河、污牛河、宰便河、平永河等。

区内地下水资源十分丰富，地下水总量达28.9×10^8 m^3，占全区年径流总量的12%。

全区多年平均地表水年径流总量为191×10^8 m^3。地势西高东低，河流湍急，落差大，水力资源丰富。全区水能储藏量为332×10^4 kW，可开发量244×10^4 kW。水力资源主要集中在河流上游及干流中、下游的峡谷区，开发条件优越。

(四)土地资源

本区以山地、丘陵为主，山地面积所占比例超过85%，常用耕地面积178 561 hm^2，水田134 272 hm^2，旱地79 794 hm^2。全区人均常用耕地0.051 hm^2。

(五)生物资源

本区生物种类繁多，堪称祖国的绿色宝库，有“森林之州”的美誉，森林覆盖率达62.78%，是全省森林覆盖率最高的地区，是国家28个重点林区之一。贵州10个林业县，其中有8个在本区。区内秃杉等37种植物被列为国家重点保护树种，有黔金丝猴等国家一、二、三类保护动物10多种，是国家特有动植物种的中心保护区之一。区内共有各类植物2 000多种，其中药用野生植物400多种，占全国药用植物种类的25%，中药材总蕴藏量1 080×10^4 t，占贵州省中药总量的60%。现有三九集团、信邦公司、威门药业3个GAP种植基地，太子参、何首乌、茯苓、半夏等几十味药材闻名世界，在东亚、东南亚等国家和地区入关免检。

野生动物1 000多种，哺乳动物8目，20科，56种，占全省同类种数的41.79%。两栖类动物2目，9科，40种，占全省同类种数的66.7%。鸟类12目，29科，162种，占全省同类种数的40.2%；爬行类动物3目，11科，36种，占全省同类种数的63.6%；鱼类4目，8科，62种，占全省同类种数的55.9%。

(六)矿产资源

全区现已探明储量的矿产有重晶石、铝矾土、汞、煤、铁、锰、锑、金、铅、锌、铜、磷、石灰石、白云石等。重晶石、玻璃用石英砂和锑矿名列贵州省的前三位，特别是重晶石保有储量占全国的60%以上。金矿和石灰岩等矿产也有相当丰富的储量。

煤矿主要分布于凯里、麻江、丹寨、天柱等地，已知矿床、矿点21处，探明储量10 422.6×10^4 t。

铁矿主要分布于凯里苦李井、棉席等地，已知矿床、矿点13处，探明储量10 993.4×10^4 t。

锑矿主要分布于榕江八蒙、雷山雷公山区等地，已知矿床、矿点22处，探明储量8.14×10^4 t。

重金石，主要分布于天柱，黄平、镇远、施秉、麻江、黎平、丹寨等地。已知矿床矿点7处，探明储量1 317×10^4 t。

玻璃用石英砂岩主要分布于凯里万潮，已知矿床1处，已探明的储量为1 712×10^4 t。

(七)旅游资源

本区山川秀美，自然风光迷人，多民族聚居，民族风情浓郁，融自然景观和人文景观于一体，包括以国家级风景名胜区㵲阳河、云台山等为代表的山水名胜景区，以凯里、麻江、台江、雷山为代表的苗族风情旅游区，以黎平为代表的侗族民族风情旅游区。近年来开发了仰阿莎湖、杉木河漂流、黄平浪洞温泉、野洞河漂流等。此外，还有众多的文物古迹、革命圣地。

区内的神奇地貌、飞瀑流泉、生物景观等构成了一座原生性的自然资源“乐园”，极具美学、科学、经济价值。其次，冬无严寒，夏无酷暑的宜人气候，吸引了千千万万的游客。本区被列入世界“返璞归真、重返大自然”的十大旅游胜地之一。全国的两期非物质文化遗产中，全区有39项53个保护点。

三、黔西南低山丘陵矿产优势区

(一)地质、地理及地势

在大地构造单元上，黔西南低山丘陵矿产优势区包括普威弧形褶皱带、盘县褶皱带、贞丰凹陷三个次一级构造单元。地表沉积深厚，出露地层主要以三叠系和二叠系为主，三叠系中统地层分布最广，约占全区总面积的50%。二叠系下统地层在全区都有零星出露。石炭系地层只在普安、兴义、贞丰等地方零星分布。其中，以普安的罐子窑分布比较完整。泥盆系地层在普安、望谟有少量出露。此外，第三系地层角砾岩只在普安、兴义、兴仁的很小范围内出露。

从岩性分析，三叠系上统以碎屑岩(砂岩、页岩等)为主，夹杂着少量煤层。三叠系中统除顶部为碎屑岩外，其余均为碳酸盐岩(灰岩、白云岩等)。

三叠系下统上段为碳酸盐岩，下段为碎屑岩夹碳酸盐岩。二叠系上统为碎屑岩夹煤层，底部为玄武岩。泥盆系在普安、望谟的出露点为碳酸盐岩。

地层走向以北东—西走向为主，局部地区出现东西向(如贞丰龙场一带)及北西向(如贞丰北盘江镇一带)。除普安有较小的“山”字形构造外，其余地区无较大的构造断裂。

岩溶地貌首先取决于当地气候、岩性、地质构造等，本区属中亚热带湿润季风气候，为岩溶地貌提供了充分的水热保障。岩溶地貌与岩性和构造关系密切。二叠系的石灰岩及下三叠纪灰岩，质纯且细密，因此岩溶发育强烈，有典型的峰林、溶蚀洼地、漏斗、落水洞、地下河等。下三叠纪砂岩夹石灰岩，岩溶地貌不发育。

本区整体地形西高东低，北高南低。山岭南北延伸，东西层叠，群峰林立，全区海拔 1 000～1 200 m。

全区可分为五个地貌区。

低山侵蚀山地峡谷区：分布在南北盘江河谷地带，海拔 900 m 左右，相对高差 300～500 m，地表破碎，坡度大，地表组成物质大多为砂质残积风化物，厚数米至十余米。

岩溶高原槽坝区：分布于兴义至安龙一带，海拔 1 200～1 400 m，石灰岩广泛分布。

岩溶侵蚀高原区：分布于兴仁、贞丰龙场和普安青山一带，区内石灰岩广布，河流侵蚀作用强烈，地形起伏较大，形成高山丘陵，海拔 1 400～1 600 m，岩层衔接处常有泉水流出。

岩溶侵蚀山地区：在普安、晴隆一带分布，海拔 1 000～1 500 m，地形起伏大，河流下切深。

岩溶侵蚀山地河谷区：分布于望谟一带，山地广泛分布，中山、低山、丘陵占总面积的 85%以上，河谷盆地较开阔。

(二)气　候

本区属亚热带湿润气候，热量充足，年平均日照时数为 1 408.7 h，常年平均气温 15.6℃，除了册亨、望谟为 18℃～19℃外，其他的都在 16℃以下。最热月(7 月)的平均气温一般为 21℃～22℃。因为苗岭山系的阻挡，冬季沿东北路径到达这里的冷空气，已是强弩之末，而南来的暖气流则可以由南向山谷北上，因此冬季比较暖和，最冷月(1 月)的平均气温 7℃～8℃，红水河谷地为 10℃左右。雨量充沛，年平均降雨量1 277.8 mm，5～9 月降水量占全年的 80%，是贵州省内的多雨区。该区雨热同季，纬度低，海拔较高，日照时数多，太阳辐射强，无霜期长达292 d，终年温暖湿润，冬无严寒，夏无酷暑。河谷深切，相对高差极大，热量资源在不同高度上差异较大。

(三)河流、湖泊与水资源

根据本区水资源公报，水资源总量约为 127.63×10^8 m^3，水能资源理论蕴藏量约为 273.87×10^8 m^3，平均水资源利用率不足 10%。由此可见，水资源开发利用程度还远远不够，有进一步开发利用的潜力。本区的水资源主要来源于天然降水，区内河流属珠江流域南北盘江水系、红水河水系，主要河流有北盘江、南盘江、望谟河、乌都河、新民河等。

(四)土地资源

全区土地面积 22 270.13 km^2，其中，山地占 58%，丘陵占 34%，河谷坝子占 8%。全区可分为 5 个地貌区(低山侵蚀山地峡谷区、岩溶高原槽坝区、岩溶侵蚀高原区、岩溶侵蚀山地区、侵蚀山地河谷区)。土壤资源可分为 9 个土类，19 个亚类，47 个土属，204 个土种。土壤多属酸性和微酸性红黄壤。主要土壤有红壤、红黄壤、黄壤和黄棕壤等，其分布与海拔高程有明显的相关性，具有由南到北的平面分布和由低到高的主体分布规律。

本区土壤适宜多种植物生长，耕作深度为 10～20 cm，海拔1 200～1 400 m的耕地区均有黄黑色的石灰土广泛分布。

(五)生物资源

本区气候多样，为动植物生长和繁衍提供了得天独厚的自然条件。区内生物资源种类繁多，树种资源十分丰富，主要森林大部分为天然次生林，树种主要是云南松、合欢、栎树、桦树、红椿等。珍稀树种有银杏、鹅掌楸、桫椤、贵州苏铁等 20 多种。药用植物千余种，主要有天麻、杜仲、三七、黄柏、金银花、灵芝、石斛等。

(六)矿产资源

本区矿产资源丰富，矿产品种较多，开发潜力巨大，全区矿产资源有煤、铁、铝、铅、锌、汞、锑、金、磷、硫铁矿、大理石、石灰岩、黏土、石英、钼、石膏和白云岩等，另有锰铜、水晶石、硅石、钴等矿点。在贵州占有重要位置的矿种有金、煤、锑、钼、铅、锌、汞、大理石等，其中煤、金最具优势。全区赋存煤炭资源，其中兴仁县是全国 200 个重点产煤县之一，已探明煤炭资源保有储量 75.28×10^8 t，远景储量在 196×10^8 t 以上。黄金资源储量大，品位高，已探明储量 324.7 t，远景储量在 1 000 t 以上。

本区自然资源丰富，开发潜力大，利用价值高，为经济社会的发展奠定了坚实的基础，保障了本区良好的发展前景。

第三节　产业发展与规划

一、黔东南低山丘陵农林优势区

（一）经济区域

本区地处长江、珠江的分水岭，是长江、珠江最重要的生态屏障。区内丰富的森林资源对涵养水源、保持水土、净化空气等具有重要意义。但是，本区“九山半水半分田”的地理环境特点，严重影响了本区的交通及信息的传递。该区经济发展缓慢，全区除凯里和镇远外，其他均为贵州省贫困县。根据区域经济发展现状和土地利用总体规划，全区分为3个经济发展区域。

1. 西南工商业生态经济区：凯里、麻江

该区属于山原地带，山地所占比例较小，矿产资源储量丰富且分布集中，水利、交通等基础设施条件较好，是全区目前最发达、城市化水平提高最快的地区。该区第二、第三产业发展较快，重点发展工业及旅游业。

2. 西北农牧业生态经济区：岑巩、镇远、三穗、施秉、黄平

地形以山原和低中山丘陵为主，山地比例较小。林地、牧草地面积较大，森林覆盖率较高，生态环境好，宜发展畜牧业，但基础设施和配套设施差，农村能源短缺，经济较为落后。区内旅游资源丰富，旅游业已初具规模。近年来，黄平的农林业、施秉的农牧业发展前景较好。该区应积极培植畜牧业成为区内的支柱产业，兼顾农林业发展。

3. 东部农林业生态经济区：天柱、剑河、锦屏、台江、雷山、丹寨、榕江、黎平、从江

地形以中低山丘陵、河谷为主，山地比重较大，在70%以上。林地面积大，有八大林区（天柱、锦屏、台江、雷山、丹寨、榕江、黎平、从江），宜发展农林业。但本区位于贵州省东南隅，是铁路通过距离最短的区域，交通条件差。该区应积极发展林业，使其带动经济发展，同时利用自然条件和民族文化，大力发展旅游业。

（二）产业发展

本区主要以农牧业为基础，农牧业是本区经济发展的基本保障。本区以旅游业及相关产业为主的第三产业近年发展迅速。

1. 第三产业发展快速，是本地区经济支柱

改革开放以来，本区第三产业发展迅速，在GDP中所占比例不断提高。第三产业成为本区经济的重要组成部分。其中，通信、房地产、旅游发展相

当迅速。其他大部分行业也取得了不小的进步，本区第三产业门类基本齐全，包括交通运输、仓储邮政、批发零售、住宿餐饮、金融、房地产、信息传输、计算机服务软件业等。其中，非营业性服务业约占18.1%，比例最高。但是，本区第三产业发展层次比较低，新兴产业发展不足，特别是信息及相关的产业，综合技术服务等发展比较落后，若不采取措施，将有可能成为影响全区经济发展的一大障碍。

2. 发展便捷交通

本区是贵州的东大门，是云贵川通往湖南、两广的主要通道。目前，全区公路总长6 938 km，实现了县县通油路，乡乡通公路。320、321国道和湘黔铁路复线穿境而过，已相继建成贵新高等级公路和凯麻、玉凯高速公路及黎平机场。㵲阳河、三板溪湖水路运输便捷，是区内交通的有效补充。厦蓉高速公路、贵广快速铁路开通。施秉至镇远、凯里至大塘二级公路加快推进。截至2010年年底，旅游环线公路基本建成，基本实现乡乡通油路和90%的建制村通公路。交通条件是一个地区发展的决定性因素之一。发达的交通，会加快人才、信息、物质的流通速度，为经济发展提供动力。

3. 农业发展速度缓慢，种植业比例逐渐下降

根据地区条件，本区逐步形成了粮食、烤烟、油菜、生猪、牛、羊等商品基地。种植业在农业中的绝对优势地位下降，农业内部结构不断优化，改变了以传统种植业为主的模式。特色农业成为本区农业中一个新崛起的角色。独特的山川和气候，赋予了本区发展特色农业的先天条件，本区能产出其他地方不能复制的农产品，如榕江的香猪、香羊，丹寨的硒米，麻江的红蒜等。传统的种植、养殖和加工习惯及方法是本区特色农业的独特优势。

近年来，本区的特色农业虽然已形成一定的规模，但仍然存在问题。第一，农产品质量不高。主要是科技含量低，加工水平低，档次低，品质差，种类少。第二，农产品市场信息服务体系建设滞后。服务面积小，信息传递慢，缺乏规模较大，具有较强影响力和辐射作用、带动作用的农产品销售专业市场。第三，产业化发展水平低，资金短缺。

4. 工业发展较快，但经济效益低下

近年来，全区工业经济运行态势良好，总体增长比较稳定，但是，全区工业经济效益低下的状况，并未得到改变。与全国、全省平均水平相比，该区处于比较落后的状态。现在本区工业发展存在的主要问题是：资金短缺，融资困难，投入不足；管理人才匮乏；大企业少，企业规模较小，市场应对能力弱；生产方式简单，经济增长慢；工业经济结构中高载能行业比例较高。

5. 生态旅游

本区的高山、峡谷中，河流众多，森林覆盖率超过53.68%，是喧嚣都市中的人们向往的“洗肺”和“醒脑静心”的理想之地。除自然风光外，本区文化资源丰富，是原生态文化的宝库。2010年，文化产值增加值高于全省平均水平。本区发展原生态文化旅游具有独特的优势和基础。旅游业是产业关联度极强的产业，其拉动经济增长的作用明显。

(三)区域发展规划和战略

1. 发展主导产业，实施工业强区战略

积极发展重点产业，依托特色优势资源的可持续开发利用和民族民间工艺开发，重点推动发展能源产业、造纸和竹木制品加工业、冶金工业、新型建材业、民族生物制药产业、特色食品工业、特色化工产业、民族商品和轻纺工业、装备制造业，实现资源利用与产业发展的整体融合，加速工业化进程。

加快产业园区建设，优化产业园区布局，加强工业集群和工业集聚建设。加强规划引领，促进产业园区科学发展。加强园区基础设施建设，建立良好的基础设施保障平台。创新园区管理体制，优化发展软环境。在重点产业领域培育一批各具特色且创新能力较强的产业基地，不断提升工业发展的专业化、规模化、集约化水平。

强化工业发展的政策和体制保障。对接国家深入实施西部大开发的各项政策，切实完善与强化与工业战略相适应的政策保障体系，创新支持工业发展的体制机制，改善工业发展环境。

2. 加快城镇建设

2011年，本区城镇化水平为12.1%，与全国平均城镇化水平相比，仍然很低。优化城镇空间布局和培育大中城市，提高城镇综合承载能力和辐射带动能力，推进形成以区域中心城市、次中心城市、重点县城为支撑的城镇体系，是带动全区城镇化加快发展和城乡协调发展的重要路径。凯里—麻江同城化建设，打造贵州东部特色综合经济区的核心增长极。此外，还应培育中等城市，建设次中心城市，如黎平、镇远、榕江、从江、天柱。

3. 实施旅游强区战略，建设旅游文化大区

围绕建设“民族文化与自然生态旅游大区”的战略目标，抓住旅游业外部环境明显改善的机会，立足于特色旅游资源可持续开发，深入挖掘民族民间特色文化，积极推动文化与旅游业的融合，推动旅游文化产业发展从单要素向多要素转变，推动旅游文化产业优化升级，提高整体竞争力，使旅游文化产地发展成为带动全区发展的重要龙头产业和战略性支柱产业。

建设完善的旅游产品体系，观光农业和以原生态文化体验为主的乡村旅游业。以黎平为核心，推进侗族大歌世界非物质文化遗产品牌建设，大力开发侗族风情体验旅游产品。以剑河和黄平的温泉为重点，开发休闲疗养度假游。继续发展本区漂流度假，探索发展森林生态旅游、农耕文化旅游和登山、攀岩、探险、科考等专项旅游。以雷山、黎平、施秉、镇远、黄平、剑河等为重点，推进专业旅游城市、旅游城镇建设。开发具有民族原生态特色的旅游商品及专业市场，比如银饰、刺绣、丹寨古法造纸、岑巩思州石砚、三穗竹编、黄平泥哨等传统民族工艺旅游商品及具有本区民族特色的服装、箱包等大众消费品。加强旅游产品的生产和市场建设，在凯里、雷山、镇远、施秉、三穗、黎平等游客集中地，规划建设旅游商品城和专业市场。

加强旅游基础设施和旅游服务体系建设应注意以下几个方面。第一，大力发展文化产业。建设以西江九寨为核心的环雷公山苗族文化旅游区，以肇兴"一山八寨"为核心的"黎从榕"侗族文化旅游区，以黎平为中心的原生态侗族文化及都柳江木商文化旅游区。第二，加强基础设施建设。加强公路、铁路、内河航运、机场等交通设施建设，构建较为完善的现代综合交通运输体系。建立与可持续发展相适应的防洪减灾、水资源供给、水环境保护三大保障体系。

实现电信网、广播电视网和计算机网的"三网融合"，积极推进新一代移动通信网建设。

推动特色生态农业产业化，提升全区农村发展水平。改善农村生产生活条件，加强现代农业园区建设，提高农业产业化水平。

发展生产性服务业，促进产业升级。推进现代物流业发展，发展金融保险、信息和商务服务、科技研发产业，发展生活性服务业，加快文教科技卫生事业发展，提升全区文明水平。

二、黔南中山河谷立体农业优势区

自然因素和社会因素是区域发展的两大影响因素，区域产业发展和布局同上述两大因素关系密切。地貌是自然环境的重要因素之一，它通过对光、热、水、土、肥的重新组合和分配，影响农业布局、土地利用方式及生产方式。都匀中山盆地及地势低平的河谷盆地适宜发展粮食种植，和缓丘陵是发展经济林及用材林的理想地；东南部的低山河谷地区，水多土肥，热量充足，耕地集中，是亚热带水果生长的优良场所，可建立全区主要的柑橘基地，也可大力发展早熟蔬菜；东南部的平塘—荔波喀斯特峰林盆谷地区，具备发展林、牧业的有利条件，以发展松、杉及泡桐等用材林为主。2010 年，全区生产总值202.27亿元，第一、二、三产业产值之比为32.02∶28.58∶39.40。改革开放以来，三大产业协调发展，经济结构进一步优化，区域经济稳定发展(表6.2)。

表6.2　2010年黔南中山河谷立体农业优势区生产情况

市(县)名＼指标	生产总值/万元	第一产业/万元	第二产业/万元	第三产业/万元	人均生产总值/元
都匀	755 320	68 226	275 677	411 417	16 886
荔波	478 886	335 338	64 693	78 855	12 048
独山	245 646	70 031	87 876	87 739	9 028
平塘	150 723	53 240	36 095	61 388	6 443
罗甸	233 508	68 184	87 573	77 751	8 877
三都	158 661	52 802	26 115	79 744	5 554

资料来源：《黔南统计年鉴—2011》

(一)产业发展

1. 种植业稳步发展，特色农业崭露头角

本区的农业人口比重较大。北部历来是本区主要的粮、油、烟产区，丘陵缓坡适宜发展松、杉等用材林及油茶、茶叶、果树等经济林。红水河、北盘江等低热河谷是本区北部发展柑橘类亚热带水果的重要基地。中部具有发展农、林、牧立体大农业的优越条件，许多地势低平的河谷盆地及岩溶盆地是主要的产粮区，一些地势和缓且土壤呈酸性、中性的丘陵是经济林及用材林的理想产地，如贵定仰望、都匀牛场等。东南部的砂页岩中山、丘陵及台地，是主要的水稻产区；部分地区土层深厚，土壤偏酸性，宜发展用材林及经济林；东南部的喀斯特分布区，包括平塘东部、独山和荔波大部，也有大面积由砂页岩组成的山地、丘陵，可以发展松、杉及泡桐等用材林。目前，在独山开辟的牧草良种基地是本区发展畜牧业的良好开端。西南部特有的南亚热带气候适宜发展双季稻、亚热带水果和经济作物，如香蕉、甘蔗等。红水河流域是重要的木材产地，云南松等木材的蓄积量很大。目前，砍伐过量导致植被衰败，应有计划地营林造林，以恢复红水河流域的生态平衡，减轻水土流失。西南部有大面积的亚热带草坡草场，具有发展畜牧业的条件，但须改良畜种，才可以建设畜牧业基地。为了维持本区农业良性发展和发展特色商品的需要，可以发展生态农业。例如，都匀毛尖等优质茶在国内外享有盛名，生态农业能为茶叶提供无污染环境、优质有机肥料和良性食物链支持，能进一步提高茶叶品质和知名度。

2. 工业快速发展

本区历史上主要以农业生产为主，人口密度比贵州其他地区低，交通、能源、通信等基础设施较差，市场开发较晚，经济欠发达，工业基础十分薄弱。改革开放后，特别是西部大开发以来，国家重点项目和区域经济政策向西部倾斜，给本区经济发展带来很好的机遇，推动了工业的快速发展和进步。工业与生态紧密联系，和谐发展，初步形成冶金、化工、电力、煤炭、建材、机械、森工、烟草、医药、食品、纺织、印刷、酿酒等支柱产业。现全区以交通、通信、电力、供水等为主的基础设施建设步伐加快，以矿产、生物资源开发为依托，初步建立以烟草、化工、建材、冶金、医药、轻纺、食品等产业为主导的经济体系。工业总量增长较快。

在基础设施条件进一步改善的前提下，本区经济蓬勃发展，在发展经济的同时重视生态环境保护，做到人与环境和谐发展。

3. 交通情况改变带来社会经济的大变化

以黔桂、湘黔铁路和黔桂公路、贵新高等级公路为主的本区交通网络四通八达，南下通道直达沿海，320、321 国道横贯其间。全区大部分乡、镇、村已通公路，都匀市与各县已全部通三级以上油路。80%以上的乡镇通油路，极大地促进了乡镇区域经济的发展，为老百姓的出行提供了极大的便利。

(1)“大通道”促发展——贵新高速、厦蓉高速

本区紧把贵州省南大门，地处贵州省东西接合部，承东启西，面向两广，背靠大西南，位于南贵昆经济区的中间地带，既是贵州实施南下开放带动的前沿阵地，又是沟通云、贵、川、渝等省市与东南沿海地区及东南亚的重要交通枢纽和出海航道。贵新高速、厦蓉高速开通以来，都匀城市建设步伐加快，促进了经济发展和区域经济协调，都匀已成为一座新兴工业城市，进入前所未有的快速发展时期。

素有“贵州南大门”之称的独山，借助贵新高速的交通优势，其工业、农牧业商品基地的建设、旅游业均得到快速发展。其中，独山的农业产业化很成功。全区沿贵新公路一线的都匀、独山两地，充分利用处于交通要道的有利条件，在发展南下经济中发挥了聚集、辐射、带动作用，逐渐形成了沿贵新公路的大通道经济带。

(2)荔波机场

荔波机场位于本区南端的荔波县。荔波近四分之一的面积是风景区，其中包括著名的茂兰喀斯特森林自然保护区。荔波机场被定位为旅游支线机场，并于 2003 年 8 月开工建设，2007 年 11 月 7 日，正式通航。该机场航站区工程按照满足年旅客吞吐量 22×10^4 人次设计，跑道长 2 300 m，宽 45 m，可起降波音 737 客机。

(3)航运、通信

2007年，全区主要通航水域有红水河、都柳江，水上航运可达珠江口。其中，罗甸八总码头设计吞吐量46×10^4 t，500 t级泊位3个。羊里码头设计吞吐量29×10^4 t，500 t泊位1个。

全区各市县已全部开通程控电话和移动电话，乡镇全部通程控电话，大部分乡、镇、村已开通移动电话，相当一部分机关单位和家庭已建立宽带网或局域网。

4. 民族生态旅游

随着经济的发展和人民生活水平的提高，旅游业已经成为优势产业，在经济发展中的比重越来越大。本区具有丰富的自然旅游资源和民族旅游资源，这两者的完美结合让本区成为人们同时领略自然风光和人文景观的首选地点。

观光农业兴起于20世纪60年代，是一种集休闲、娱乐、求知功能于一体的生态、文化旅游产业，其主要的服务对象是城镇居民。观光农业市场前景较好，能较好地实现生态和社会效益的协调发展。

区内河流遍布，喀斯特溶洞星罗棋布，奇峰怪石天然成趣；植物种类多样，千姿百态；动物种类齐全。这要求本区在建设硬件设施时，综合考虑，因势而建，使自然生态系统和人工建设融为一体，树立旅游业的生态品牌形象，如茂兰喀斯特原始森林、都匀斗篷山—剑江风景名胜区等。

在少数民族风情的基础上，建立高标准的人文生态景区。少数民族服饰、习俗等具有独特的民族特色，具有很高的旅游价值。布依族、苗族、水族、瑶族等少数民族群众生活于此，置身其中，令人耳目一新。布依族人在吊脚楼里唱着古老的山歌，演绎着独特的婚俗；水族的“骑马”和“斗牛”，惊心动魄。典型的景点有董蒙瑶族村寨、三都怎雷水寨。

(二)区域发展规划及战略

本区发展道路的中心依然是可持续发展这个不变的主题。从生态农业、生态工业、环保型第三产业三个方面入手，将其范围不断扩大，直至在全区全面展开。根据其产业布局，以医药、食品等产业为重点，发展生态农业和生态工业。在企业中倡导循环经济发展模式，加快科学技术向生产力转换的速度，清洁生产，联系周边相关产业共同发展，实现资源合理配置。建成都匀大坪精细磷化工、独山麻尾工业园区等高就业、高效益、低污染的生态工业园区。生态农业发展的具体途径主要是通过发展立体农业和庭园经济。建成罗甸早熟蔬菜、独山细刀豆、三都麻竹等经济发展快、生态环境好的示范乡镇和示范园区。在重点畜牧大县，通过舍饲圈养、规模化养殖、实施沼气富民工程等，提高农村居民生活质量。生态农业和生态工业有机结合，发展与畜产品加工相对应的畜牧业及辣椒、麻竹等农产品加工业。

1.“221”计划

敞开都匀、独山“两扇大门”，走向全国，进入东南亚，开拓国际市场。建设两条经济带，充分发挥贵新高速南下通道的交通便利，红水河流域经济条件较好，信息较灵，磷、煤、水等资源丰富，发展磷化工、煤化工，带动相关产业发展。培育民族生态旅游区，发挥荔波、三都着重独有的特色旅游资源，荔波着重开发自然风景，三都着重开发民族风景，带动相关产业发展。

2. 重点产业布局和工业园区规划

本区将集中精力建设、巩固、培育烟草、医药、冶金、电力、畜牧、旅游等支柱产业，建立都匀大坪精细磷化工工业园区、独山麻尾工业园区、食品工业园区等。除重点培植的支柱产业除了要突出特色以外，还须逐级建立一个完整、协调的经济结构。

三、黔西南低山丘陵矿产优势区

黔西南低山丘陵矿产优势区是南北盘江环抱着的美丽富饶地，属珠江上游和南昆铁路中段，素有“西南屏障”和“滇黔锁钥”之称。区内有丰富的黄金矿产资源，现为我国产金重点区域，同时具备优越区位和丰富资源条件。

(一)经济概况

2010年，本区生产总值395.59亿元，第一、第二和第三产业增加值之比为11∶50∶39。

(二)区域优势

本区地处黔桂滇三省交界处，是重要的商品集散地和商贸中心。本区交通便捷，南昆铁路、324和320国道、镇胜高速、关兴高速等高级公路横贯全区。兴义机场、西南水运出海中通道起步工程、西南成品油管道工程已经建成，初步形成了集公路、铁路、水运、航空、管道为一体的综合运输网络。依托资源优势，大力发展特色优势产业，初步形成了以煤、电为主的能源工业，以黄金、铁合金为主的冶金工业，以化肥、电石、甲醇、聚氯乙烯、烧碱为主的化工工业，以水泥、新型墙体材料为主的建材工业，以酒、茶、特色食品等为主的农特产品加工业，以小针剂、片剂、苗药、膏贴药为主的制药工业。这六大产业已成为全区的支柱产业，在经济中占据主导地位。但工业总量小、投入少、发展慢、效益低仍是本区工业发展面临的主要问题，因此，应进一步发展壮大六大支柱产业，培育发展新兴战略产业，实施工业强区战略，加快推进新型工业化。

(三)发展的具体措施

第一，优化空间布局，构建城镇化发展新格局。

本区城镇发展坚持城镇区域化与经济区域化相结合，以高速公路沿线为发展主轴，以“兴(义)兴(仁)贞(丰)安(龙)城镇经济圈”为战略重点，以其他县城和重点小城镇为重要组成部分，形成中心集聚、轴线拓展的集约发展态势。着力培育区域大中城市，增强城市综合承载能力，推进城镇区域化发展。以大城市为依托，中小城镇为重点，促进城市和小城镇协调发展，构建比较合理的区域城镇体系。通过5年左右的努力，形成能更便捷地融入全省，乃至全国经济大循环的城镇化战略新格局，城镇化水平达到40%左右，缩小与全省、全国总体水平的差距。

以建设兴(义)兴(仁)贞(丰)安(龙)城镇经济圈为主抓手，强化兴义的中心带动作用和兴仁、安龙、贞丰的辐射带动能力，推动顶效开发区扩区升级，加快形成以兴义为中心，以兴仁、贞丰、安龙和顶效开发区为支撑的“兴(义)兴(仁)贞(丰)安(龙)城镇经济圈”。支持晴隆、普安、册亨和望谟组团发展，加快构建全区一个中心城市——兴义，一个城镇经济圈——兴(义)兴(仁)贞(丰)安(龙)城镇经济圈，两个片区——普晴、册望组团发展。促进交通条件好，产业集聚能力强，特色明显的乡镇加快发展，坚持统筹城乡、合理布局、节约用地、完善功能、以大带小，构建支撑有力、功能互补、特色鲜明的“一心一圈、两个组团、多点突破”的多层次现代化城镇格局，形成城镇协调互补发展、辐射带动力较强，城镇化与工业化、农业产业化紧密结合的城镇结构体系。

第二，强化城市空间布局与区域产业发展布局之间的有机衔接，为城市拓展创造新空间，加强城市之间的产业分工与合作。

大力推动空间拓展与内部产业发展的互动和融合，按照城市功能定位，明确主导产业方向，积极发展优势产业和劳动密集型产业，提升城市经济实力，增强区域辐射带动能力和吸纳就业能力。

培育优势产业集群，发挥工业园区的集聚效应。壮大电力、煤炭、化工、建材、冶金、食品、制药、烟草等支柱产业，将传统产业改造升级与新兴产业发展有机结合。通过引进、吸收和自主创新相结合的方式，创造条件，积极发展电子、机械组装等高新技术产业，大力培育一批特色优势产业，构建具有地方特色的工业支撑体系，加快资源优势向经济优势的转化，迅速壮大经济实力。

本区主要工业园区的具体情况如下。

兴义清水河循环经济工业园区：采用循环经济发展模式组织配套产业，

重点发展煤化工、煤炭洗选、电力、新型建材产业。

兴义轻工业园区：包括马岭园区和坪东园区两个片区，依托科技进步和体制创新，以食品加工、化工、医药、电子电器的研发制造、组装加工，服装、鞋业和鞋材加工，机械制造、其他设备的零部件制造加工，轻纺工业等为重点。

兴义威舍产业集聚区：该区依托铁路优势，以洁净型煤为龙头，企业以洗精煤、焦炭、铁合金、物流转运等为主，年生产洗精煤可达 200×10^4 t，机焦 100×10^4 t，原煤加工转化能力超过 400×10^4 t，总产值 36.5 亿元。

兴义郑鲁万工业集聚区：依托便利交通优势，大力发展煤化工、冶金、电解铝、建材、仓储物流产业。

顶效工业集聚区：依托突出的资源、区位、交通优势，以建材、冶金、木材加工、农特产品加工、食品、制药等产业为重点发展方向，配套完善的管理、居住、服务等设施。

兴仁工业集聚区：主要依托丰富的煤炭资源和水力资源优势，积极承接东部沿海发达地区产业升级转移加工工业项目，重点布置煤化工和本土名、特、优产业项目。

安龙循环经济工业园区：主要以煤化工、煤炭洗选、冶金、建材为主导产业。

贞丰循环经济工业园区：以龙场 100×10^4 t 煤焦工业园区、金属镁工业园区、连环氰化钠化工工业园区、白层港物流园区建设为主。

贞丰轻工业园区：以县城食品工业园区带动其他相关产业发展。

普安工业集聚区：包括普安青山工业园区、普安北部工业园区、普安江西坡轻工业园三个片区。

晴隆煤化工产业集聚区：以煤化工、冶金、煤炭加工为重点发展方向。

晴隆沙子农特产业集聚区：主要依托丰富的农产资源，加大产品开发力度，带动食品加工业发展。

册亨巧马生态工业集聚区：立足资源优势，不断延伸产业链，提升农产品附加值。

望谟平洞农特产业集聚区：以食品加工、农特产品加工、林产品加工、制糖为主导产业。

第三，大力发展第三产业，强化现代服务业的支柱地位。

努力提高第三产业增加值比重和就业比重，加快发展现代服务业，形成强大的城市服务功能，加快改造和提升旅游、商贸、房地产、物流、文化、金融、信息、科教、中介、社区服务等服务行业。以提高服务业规模和质量作为目标，鼓励社会力量发展现代服务业，引导外资和民间资本在更广泛的领域进入服务业。这不仅能为城镇职工和农村进城务工人员提供更多的就业机会，更是本区提高第三产业产值比重的有效途径。

加快旅游业发展，充分发挥“中国十佳休闲宜居生态城市”的优势，为贵州致力打造旅游强省提供坚强支撑。全区范围内主要风景区有马岭河峡谷—万峰林风景名胜区、安龙招堤风景区、贞丰三岔河风景区、兴义泥凼石林风景区、鲁布格峡谷风景区、兴仁放马坪风景区、晴隆三望坪风景区。本区还处在西南片区的贵州黄果树大瀑布、龙宫、织金洞，广西桂林漓江、北海，云南路南石林、昆明滇池、西双版纳、大理古城、丽江古城、香格里拉等几条黄金旅游线上，发展后劲足，具有广阔的发展前景。依托本区历史文化特色旅游资源，建设以特色旅游为主要特征的旅游强市，打响世界锥状喀斯特旅游资源品牌。打造特色旅游精品，把本区建成以历史文化、民俗文化、宗教文化、商务会展、探亲寻根和休闲度假为主的西南旅游集散中心城市和特色鲜明的民俗文化旅游城市。

巩固发展商贸业，充分发挥地方的商业传统优势，科学布局和构建商业网点、专业市场、专业街，完善商业配套服务，大力发展先进商业业态，提升城区商业中心的档次和品位，注重培育城市的商业副中心，加快发展社区商业服务中心。培育龙头企业，改造提升现有专业市场，大力发展地方优势特色产业，整合市场资源，培育和构建农产品批发市场等辐射力较强的大型专业批发市场。构建高效、便捷的现代商贸流通网络，努力建设区域性商贸物流中心和商品批发中心。

加快培育房地产业，坚持市场化政策取向与加强政府住房保障有机结合的发展方向。按照建设资源节约型、环境友好型社会的要求，大力发展节能节地型住宅，改变粗放式增长模式，推动住房建设由数量型增长转为质量型增长，合理引导住房建设和消费，不断改善和提高城镇居民居住条件和水平。加强对住宅产业化工作的指导和协调，推进住宅产业化工作，正确引导住宅开发和住宅理性消费。严格控制分地、卖地、建私人“竹筒房”，在县城及重点镇全面培育发展商品房居住小区市场，营造良好的人居环境。以城市住房建设规划为指导，进一步优化住房供应结构，重点发展中低价位、中小户型普通商品房、经济适用房和廉租房，保障城镇低收入家庭的基本住房需求。盘活直管公房资产，放开搞活和规范房地产市场。

以促进和服务中小企业发展为主题，借助本区冬暖夏凉、湿度适中、得天独厚的气候条件，以兴义会展中心为主要平台，突出本区特色，不断拓展会展内容，提升会展水平，实现会展经济产业化。将兴义建设成为区域性会展城市，从而为全区企业创造经济效益，带动全区交通、旅游、餐饮、住宿、通信、广告等相关产业的发展。

加快发展现代物流业，整合现有资源，改造提升传统物流设施，优先发展生产型的流通服务业，建设现代物流基础设施平台，完善综合物流运输网络，推进交通枢纽货运站升级改造为现代化物流配送中心，发展各类专业配送中心。规划建设一批有规模、上档次的现代化物流园区。推广和应用现代管理及信息技术，建设现代物流科技网络信息平台。

第四，稳步发展现代农业。

大力推进农业产业结构调整，加快发展现代农业、特色农业、城郊农业、观光农业，促进农业增效、农民增收。注重土地规模化经营和农业合作社建设，积极探索新的产业发展模式，不断提高农业组织化、专业化程度，延长农业产业链，使农特产品加工、运输、销售等环节能吸纳更多农村劳动力。

第四节　人地关系与可持续发展

一、黔南地区人地关系特征

(一)土地资源质差量少，生产力低下

1. 耕地质量差，数量少

以荔波瑶山为例，该地区土地类型由大面积(约 90%)的峰丛和散布其间(约 10%)的洼地/谷地组成。峰丛坡度多在 35°以上，高差 150～300 m，基岩裸露率为 70%～90%，土被不连续，基本不宜耕；洼地/谷地分布离散，是主要耕地所在。以瑶山乡 4 个村为例，耕地面积仅占 4%，其余几乎全是难利用的石质荒坡，人均耕地仅 0.42 hm^2。又如贞丰县兴北镇查尔岩等村位于峡谷南岸的斜坡上，整个谷坡上段倾斜下降，有峰丛发育，坡度 25°以上的地面占 87%，98%的地面土被覆盖率不到 40%。石沟、石芽发育，土壤呈“鸡窝状”或“狭缝状”分布在石沟中。耕地几乎全是石旮旯中的旱地，仅占总面积的 12.3%，其余 87.7%是不能垦殖的非耕地，其中裸岩占 56%。耕地地块破碎，土层薄，耕性差，不能耐旱，抗旱能力只有 5～6 d，夏秋干旱严重时往往颗粒无收。这些地区中的大部分虽实施了坡改梯，但梯化后坡度仍然较大，未能从根本上减少水土流失面积和改变耕地现状。

2. 水资源缺乏

黔南地区虽处亚热带湿润气候区，但多数峰丛洼地距排水基面高，渗漏严重，地表水很少，当地人称“五日无雨成小旱，十日无雨成大旱”，常年性

溪流缺乏。干季甚至人畜饮水也相当困难。村寨中多为季节性泉水。每到秋冬就干枯。例如，罗甸县董王乡5个村年缺水6～10个月，缺水期挑一担水要花费3～8 h。

3. 林地的减少造成生物资源破坏严重

黔南地区虽有森林发育，但在脆弱的喀斯特生境下森林被大量砍伐后，植被很难恢复，因此现有林地较零星。干燥、贫瘠的喀斯特峰丛森林植被生产力很低，往往仅为同地区非喀斯特的几分之一，甚至几十分之一。针对荔波的对比研究显示，喀斯特景观乔木高度与非喀斯特的相差5倍，胸径相差10倍。

大片森林存在时，居民不仅务农种田，还可进行畜牧业生产或其他的经济活动。随着森林的消失，很多具有经济价值的生物资源急剧减少以至枯竭。另外，喀斯特地区的生态脆弱性又使得这种变化不可逆转，其结果只能是大片山地沦为生物量极少的难利用土地。

(二)环境的封闭导致社会发展缓慢

峰丛地形的环境封闭性在很大程度上导致社会封闭保守，发展缓慢。黔南地区由于特殊的地形条件和交通状况，多有不同程度的封闭性，尤以峰丛深洼地和峰丛峡谷为甚。典型的峰丛深洼地呈同心环带状，中心一般有小块田土，边缘缓坡有少量坡耕地和灌木林呈插花分布，外围多为植被稀矮的石山灌草丛。居民点接近洼地底部，形成特殊的聚落形式。从一个洼地到另一洼地必须翻过洼地间高几十或上百米的丫口，丫口间仅有山间小路相通，相互联系和运输都极为困难。

(三)人口的过快增长导致土地负荷过大，人地关系严重不协调

据统计，贞丰县兴北4村人口自然增长率达1.44%。现人均占有耕地0.08 hm^2。望谟麻山镇1982～1995年人口增长率为14.69%，人均占有耕地0.1 hm^2。人口的过快增长带来薪炭缺乏、饮水不足的问题。而缺粮带来的陡坡开垦和大量砍伐山上的植物，导致土层减薄和水源减少，也导致生物资源的更加匮乏和环境劣化。环境承载过大的直接后果是陡坡石山开荒，使生态被严重破坏。据兴北4村统计，水土流失面积占总面积的80%，已接近无土可流，大面积石漠化。

二、人地关系与可持续发展

(一)规划设计地域土地生态经济系统，走人口、资源、经济、环境协调发展之路

由于生态经济系统具有整体性、层次性、地域性、可控性的特点，要按

土地单元整治。根据其生态、经济上的相互联系、相互作用的特点，进行农、林、牧统筹安排，山、水、田、林、路综合治理，结合产、供、销状况，因地制宜进行综合开发、整治规划，使各级生态经济系统协调配合，在可持续发展的前提下实现资源的优化利用，不同地域单元要考虑不同模式。本地区多样的土地资源决定了其农业发展应走一条立体规划、分带开发、农林结合、种养结合的道路，发展商品生产，开发特色品牌产品，发展优势、高效、多种经营的生态农业。

（二）搞好农田基本建设

保护和利用好宜耕土地，充分利用非耕地资源，提高植被覆盖率，是本区持续发展的基础。搞好农田基本建设的中心是治水改土。一是要工程措施结合生物措施，搞好坡改梯及坡面工程，在持续利用中使土地的退化减轻以至停止并转向良性循环。二是要在有条件的地方大力做好水利配套设施建设，力求高产稳产，并创造条件改善水利条件，提高水资源利用效率。在耕作方法上，尽量采用如多犁多耙、半旱式栽培等适宜石灰岩地区特性的耕作制度和耕作措施，改变微地形，防漏防旱，提高地力，改造低产田。为了提高土地利用效率，要提高复种指数，固定耕地，合理轮作，横坡套种、间种、混种、积极推行旱地分带轮作、多熟制及地膜技术，扩大绿肥种植。

提高植被覆盖率是生态重建的关键。应根据该地区不同的生态条件，规划出用材、经济、防护、水源涵养、薪炭等不同林种，以植树造林、飞播造林与封山育林相结合的方式增加森林覆盖。还可以发展草地，选用适当树种、草种，绿化梯田边坡，引进多年生作物等，提高地面植被覆盖率。在区内还可重点建设以杜仲、银杏、油桐、蚕桑、板栗、竹子等林特产品为主的经济林基地。应在调整能源结构的同时加强规划建设供求逆差大的薪炭林，在生态环境较差的地区，要注意选择速生，能有效增加植被覆盖的，根系容易向岩隙延伸的树种以及部分易生长、能护坡的草木品种，注意保护和巩固成果。从改变农村能源种类和利用方式入手，适当发展沼气、节材灶，减轻薪炭采伐量。

本区垂直差异明显，适合立体农业的发展，即根据生态生产力原则，优化其组分和功能，在较小空间内建成多组分的、便于集约经营的、可进行多种经营的、可持续性的农业生态经济系统，如石山上部坚决封山作水源涵养林，中下部则种植速生、丰产用材树种和经济果木林，林下栽种药材等作物。

（三）深入研究人地协调发展理论机制，创建和谐人地系统

深入研究人地协调发展理论机制，坚持可持续发展战略，重视资源环境保护，在坚持公平性、持续性、高效性等原则的前提下，制定协调发展的政策体系，形成对人类自身行为有效的约束机制，创建人口、资源、环境和谐的人地系统。

（四）控制人口增长，缓解人地关系压力

黔南地区人口总数不大，但是人口增长率较高，控制人口数量是缓解人地关系压力最根本的出路，也是保证资源环境以及经济社会可持续发展的关键所在。资源环境是人类生存和发展的根本，控制人口数量，就相当于减缓资源消耗的速度，人与自然才能和谐发展。

（五）调整经济结构，实现资源优化配置

调整经济结构，优化资源配置，转换经济增长方式，确立适宜山区发展条件的合理产业发展模式，把大量的剩余劳动力从土地上解放出来，是实现经济发展与环境保护并举的关键。

（六）加强科研与管理，提高资源利用集约度

加强相关法律法规的制定和贯彻，科学有效地管理土地资源，杜绝土地（尤其是耕地）闲置、退化、低效利用和不合理占用等现象发生。合理确定土地的用途和比例，实现资源优化配置。增加科教投入和转换粗放的经济增长方式，是经济社会可持续发展，人地系统和谐演进的要求。

（七）区域统筹规划

正确处理好经济发展与资源开发和环境保护之间的关系，促进区域和谐发展。加强区域统筹，促进地区经济协调发展，是我国经济社会发展的一项长期任务。区域统一规划可以避免低水平重复建设，提高资源的利用效率，在发展区域经济的同时使人地系统整体综合效应最佳发挥，从而有效防止环境进一步恶化，提高区域资源环境整体承载力。

第七章　黔北地区

章前语

本区位于贵州北部，主要是指贵州乌江以北，与四川、重庆相邻的周边地区。黔北地区包括遵义市及铜仁市，总面积为48 765 km^2。在经济发展上，本区是一个轻重工业并举，工业部门较为齐全的区域。本区地势较高，岩溶地貌发育，山高坡陡，水能资源和矿产资源丰富。

本区的经济开发历史悠久，尤其是农业基础较好，物产丰富，有“黔北粮仓”之称；人口众多，劳动力充裕，人口文化素质较高；矿产资源比较丰富，工业有一定的基础，许多自然资源在全省乃至全国都占有重要地位。

黔北以遵义为领头羊，大力发展形式多样的旅游业。有“黔北明珠”之称的赤水，被中外专家誉为“千瀑之市”、“丹霞之冠”、“竹子之乡”、“桫椤王国”、“长征遗址”。有“黔东门户”之称的铜仁山接巴蜀，水达潇湘，风物荟萃，素有“黔中各郡邑，独美于铜仁”的赞誉。

关键词

黔北；白酒工业；红色文化

第一节　自然环境与资源特征

一、自然环境

（一）地貌类型多样，水资源丰富

本区地处贵州高原北部向四川盆地倾斜的斜坡地带，大娄山自西向东北斜贯全境，要隘娄山关位于本区。地势自南向北急骤下降，地面破碎，一般海拔800～1500 m，相对高差500～700 m。地貌明显表现受南北构造与娄山弧形构造控制，以中山、低山峡谷地貌为主，并多单面山和箱状谷；中部山岭转为南北走向，山岭与谷地为东西向相间排列，并向南北延伸；西部山岭

又呈北东向弧形伸展，形成岭谷相间地形，以碳酸盐岩山地和砂页岩山地为主，形成了许多箱状喀斯特山地和丹霞山地，山高坡陡，土层浅薄，河谷幽深窄狭。

该区蕴藏着丰富的水资源，地表水年径流量 189.89×10^8 m^3。区域内主要河流有西部的赤水河及支流桐梓河、习水河，中部的松坎河及支流羊磴河，东部的乌江及支流芙蓉江、洪渡河。这些河流共分为乌江、赤水河和綦江三大水系。大部分发源于中部，呈树枝状东西南北辐射，河道迂回曲折，上游开阔平缓，中游束放相间，下游穿行于深山峡谷之中，落差大，水力资源开发利用条件优越，可开发的水能资源为 428.4×10^4 kW。再加上本区水能资源多地处峡谷，基岩裸露，清基量、土建工程量、淹没损失和移民搬迁量较小，灰岩砂岩分布广泛，天然建筑材料丰富，大中型电站地址分布均衡，距负荷中心较近且距本区的公路干线不远，开发利用的条件比较优越。

(二)气候类型单一，受准静止锋的影响较大

本区属中亚热带湿润季风气候区，处于向四川盆地过渡的斜坡地带，且受昆明准静止锋的影响，因此，气温变化小，冬冷夏凉，多云雾，日照少。通常最冷月(1月)平均气温为3℃～6℃，比同纬度其他地区高；最热月(7月)平均气温一般是22℃～25℃，为典型夏凉地区。降水较多，雨季明显，阴天多，日照少。受季风影响，降水多集中于夏季。区内各地年阴天日数一般超过150 d，常年相对湿度在70%以上。年平均日照约1 100 h，为国内日照较少的地区。

二、资源特征

(一)生物资源丰富且潜力很大

本区年平均气温为13℃～18℃，≥10℃的积温为4 000℃～5 700℃。热量丰富，作物越冬条件好。由于区内地势高低不同，热量垂直差异明显。海拔700 m以下河谷丘陵区，年均气温16℃～18℃，≥10℃积温5 500℃～5 700℃；海拔700～1 100 m的地方，年均气温约14℃～16℃；海拔1 100 m以上的地方，年均气温约13℃。四季长短因地势高低不同而不同。夏季2～5个月，春秋两季各2～3个月，冬季3～5个月。无霜期255～351 d。这便形成了夏收作物在绝大部分地区越冬不死，在赤水河河谷等地甘蔗等作物可四季种植。再加上受大气环流及地形等影响，河谷地带冬暖夏热，越冬条件较好。光热水同季的组合特征，为农作物特别是秋收作物的高产稳产奠定了良好的自然基础。再者，本区处于中亚热带，水平地带性明显，地势高低悬殊，垂直差异也很明显，使得本区气候类型多样。另外，气候不稳定，灾害性天气种类较多，干旱、冰雹等发生频率高大，对农业生产危害严重。

受本区气候影响，其植被属中亚热带常绿阔叶林地带。土壤主要为黄壤、黄色石灰土、紫色土。原生植被遭破坏后，有马尾松、柏木等进入，形成目前所见的针阔混交林，主要为常绿林。因为本区特殊的环境条件，各类生物资源都十分丰富。东部森林贫乏，以喀斯特藤刺灌丛为主；西部、北部尚有成片原始森林，并残存有桫椤、银杉、秃杉等植物，有珙桐、鹅掌楸、连香树、金花油茶等珍稀树种。赤水为全国楠竹重要产地之一。区内建有赤水桫椤、道真大沙河银杉、宽阔水等自然保护区。

本区众多生物资源中，国家重点保护的野生生物有 82 种，国家一、二级保护动物 37 种，国家一、二级保护植物 46 种。

在栽培植物和饲养畜禽中，许多品种独具优良性状，如"遵籼 3 号"籼稻、"农油号"油菜、杜仲茶、普洱茶、"遵义毛峰"茶、绥阳朝天椒、正安红心柚、余庆甜橙、杜仲、天麻、黄柏、厚朴、中华猕猴桃、刺梨、竹笋、赤水水牛、凤冈白水牛、正安黄牛、桐梓白山羊、习水麻山羊、仁怀黑山羊、赤水竹乡鸡、黔北黑猪、德江复兴猪等。部分品种数量少，零星分散，处于自生自灭的状态，开发利用的潜力大。由于人类的活动频繁，森林植被遭到了严重破坏，森林覆盖率由 20 世纪 50 年代的 33%下降到如今的 13%，原生植被残存无几，一些珍稀植物随生存条件的恶化而死亡，野生动物失去繁衍栖息的场所和食物而濒临灭绝。

(二)优势矿产资源分布集中

本区资源种类繁多，煤、锰、汞、铝、硫铁矿、硅石、石灰石等为现实优势矿产，白云岩、高岭土、黏土、重晶石等为潜在优势矿产。

本区的煤炭资源探明储量 59.14×10^8 t，煤种齐全，质量好，埋藏较浅，产地集中，开采条件好，主要分布在川黔铁路以西。已探明的储存量最大的桐梓煤田储量超过 34×10^8 t。锰矿探明储量居全省第一位，集中分布在遵义等地。铝土矿远景储量近亿吨，多为露采，以遵义最为丰富。务川汞矿产出层次稳定，开采条件好。硫铁矿远景储量 30×10^8 t，规模大，类型多，精选矿多能达到一级品，并多与煤、铝土矿共生。硅探明储量 1×10^8 t，不同组分的硅石可作工业硅、硅锰、硅铁、玻璃、陶瓷、研磨材料、硅酸盐等多种工业用途。石灰石广泛分布。

本区丰富的资源要有更多的人力来开采。而本区适龄劳动力人口与人口总量的增长一致，也就成为本区经济发展的基本条件。

(三)旅游资源丰富多彩

本区自然风景旅游资源种类繁多，喀斯特地貌景观千姿百态，分布广泛。

例如，绥阳的双河洞不仅为专家们提供了较好的研究平台，还成为国内外洞穴探险者的“家园”。水体景观有乌江高峡平湖、共青湖、小西湖、天鹅池等。著名风景区有凤凰山风景林区、宽阔水原始林区，赤水县桫椤保护区、赤水楠竹林海、道真仙女洞自然保护区等。气候四季宜人，适宜发展旅游。这些都将成为人们观光览胜、避暑休假、度假疗养的旅游胜地。

除了这些自然旅游景观外还有人文旅游景观。主要历史名城有革命历史名城红花岗区，古代建筑有道真县明真安州城墙、正安县尹珍务本堂等处，历史遗迹和遗址有桐梓县岩灰洞旧石器时代文化遗址、桐梓县唐夜郎城遗址等，名人墓葬有遵义杨粲墓、郑珍墓等 20 余处。本区主要有仡佬族、苗族、土家族等 36 个少数民族。这使得民族节日、民族艺术、风土人情等得以很好地传承和发展。黔北文化有以下四种特质：第一，特定的地理环境所形成的封闭和半封闭形态下的“野性文化”、“诡异文化”；第二，丰富多元的历史经历所形成的博大兼容、吞吐自如的精神气度；第三，愈久弥香的酒文化；第四，具有转折意义而又富有启迪的长征精神。

（四）连接区内外的交通基本形成

川黔铁路与 210 国道南北纵贯本区，连接贵阳、重庆两大城市，并与黄金水道长江衔接。326 国道在本区经济中心遵义与川黔铁路交汇，往东北方向经本区湄潭、凤冈、德江等地越过乌江入渝，或往西南方向连接另一个综合开发重点区“攀西—六盘水开发区”。本区西北部赤水河通航河段自茅台镇经习水、赤水入川注入长江。马合三级公路将习水煤矿与长江连通。遵义、正安、道真干道公路通往四川省南川等地后，又与铁路和长江相连。本区内的公路密度高于全省平均水平。铁路、河运和公路纵横交错，区内区际联系比较方便，可以促进区际资源互补，为本区经济社会发展提供了较优越的基础设施条件。但是，还有多条公路需提升级别。

黔渝高铁、川黔快铁将大幅缩短往来重庆、贵阳的时间。

第二节　经济特征

一、经济实力与水平居全省第二

从发展水平来看，黔北综合经济区的社会经济基础条件较好，发展势头较强，城镇化水平较高。城镇经济在整个区域经济中处于主导地位，支柱产业明显，发展较快，技术创新、体制创新已成为本经济区结构调整、经济发展的根本动力。据 2010 年年末统计资料，区内人口 922.3309×10^4 人，面积

40 062 km^2，经济总量超过1167.72亿元，仅次于贵阳城市经济圈，为贵州省第二大经济体。

改革开放以来，特别是近十年的快速发展，黔北已经具备了加速起飞、全面振兴的基础和条件，特别是在产业基础、存量资产、科研力量、人力资源、自然资源和生态条件方面，有明显的比较优势，是极具后发优势的地区。相对于其他经济区域来说，黔北经济的一个主要特点就是“综合”。

二、国酒飘香，工业部门较齐全

本区是一个轻重工业并举，工业部门较为齐全的区域。轻工业产值占工业总产值的48%左右，重工业产值占52%左右。制造业主要包括化学、烟草加工、食品、电力、机械及器材、金属制品、金属冶炼、建材、造纸、医药和煤炭等。大中型骨干企业比重仅次于黔中地区。大中型企业中，主要是航天工业(几乎是全省航天工业的全部)，还有航空、食品、化学、冶金、电力等。而铁合金、钢绳、五倍子系列产品、烧碱、卷烟、丝织品等的生产规模、质量，也在全国占有重要的地位。乌江渡大型水电站和赤水大型天然气化肥厂也是全国的重点企业。

贵州山川秀丽，气候宜人，水质优良，多出佳酿，是我国重要的酿酒基地之一，而黔北地区更是基地中的基地。黔北酒业在全国有着重要的地位，中国老八大名酒中有两个就出自本区，即茅台酒和董酒。除此之外，还有一批后起之秀，像习酒、珍酒、鸭溪窖酒、湄窖酒、德江天麻酒、董醇等10多种名优酒。黔北地区尤其是遵义的白酒产量占到全省的90%左右，因此可以这样说，黔北酒业不兴，贵州酒业难兴。

振兴黔北名优酒，除国酒茅台一枝独秀外，也要发挥其他老牌名优酒的品牌优势，让习酒、董酒、珍酒、鸭溪窖、湄窖这“五朵金花”重放光彩。例如，习酒要围绕打造贵州第一浓香品牌目标，强化质量管理，不断发展壮大，形成年产 5×10^4 t的规模。作为茅台之后的贵州第二大中国名酒的董酒，将充分发挥香型独特的优势，紧盯一流品牌目标，开拓国内外两大市场。珍酒则充分利用曾作为茅台酒易地试验酒的历史渊源，通过改革改制，引进实力企业做大做强。鸭溪窖酒尽快完成资产分割，增强投资者的信心，加快推进复产技改，重塑“酒中美人”的新形象。湄窖酒发挥其民营企业的优势，加大产品市场开发力度，力争做成区域间有竞争实力的品牌。

为了配合相关工作的开展，遵义市政府还成立了名酒基地建设领导小组，抽调专门人员组建强有力的机构，负责名酒基地建设的组织、指挥、协调和服务。出台了关于“重点扶持一批名优白酒企业发展的意见”，涉及7个方面共23条，集中优势资源，重点扶持“一大十星”名优白酒企业。“一大”即茅台，“十星”即习酒、董酒、鸭溪窖、湄窖、珍酒、小糊涂仙、酒中酒、百年糊涂、钓鱼台、金士力。

白酒工业的发展使得黔北地区的景区品质更加丰富，除了之前拥有的长征文化、生态文化、沙滩文化外，又加入了“茅台”文化，这些一起构成了黔北地方丰富多彩的旅游资源。

三、农业基础好，是全省粮食和经济作物主产区

本区土地资源比较丰富，适宜农林牧发展的“多宜性”与“双宜性”土地占全区土地面积的96.6%。本区开发历史早，形成了以种植业为主的农业区域。农业发展水平居全省领先地位。主要的农林牧产品总量居全省前列的有粮食、油菜籽、烤烟、茶叶、水果、蚕茧、楠竹、油桐籽、五倍子、杜仲、生漆肉类等。粮食作物主要有水稻、玉米、小麦、红薯、马铃薯、大豆、高粱。经济作物中以油菜、烤烟为主，两种作物播种面积占经济作物播种面积的比重以及占经济作物产值的比重都在90%左右，且都主要分布在大娄山以南地区。

虽说本区经济实力与水平居全省第二，可是却有着一些制约经济发展的因素：一些工业企业远离原料产地；名优产品生产规模小，经济效益不高；东部烤烟适种区缺煤；区内东西向交通尚不发达等。

第三节　两大主要经济中心——遵义、铜仁

一、遵义市

(一)位置以及地形地貌

遵义市位于贵州省北部，是中国西部重镇之一，属于国家规划的长江中上游综合开发和黔中产业带建设的主要区域。东面与铜仁和黔东南州相邻，南与黔东南州、黔南州、贵阳市相邻，西面与四川交界，西南、西北部与毕节、四川泸州毗连，北面与重庆相接。地理位置在N27°8′～29°13′，E105°36′～108°13′。全市国土面积30 762 km²。

遵义市共辖红花岗区、汇川区、播州区，赤水市、仁怀市、桐梓县、绥阳县、正安县、凤冈县、湄潭县、余庆县、习水县、道真仡佬族苗族自治县、务川仡佬族苗族自治县和新蒲新区。

遵义市处于云贵高原向湖南丘陵和四川盆地过渡的斜坡地带，在云贵高原的东北部，地势起伏大，地貌类型复杂。海拔高度1 000～1 500 m，在全

国地势第二级阶梯上。全市平坝及河谷盆地面积占6.57%，丘陵占28.35%，山地占65.08%。大娄山自西南向东北横亘其间，成为天然屏障，是市内南北水系的分水岭，在地貌上明显地把遵义市划分为两大片，南片占全市总面积的37.6%。山南是贵州高原的主体之一，以低中山丘陵和宽谷盆地为主，耕地集中连片，土地利用率较高，是粮食、油料作物的主要产地。从乌江谷缘到大娄山脉，明显可见三级台地：最低一级海拔1 000～1 200 m，中间一级海拔1 300～1 350 m，最高一级海拔1 500～1 600 m。山北以中山峡谷为主，山高谷深，山地垂直差异明显，耕地比较分散。全市地貌类型根据成因可分成三大类：溶蚀地貌区、溶蚀构造地貌区和侵蚀地貌区。全市海拔最低处位于赤水市与四川省合江交界的习水河与赤水河汇合处，海拔221 m；最高处是大娄山山脉的最高峰，桐梓县的柏枝坝、箐坝自然保护区的牛角寨，海拔2 227 m。

(二)自然资源

1. 山　脉

大娄山山脉是构成遵义地形的主要骨架。此山脉西起毕节，东北延伸至四川省境。其横亘本市中部的一段，呈现向南东突出的弧状，海拔在1 500～2 000 m，相对高差多在500 m以上。著名的娄山关处于大娄山主脉的脊梁上，东西两侧为小尖山锁峙，气势磅礴，十分险要，历来为兵家必争之地，古人称此关为“万峰插天，中通一线”。隘口海拔1 226 m，南北高差为400 m的峡谷，川黔国道蜿蜒穿过关口，川黔铁路和崇遵高速从娄山穿隧道而过。

2. 河流与水资源

全市河流均属长江水系，以大娄山山脉为分水岭，全市河流分为乌江、赤水河和綦江三大水系。全市有水流的河总长9 148.5 km，河网密度0.3 km/ km^2，河长大于10 km或流域面积大于20 km^2 的河流有416条。其中，干流2条(乌江、赤水河)，均有航行之利，内河航程441 km，直通长江。一级支流60条，二级支流168条，三级支流149条，四级支流33条，五级支流4条。地表(河川)径流量179.92×10^8 m^3，每平方千米产水58×10^4 m^3。但是，市内河流多属雨源性河流，如连续多日不下雨，相当一部分河流就会出现干涸断流。各河年平均输沙量呈增加趋势，水土流失面积超过5 000 km^2。随着流域植被的改善，水土流失情况在逐步缓解。

乌江干流遵义段的乌江渡电站和构皮滩电站，水电装机容量425×10^4 kW(其中乌江渡电站125×10^4 kW，构皮滩电站300×10^4 kW)。全市正在形成大中小为一体的水电群，赤水河、芙蓉江、洪渡河、桐梓河以及湘江、綦江水系，都在进行中小水电开发。

地表水环境质量逐年好转。功能区水质达标率77.77%，全市水质基本良好，多数未受污染或只有轻度污染。有毒有害成分只在少数河段出现。绝大多数属于矿化度不大的中硬水，总硬度一般为180～300 mg/L，水质呈中性偏碱。

3. 土地资源

低山丘陵盆地区主要分布着黄壤、石灰土、水稻土、潮土，土地利用率较高；低中山地区主要分布着石灰土、紫色土、粗骨土，水土流失严重；海拔1 400 m以上的山区主要分布着黄棕壤，多为林牧用地。全市土壤面积约占土地总面积的96%。根据土地评级，全市属于1～4级适于农林牧发展的“多宜性”地约占土壤面积的39%，属于5～7级适宜林牧发展的“双宜性”地约占58%，属于8级的农林牧均“不宜性”地约占3%。

4. 矿产资源

市内已探明的矿产有60多种。煤、铝土、钛、锰、镁、钼、钡、烧碱等在国内占有重要地位，已形成全省乃至全国重要的钛、锰、烧碱、高性能钢丝绳等原材料生产基地。其中，煤炭资源总储存量在全省仅次于六盘水和毕节。全市1 500 m深度以上的煤炭资源总储存量在257.61×10^{8} t以上，已探明原煤基础储量64×10^{8} t。已建成的鸭溪、遵义、习水三大火力发电厂，装机139×10^{4} kW，加上桐梓电厂等处，与水电建设并进，遵义作为“西电东送”的能源建设基地，已构成“水火电并举”的电力格局。

5. 生物资源

市内野生和常见的高等植物以亚热带常绿阔叶林为典型，具有植物区系南北过渡性和起源古老性的特点。野生动植物资源丰富，占全省稀有动植物资源总数的93.3%。其中，银杉、桫椤、珙桐、金花茶、黑叶猴、白冠长尾雉、大灵猫等被列为国家一、二级重点保护动植物。

遵义市的粮、油、烟、畜、茶、竹、中药材均为重要和特色资源。素有“黔北粮仓”之称，粮食产量大致占全省总量的四分之一。茶叶产量约占全省总量的40%。烟叶质量优良，是全国优质烟区之一。楠竹为全国主产区之一。名贵中药材天麻、杜仲、厚朴、五倍子等驰名全国。市内畜牧用地面积约占土地面积的24%。其中，成片草山草坡占41.1%，万亩及万亩以上草地主要分布于道真、务川、正安、习水等地。

全市森林覆盖率高于贵州省和全国森林覆盖率水平。城市园林绿化工作不断推进，中心城区绿化覆盖率超过40.59%。全市现有自然保护区、风景名胜区、森林公园38个，总面积4 535.54 km^2，包括著名的赤水风景名胜区(国家级)、赤水桫椤自然保护区(国家级)、习水中亚热带常绿阔叶林自然保护区(国家级)和赤水森林竹海、燕子岩、红花岗区凤凰山森林公园(国家级)。赤水、余庆、绥阳、湄潭、凤冈被列为国家级生态示范区。

(三)气　候

遵义市属于中亚热带高原湿润季风区。气候特点是四季分明，雨热同季，无霜期长，多云寡照。绝大部分地区冬无严寒，夏无酷暑。但是，由于地形复杂，海拔悬殊，市内是一个多样性的立体气候类型。全市大体可分为 4 个垂直气候带：丘陵河谷地区中亚热带气候，低山地区类似于北亚热带气候，中山地区类似于南温带气候，海拔 1 500 m 以上的山地则与中温带气候类似。

1. 光　照

年日照时数 1 000～1 300 h，日照率为 23%～29%。遵义市是全国太阳辐射低值区之一。

2. 气　温

因遵义市处于中亚热带季风湿润气候区，冬无严寒，夏无酷暑，气温与所处地理位置及海拔高度有密切关系，年平均气温随海拔高度的变化而有所变化，在同一海拔高度内，东部低西部高。气温的垂直变化明显，海拔 1 780 m 以上地区年均温不到 12℃；河谷深切地区，年均温可达 17℃，终年少见雪凌。各地年均温为 11.2℃～17℃。全市多年平均气温 14.7℃，极端最高气温 36.7℃(1975 年 8 月 7 日)，极端最低气温－8℃(1977 年 1 月 30 日)。年均日照 1 137.7 h，年均无霜期 303 d。

3. 降水量(以遵义市的播州区为例)

由于地形地貌复杂，各地降水量差异较大，娄山山脉年降水量 1 100～1 200 mm，平正乡以东、松林镇以西以及金顶山周围年降水量一般大于 1 200 mm。降水量由娄山山脉往北西方向逐步递减，到边缘河谷深切区年降水量一般不足 1 000 mm。娄山山脉南部年降水量 1 000～1 100 mm，往南东逐步递减。例如，播州区东部永乐镇一带年降水量1 100 mm左右，往西逐步递减。两个递减面交汇地带(播州区中部大部分地区)和乌江、偏岩河、湘江河的谷深切区是播州区少雨区，年降水量一般小于1 000 mm。

据播州区气象局统计资料(1960—2005)，10 分钟最大降水量为 25.5 mm (1996 年 9 月 8 日)，1 小时最大降水量为 54.3 mm(1996 年9 月8 日)，24 小时最大降水量为 143.9 mm(2002 年 6 月 18 日)，日最大降水量为 149.4 mm(1991 年 7 月 3 日)，多年平均降水量1 030 mm。雨季多始于每年 4 月中旬，结束于 10 月下旬，旱季为 12 月至次年 3 月。降水量年内分配不均，全年 85%左右的降水量集中在 4～10 月。

4. 风

全市年平均风速0.9～2.2 m/s，全年大于16 m/s的大风日数以遵义、桐梓、赤水最多，3～4 d，正安、凤冈一带2 d左右，其余各地约1 d。市内风速总的趋势是从西部、南部往东北方向递减，以春季和盛夏最大。风向随地形而多变，一般在大娄山以南地区多东北风，大娄山以北地区多东风和东南风。

5. 自然灾害

本市地质灾害主要有滑坡、泥石流、岩体崩塌、地面塌陷和地震等。遵义最早的地震记载见于明弘治八年(1495年)。自1495年，今遵义范围内共发生地震37次，烈度和震级最高的一次是1876年今仁怀河西里的地震，烈度为5度，震级为4.5级。其余各次地震，均没有关于破坏情况的记载。气象灾害主要有倒春寒、干旱、霜冻、凝冻、绵雨、暴雨、冰雹、大风等。

(四)遵义市行政区划及人口状况

遵义市辖3个区、7个县、2个民族自治县及新蒲新区，代管2个县级市。

市辖区：红花岗区、汇川区、播州区；县级市：赤水市、仁怀市；县：桐梓县、绥阳县、正安县、凤冈县、湄潭县、余庆县、习水县；自治县：道真仡佬族苗族自治县、务川仡佬族苗族自治县。

新蒲新区是遵义市设立的经济管理区，汇川区与遵义经济技术开发区(国家级)实行“一套人员，两块牌子”的管理模式。

据2010年第六次全国人口普查统计，全市常住人口为6 127 009人，同第五次人口普查相比，10年共减少了416 851人(表7.1)。男性人口为3 122 871人；女性人口为3 004 138人。总人口性别比(以女性为100)为103.96。城镇人口2 145 679人，乡村人口3 981 330人。

全市常住人口中，汉族人口占88.55%。遵义市下属两个少数民族自治县分别是道真仡佬族苗族自治县、务川仡佬族苗族自治县，相比贵州省的其他地方，遵义市少数民族人口比例少于贵州其他的地市。

表7.1　遵义市各区(市、县)人口数据

指标 区划名称	常住人口(2010年11月)			户籍人口
	人数	比重/%	人口密度/人·km^{-2}	
红花岗区	656 725	10.72	930.87	508 404
汇川区	438 464	7.16	717.34	350 703
遵义县(播州区)	944 326	15.42	230.77	1 201 094

续表

区划名称＼指标	常住人口(2010 年 11 月)			户籍人口
	人数	比重/%	人口密度/人·km^{-2}	
桐梓县	521 567	8.52	163.32	701 042
绥阳县	379 938	6.21	149.32	535 536
正安县	389 434	6.36	150.06	638 592
道真仡佬族苗族自治县	244 123	3.99	113.15	340 156
务川仡佬族苗族自治县	321 581	5.25	115.78	453 471
凤冈县	313 005	5.11	166.01	434 770
湄潭县	377 354	6.16	202.97	489 870
余庆县	234 681	3.83	144.54	300 468
习水县	522 541	8.53	170.58	712 846
赤水市	237 029	3.87	125.91	311 665
仁怀市	546 241	8.92	305.24	663 009

资料来源：2010 年第六次全国人口普查

备注：2016 年，撤销遵义县，设立播州区

(五)经济和社会事业

遵义市 2010 年生产总值 719.79 亿元。其中第一产业增加值 121.59 亿元，第二产业增加值 340.18 亿元，第三产业增加值 258.02 亿元。

1. 农村农业经济稳步发展

2010 年，完成粮食产量 339.85×10^4 t，油料产量 23.88×10^4 t，肉类总产量 41.95×10^4 t，竹林面积 1×10^4 hm^2，种植商品蔬菜 $6.07\times10^4 hm^2$。新增“四在农家”创建点 1 279 个，近百万群众受益。新建和改建黔北民居3×10^4户。完成农村公路 2 720 km。完成58.8×10^4 人饮水安全问题。新增转移农村富余劳动力 11×10^4 人。

2. 新型工业化步伐加快

2010 年，工业增加值 302.04 亿元。规模以上工业增加值 254.46 亿元，其中国有及国有控股企业 150.51 亿元，集体企业 1.54 亿元，股份制企业 79.42 亿元，私营企业 41.65 亿元。

3. 教育科技事业发展加快

“两基”顺利通过“国检”。职业教育、高等教育持续发展。落实困难学生生活补助。各级各类学校 3 130 所，专任教师近 7 万人，在校生 144.8×10^4 人。全市小学适龄儿童入学率近 92%，初中阶段毛入学率超过 94%。启动实

施了国家科技支撑项目计划，获得省级以上科技专项重点项目 130 余项，省级项目近百项。全市共有高新技术企业 23 个。

4. 和谐遵义呈现新面貌

2010 年全市 7 万农民贫困人口脱贫。新增城镇就业人员 4.39×10^4 人。其中 1.55×10^4 名下岗失业人员实现再就业，3 855 名大学生实现转移就业和就地创业就业。社会保险全面推进，养老、工伤等方面保险投入进一步加大，新型农村社会养老保险试点顺利启动。46×10^4 人纳入城乡居民最低生活保障，4.5×10^4 名优抚对象生活待遇逐年提高，28.35×10^4 人参加基本养老保险，40.03×10^4 人参加城镇职工基本医疗保险。

5. 城乡居民收入显著增加

2010 年，农村居民人均纯收入 3 661 元，扣除价格上涨因素，实际增长 11.2%。城镇居民人均可支配收入 13 806 元，实际增长 10.5%。农村居民家庭恩格尔系数 47.7%，城镇居民家庭恩格尔系数 40.1%。

(六)“十三五”发展规划

以“坚持红色传承，推动绿色发展，奋力打造西部内陆开放新高地”为主题，以守牢底线、走好新路、率先小康为主线，以提高发展质量和效益为中心，着力实施大扶贫、大数据战略行动，确保在全省率先全面建成小康社会、率先向现代化迈进。

第一，强力推进产业转型升级，全面构建现代产业新体系。以信息化为引领，以工业化为主导，以大数据为链条，推动信息化与第一、第二、第三产业深度融合，打造茶酒、大健康与新医药、文旅农旅一体、现代制造业与现代服务业，形成发展新业态，打造经济新引擎。着力打造大数据、白酒、大健康、新能源节能环保、特色农产品加工“五大千亿级产业”。实施大健康医药产业发展六项计划，建设一批医药、健康养生示范园区、产业基地和企业集团。大力发展页岩气、风电、太阳能等清洁能源，开发煤层气、生物质能等新能源，着力发展节能环保低碳产业和新型建筑建材业。大力发展以茶叶、特色食品、健康水等为主的特色轻工产业，做大做强一批农产品加工园区。坚持以红色旅游为引领，大力发展避暑休闲、温泉度假、汽车露营、科普探险、修学旅行等新业态，加快工旅、城旅、农旅、商旅、文旅、智旅等融合发展。加快发展金融保险、现代物流、研发设计、检验检测、商贸会展、软件和信息服务、中介服务等生产性服务业，推动生产性服务业向专业化和价值链高端延伸。

第二，推进山地特色新型城镇化。坚持以人为本，走产城景一体、铁公机联动、山水田融合、村社园统筹、文教卫配套的山地特色新型城镇化道路，构建统筹城乡发展新格局，让绿色城镇山水相融。着力把南部新区打造成国家级高新区，形成中心城区三个国家级平台支撑、五大核心发展主战场新格局；推进仁怀、桐梓、湄潭与中心城区同城化发展。

第三，推进县域经济大发展。中部六县(区)大力发展以大数据端产品等为代表的电子信息产业，以制药为重点的大健康医药产业，以航空航天、新能源汽车等为代表的制造业、创新转型的新材料产业和电子商务、现代物流、研发设计、商贸金融、文化旅游等现代服务业，加快建设智能终端产业集聚区、现代服务业集聚区、军民融合创新示范区。西部三县(市)加快白酒、能源化工、文化旅游、健康养生产业转型升级和创新发展，着力打造特色产业创新示范区，加快建设“四河四带”，积极申报建设赤水河流域生态经济示范区。东部三县大力发展茶旅一体、休闲养生、现代优质高效特色农业、特色农产品加工等产业，加快建设“四在农家·美丽乡村”示范区，统筹城乡发展试验区、高端休闲度假养生体验区。北部三县大力实施精准扶贫精准脱贫行动和基础设施提升工程，加快发展山地特色优质高效农业，着力发展生态畜牧业、中药材、新药创制、健康养生、文化旅游等特色产业，着力建设扶贫攻坚示范区、特色农产品产销集聚区、仡佬文化旅游体验区、渝黔开放合作创新区。

第四，推进生态文明建设，加快建设绿色遵义新家园。加快中心城区饮用水源地保护，推进赤水河、乌江、洛安江、芙蓉江等流域生态文明先行示范区建设。扎实推进生态建设。实施石漠化、水土流失、中小河流综合治理等生态建设工程，建成国家生态文明建设示范市。推动以循环工业、循环农业、循环园区为主的循环经济发展，实施 100 个循环经济示范项目，打造 10 个循环经济示范区，形成 10 条循环经济产业链，促进生态产业化、产业生态化。

第五，建设现代综合立体交通网络。建成渝黔快铁，川黔铁路遵义城区段线路外迁工程，城市轨道交通 1、2、3 号线，开工建设攀昭黔、遵义至泸州铁路和开阳至遵义城际轨道交通线。加快贵遵复线、遵崇复线、绥正、南环、习正、余遵、务彭、遵仁、道武、湄潭至新舟机场等高速公路建设，推进国省干线公路升级改造，加快建成便捷高效的骨干公路路网，建成一批“多式零距离换乘”交通枢纽。加快综合交通运输枢纽和站场建设，实现村村通客运目标。

二、铜仁市

(一)位置以及地形地貌

铜仁市位于贵州省东北部，素有“黔东门户”的美誉，东邻湖南，北接重庆，是大西南连接东部沿海地区的交通要道。地理位置为E107°45′～109°30′，N 27°07′～29°05′，全市面积18 003平方千米。

铜仁市共辖2区、4县、4自治县、2开发区，即碧江区、万山区、江口县、石阡县、思南县、德江县、玉屏自治县、松桃自治县、印江自治县、沿河自治县和大龙开发区、贵州铜仁高新技术产业开发区。其中，碧江区为市委市政府所在地和政治、经济、文化中心。

铜仁市处于云贵高原向湘西丘陵及四川盆地的过渡斜坡地带，武陵山区腹地，平均海拔600 m左右。武陵山脉纵贯中部，其主峰梵净山纵贯南北，将全市分为东西两大片区。东部为低山丘陵和河谷盆地，海拔多在800 m以下，西部为黔北喀斯特山原东延部分，海拔800～1 100 m。喀斯特地貌占全市总面积的80%以上。

(二)自然资源

1. 山　脉

武陵山脉纵贯铜仁中部，将全市分为东西两大片区。山脉主体位于湖南省西北部，整条山脉呈东北—西南走向，为中国第二级阶梯与第三级阶梯过渡带，乌江和沅江、澧水分水岭。主峰梵净山，在贵州省印江、江口、松桃三县交界处。

2. 河流与水资源

水资源比较丰富，以梵净山为分水岭分为乌江水系和沅江水系，区内有乌江和锦江两大河流，分别流经石阡、思南、德江、沿河和江口、碧江、万山。其中，乌江为长江上游主要支流。全市年径流量达到127.9×10^{8} m^{3}；地下水总储量32.33×10^{8} m^{3}；水能资源储量326×10^{4} kW，建成了乌江思林、沙沱等大型水电站，铜仁将逐步成为“黔电东送”的主要电源点。

3. 土地资源

截至2013年，铜仁市土地总面积为18003 km^{2}。耕地4658.89 km^{2}；果桑、茶叶等园地105.29 km^{2}；林地8211.19 km^{2}；牧草地1906.52 km^{2}；其他农用地1095.55平方千米，占6.09%；建设用地603.34平方千米，占3.35%；未利用土地1 200.67 km^{2}(未含滩涂面积)。耕地主要分布于河谷阶地，低山河谷，低山丘陵或剥夷面、低中山山脚、山腰及山谷盆地和断陷盆地等地面。

4. 矿产资源

铜仁市资源富集、物产丰富，已探明矿产资源 40 多种，主要有锰、汞、含钒石墨、含钾页岩、重晶石等，是全国三大锰矿富集区之一，也是贵州东部重要的锰工业基地、能源基地。

5. 生物资源

森林资源和生物资源富集，生态环境良好。全市主要植被为常绿阔叶林、常绿落叶阔叶混交林、暖性针叶林、针阔叶混交林、竹林等。梵净山是铜仁市生物资源最富集和生态环境最良好的区域，是国际“人与生物圈”保护区网络成员。据统计，全市有木本野生植物 900 多种，药用植物 1000 多种，野生动物 400 多种。

(三)气 候

铜仁市属中亚热带季风湿润气候区，气候特点主要表现为季风气候明显，气候的垂直差异显著。大部分地区温和湿润，山间、河谷气候垂直变化明显，有“一山有四季，十里不同天”的气候特征。全市冬无严寒，夏无酷暑，雨热同季。

1. 光 照

年日照时数 1044.7～1266.2 d，光照条件虽然较差，而 4～9 月的日照时数占年日照时数的 68%，适合于各种作物和林木的生长。

2. 气 温

铜仁市年平均气温 13.5℃～17.6℃。西部气温高于东部，最冷月为 1 月，平均气温在 2℃～6℃，最热月为 7 月，平均气温在 24℃～28℃。

3. 降水量

铜仁降雨充沛，年平均降雨在 1 100～1 400 mm，集中于 4～8 月，占全年降雨量的 60%～65%。东部为降水高值区，常年降水在 1 300mm 以上。西部为降水低值区，常年降水在 1 200mm 以下。无霜期 275～317 d，热量丰富，光照适宜，降水丰沛。

4. 自然灾害

铜仁地处长江中下游的生态屏障区，生态位置十分重要。但是，由于全区大部分地方属喀斯特地貌，生态环境十分脆弱，受此影响，山体滑坡、泥石流、洪涝、干旱等自然灾害频发，水土流失严重。

(四)铜仁市行政区划及人口状况

铜仁市共辖 2 个市辖区、4 个县、4 个自治县、2 个经济开发区。

市辖区：碧江区、万山区；县：江口县、石阡县、思南县、德江县；自治县：玉屏侗族自治县、松桃苗族自治县、印江土家族苗族自治县、沿河土家族自治县；经济开发区：大龙开发区、贵州铜仁高新技术产业开发区。

碧江区为市委市政府所在地，位于铜仁市的东南部，是铜仁市的政治、经济、文化中心。

土家族、汉族、苗族、侗族、仡佬族等29个民族聚居于铜仁市，少数民族人口占总人口的70.45%(表7.2)。

表7.2 铜仁市各区(市、县)人口数据

指标 区划名称	常住人口(2011年11月)			户籍人口
	人数	比重/%	人口密度/人·km²	
碧江区	362 300	11.70	239	389 300
万山区	47 900	1.55	32	65 700
江口县	173 000	5.59	114	237 300
石阡县	304 500	9.83	201	410 200
思南县	499 900	16.15	330	677 100
德江县	368 400	11.90	243	531 800
玉屏侗族自治县	118 600	3.83	78	152 900
松桃苗族自治县	487 200	15.73	322	710 900
印江土家族苗族自治县	284 400	9.19	188	435 900
沿河土家族自治县	450 100	14.54	297	661 000

资料来源：《贵州统计年鉴—2012》

(五)经济和社会事业

进入"十二五"以来，铜仁市发挥比较优势，全力推进工业化、城镇化和农业产业化发展，加大对外开放力度，加强重大项目建设，着力推进以"两圈两带"为重点的区域经济发展，形成了经济增长提速、结构调整加快、投资大幅增加、基础设施加强、区域协调发展的新格局，经济社会发展实现了新的跨越。2012年，全市生产总值达到443.91亿元，其中，第一、二、三产业增加值分别达到123.93亿元、126.79亿元和139.19亿元，三次产业结构调整为27.9∶28.6∶43.5；财政总收入达到63.73亿元，其中一般预算收入达到36.57亿元；全社会固定资产投资达到702.81亿元；招商引资实际到位资金突破450亿元；城镇居民人均可支配收入和农民人均纯收入分别达到16338元和4802元。

经济结构调整力度加大，围绕实施“工业强市”战略，重点推进“玉(屏)铜(仁)松(桃)”产业经济带和一批产业园区(开发区)建设，形成了以冶金、能源、化工、建材、特色食品、加工制造和高新技术产业等为重点的特色优势产业。2012年，全市工业增加值同比增长15.6%。农业产业化步伐加快，茶叶、蔬菜、烤烟、花生、水果、中药材、油茶等种植规模扩大到600多万亩，龙头企业增加到359家，农产品加工率达到34.3%。以文化旅游为龙头的服务业加快发展，进出口贸易大幅增长。城镇化加快推进，统筹城乡发展取得新进展，实现了铜仁地区“撤地建市”，全市城镇化率进一步提高。重点推进了铜仁中心城区改造提升和新区建设，中心城区拓展到40 km^2 左右。基础设施建设取得重大突破，重点建成或开工建设了一批交通、水利、电力、通信等基础设施建设项目，实施了一批重大生态建设和环境保护工程，为加快铜仁市经济社会的跨越发展奠定了重要基础。

但是，总体上看，铜仁市目前仍然是贵州欠开发、欠发达的少数民族贫困地区，处于工业化发展的初期阶段，与全省特别是与全国发展水平相比存在较大的差距，存在着工业化、城镇化和农业现代化发展水平低，产业结构单一，基础设施薄弱，自我发展能力不强，生态环境较为脆弱，优势资源开发转化能力弱，贫困人口多，城乡差距较大，社会事业发展滞后等突出问题。

(六)发展规划

全面夯实发展基础，厚植发展优势，用综合生态观引领发展，加快推进长江经济带承接产业转移示范区、生态文明示范区、内陆开放型经济试验区、民族团结进步示范区、国家级生态屏障区、长江上中游重要节点中心城市“五区一中心”建设，把铜仁打造成贵州东联“一带一路”、长江经济带和京津冀的出省战略通道，国际休闲养生旅游目的地。

第一，优化工业发展布局。围绕“两区一走廊”经济发展布局，黔东工业聚集区重点发展新能源新材料产业、装备制造业、新医药产业、电子信息及商务产业、轻工产业、商贸物流等产业。德江思南印江产城融合示范区重点发展大健康产业、茶叶加工、中药材加工、特色轻工、装备制造业、清洁能源、新型建材等产业，以锰、钡、汞、钾等为重点，打造西部精细化工产业基地，以页岩气、核电、风电、储能电池等为重点，打造西部新能源新材料产业基地，以服装鞋帽、打火机等劳动密集型产业为重点，打造全国承接产业转移基地，以水、酒、茶、食品、药、休闲养生等为重点打造全国营养大健康医药产业基地，依托丰富的石材资源，打造西部石材产业基地，逐步实现工业强市。

第二，按照“产城互动、教城一体、景城融合、同城发展”的发展模式，着力构建以主城区为中心，以玉铜松城市带、乌江特色城市群为重要支点，以特色乡镇、特色村落为网点的新型城镇体系。

第三，大力发展特色农业优势产业。实施农业产业“双百”工程，把生态茶、生态畜牧业、中药材产业、休闲农业与乡村旅游、“两烟”五大产业培育成100亿元产业；把精品水果(干鲜果)、无公害蔬菜、经济林三大产业培育成100万亩规模产业。

第四，大力推动全域旅游发展。紧紧围绕“梵天净土、桃源铜仁”品牌，以民族和山地为特色，以全域旅游、全民参与作为基本方针，依托大扶贫、大数据两大战略行动和大生态、大健康、大文化三大跨越工程，着力开发自然、生态、人文相融合的复合型山地旅游产品，推动旅游产品从单一的观光型向观光、休闲、度假、康体、商务复合型全域旅游产品转变和提升。加大以交通为主的基础设施及配套服务设施建设，构建“快旅慢游”全域旅游服务体系。努力打造以“一山两江四文化”要素为核心的旅游发展升级版，全面提升铜仁旅游产业实力和整体形象，实现由旅游经济大市向旅游强市跃升，把铜仁打造成为国际休闲养生旅游目的地。

第五，构建综合交通网。围绕将铜仁“建成武陵山区新兴交通枢纽”的目标，强化通道，完善网络，优化交通运输布局，建成铜玉铁路、渝怀二线。实施高速公路联网工程，建成德江至务川、铜仁至怀化、铜仁至从江高速公路，开工建设印江至秀山、石阡至玉屏、江口至玉屏、沿河经印江(木黄)至松桃、德江县城至黔北机场高速公路。建成铜仁凤凰机场新航站楼，把铜仁凤凰机场打造成武陵山区国际旅游中心机场。

第六，筑牢生态安全屏障。深入贯彻实施国家、省主体功能区规划，对重点功能区实行产业准入负面清单，把铜仁打造成武陵山生态廊道和生态屏障。加强土地用途管制，以主体功能区规划为基础统筹各类空间性规划，推进“多规融合”。推进国家和省主体功能区建设试点。积极申报创建国家公园、省级自然保护区，支持印江创建国家森林城市，支持江口创建国家级生态文明示范县。以梵净山自然保护区为核心，以麻阳河自然保护区、乌江水源涵养区、佛顶山自然保护区、黔东植被保育区为支撑，以乌江、锦江、㵲阳河和松江河生态廊道为纽带，划定生态保护红线，设立生态安全保护区，构建“一核四区四廊道”生态安全屏障。

第三篇　专　论

第八章　喀斯特地区石漠化与可持续发展

章前语

喀斯特(岩溶)石漠化是制约我国西南喀斯特地区可持续发展的重大生态与环境问题，是我国实施西部大开发和“扶贫攻坚计划”中的一块“硬骨头”，与黄土高原同为我国环境退化问题中最为突出的问题。喀斯特石漠化不仅直接蚕食着当地人民的生存空间，制约着该区域的可持续发展，极大地影响着中国整体经济、社会与生态的协调发展和东西部的共同富裕，而且还因该地区是长江和珠江两大水系上游的生态屏障而严重危及中国半壁江山的生态安全。2008 年，国务院批复《岩溶地区石漠化综合治理规划大纲(2006—2015)》，决定在西南岩溶地区 8 省(自治区、直辖市)的 451 个县开展石漠化综合治理工作，贵州省 78 个县进入规划范围。同时，规划明确“十一五”期间选择有代表性和典型性的 100 个县开展综合治理试点，其中贵州省有 55 个。国家发改委、国家林业局、农业部和水利部联合下发通知，决定从 2011 年起，“十一五”期间中央预算内投资支持的 100 个石漠化综合治理试点县改为综合治理重点县，并在此基础上扩大覆盖范围，再增加 100 个综合治理重点县。其中，贵州新增 23 个，这标志着从 2011 年起，贵州省有石漠化治理任务的 78 个县全部被纳入中央专项资金支持之列。贵州也成为目前全国唯一一个实现石漠化综合治理工程范围全覆盖的省份。

关键词

喀斯特；石漠化；石漠化治理

第一节　喀斯特与喀斯特地貌

一、喀斯特概述

贵州地处世界三大喀斯特集中分布区之一的东亚片区中心，在碳酸盐岩类广泛分布的地质环境和温暖湿润季风气候的背景下，喀斯特面积约占全省国土面积的61.92%，属我国乃至世界亚热带锥状喀斯特分布面积最大，发育最强烈的一个高原山区。

贵州碳酸盐岩的总厚度约17 000 m，占贵州沉积岩总厚度的70%以上，其中纯碳酸盐岩厚度约为碳酸盐岩总厚度的62%。而且，从元古代震旦纪到三叠纪，每一个地质时代的地层，都有不同厚度、不同面积的碳酸盐岩分布和出露。从贵州行政辖区内各县(市)喀斯特分布面积来看，全省除赤水、雷山、榕江、剑河4地基本无喀斯特分布外，其余县(市)都有喀斯特分布发育。喀斯特分布面积占所在县(市)土地面积70%以上的县(市)共42个，喀斯特分布面积占50%～70%的共26个，喀斯特分布面积占30%～50%的共7个。全省有95%的县(市)有喀斯特分布，其中面积占30%以上的县(市)有76个。

贵州喀斯特的基本特征表现为：第一，分布连续、面积大、质纯、层厚的石灰岩和白云岩，给喀斯特发育奠定了最雄厚的物质基础。第二，燕山运动构成了贵州喀斯特地貌空间分布基本骨架。第三，高原—峡谷地域结构。第四，强烈发育的热带、亚热带地表、地下二元结构，使喀斯特地貌类型多样，锥状喀斯特发育强烈。基于以上特征，贵州喀斯特以其固有形态、类型、结构和分布，在中国及世界喀斯特中占有极其重要的地位，与周边的云南、四川、重庆、湖南和广西相比，具有明显的区域性特征。

二、喀斯特地貌

在特定的自然地理条件下，丰富多彩的贵州喀斯特地貌存在着正负地形的明显反差，它们之间在形成过程中相互伴生，且有一定的成因联系，在空间分布上相互并存，且有一定的组合规律。这种成因联系和组合规律不仅反映了不同成因、受不同构造控制和不同发育阶段上的地貌发育特征，而且还奠定了形态成因类型的划分基础。

(一)峰丛洼地喀斯特系列

锥峰与洼地、谷地或峡谷的组合，平面上正地形所占的面积大于负地形的面积。锥峰基座相连，相对高度100～250 m，峰顶参差不齐，向区域地形坡向倾斜。地下以管道流为主，有时形成地下河。

在峰丛洼地类型中，洼地深陷封闭，具有多边形特征，为圆筒状、漏斗状或盆状，大小不一。洼地底部高差极大，岩石裸露。地下常发育有斗淋或落水洞。

在峰丛谷地类型中，谷地窄而通畅，系洼地沿构造走向发育演化而来的喀斯特干谷，有些则为早期河网所在的古河道，谷底相对平坦，一般无现代地表河，大多岩石裸露，少数覆盖有残积物和坡积物，斗淋、落水洞发育。

在峰丛峡谷类型中，峡谷是因高原强烈抬升，主河迅速下切数百米形成的，谷窄水急，比降大，冲积物不发育，谷坡陡直，深切呈"V"形、箱形甚至裂谷形，周围的洼地发育成岩石裸露的深洼，与峡谷相辉映。

该系列生态环境的特征为裸露型喀斯特，以常绿阔叶落叶的喀斯特植被和石灰土为主，渗漏强，地下水深埋，地表缺水干旱，土层薄，分布不连续，多旱涝洼地。人类活动以旱地坡耕地为主，水利化程度低，水、土、肥不协调，空间变化大，农业结构单一，综合生产量低而不稳。

(二)峰林洼地喀斯特系列

锥峰与洼地或槽谷地组合，正负地形所占的面积大体相等，实际上这是一种峰丛洼地喀斯特与峰林溶原喀斯特过渡的系列。锥峰呈孤立状散布在洼地或谷地周围，相对高度 100～200 m，峰顶起伏小，没有明显的倾向。

在峰林洼地类型中，洼地呈大而浅的多边形特征，平坦开阔，覆盖有较薄的残积层，常有斗淋和落水洞发育。

在峰林槽谷类型中，谷地纵向延伸，或与洼地沿构造走向合并而成基面坡立谷，或因河流横向展宽形成现代河谷，或二者兼有。谷底接近基面，宽缓开畅，河流冲积物发育。

该系列生态环境特征为半裸露型喀斯特，亚热带常绿阔叶落叶与石灰岩植被共存，黄壤、黄红壤与石灰土相间分布，谷地河流稀少，地下水埋藏深度中等，分布不均。人类活动以旱地为主，水旱兼作。

(三)峰林溶原喀斯特系列

锥峰与溶原、盆地或台地的组合，正地形的面积远远小于负地形的面积。锥峰呈孤立状点缀在平坦的碳酸盐岩面上，相对高度 50～150 m，峰顶等齐，没有明显的倾向。石峰基部，洞穴甚为发育。地下水系开始向地表转化。

在峰林溶原类型中，溶原为切平构造的喀斯特准平原，平坦开阔，接近基面，河流明暗相间，潭湖众多，覆盖有较薄的残积层。

在峰林盆地类型中，盆地多系喀斯特准平原沿新构造断陷所致的构造坡立谷，有的则为向斜构造基础上发育起来的盆地，多具有封闭宽大，向心水系发育，河湖相沉积物较厚，沿构造走向延伸的特征。

在峰林台地类型中，台地系喀斯特准平原因新构造断块抬升或周围河流深切所致，台面开阔平坦，覆盖有较薄的残积层，许多新近的落水洞和斗淋沿断裂发育。

该系列的生态环境特征为浅覆盖型或半裸露型喀斯特，以常绿阔叶林、黄壤为主，地表、地下水系都较发育，地下水埋藏浅，相对均一，存在相对地下水富水带，土层较厚，分布连片，保水保肥力增强，水利化程度较高。农业利用以水田为主，水旱兼作，复种指数较高，农业多种经营、综合生产量较高。

第二节　喀斯特石漠化

喀斯特石漠化是在亚热带喀斯特脆弱生态环境下，人类不合理的社会经济活动乃至造成人地矛盾突出，植被被破坏，水土流失，基岩逐渐裸露，土地生产力衰退丧失，地表在视觉上呈现类似于荒漠景观的演变过程。

图 8-1　喀斯特石漠化景观

（左：紫云，右：水城；梅再美摄）

一、喀斯特石漠化的形成与演替

喀斯特石漠化区域是指地球表面具有一定范围的“空间域”；在这个范围内，生态系统与外部的物质能量交换不平衡，系统内部结构、功能失调，系统的稳定性弱，抗逆性弱，脆弱性强。

贵州省内喀斯特生态环境具有碳酸盐岩广布，沉积厚度大，垂直差异显著，剥蚀作用强，水土流失严重，土壤抗蚀年限短，危险程度高，植被覆盖率低，生态环境脆弱等特征且受人类活动影响越来越频繁。喀斯特石漠化的地区并不等同于生态环境脆弱区和生态环境质量最差的地区，其特征主要表现为：人为因素→林退、草毁→陡坡开荒→土壤侵蚀→耕地减少→石山、半石山裸露→土壤侵蚀→完全石漠化（石漠）的逆向发展模式。作为一种区域渐发性灾害生态过程，其临界值域与生态环境的相互作用机制是认识石漠化过程的关键。

贵州喀斯特石漠化是在诸多自然因素和社会因素共同作用下形成的，而作用的主要过程是毁林、陡坡开荒、水土流失、岩石裸露。脆弱的生态环境为石漠化过程提供了条件，不良的人为活动则加速了这一进程。从生态环境演替规律的角度分析，石漠化过程实际上是生境逆向演替过程，它包含了土地环境、植被环境和水环境的退化，即由具有稳定的地质基础、较厚的土壤、较高生产力的土地，良好植被覆盖的土地，退化成缺乏植被覆盖，地质基础失稳，基岩大面积裸露，土地生产力下降的石漠化土地。喀斯特山区石漠化土地的演替极为复杂。组成土地的各因子在内外力作用下的历史发展都能引起土地的变化，各因子变率有较大差异，导致土地变化的不同步性和难以确定性。地貌是决定喀斯特土地特征及类型的关键因子，它的变化最终决定着土地的演替。从贵州喀斯特高原区来看，地貌演替遵循的规律为：喀斯特高原→峰丛中山→峰丛低山→峰林低山、丘陵→峰林丘陵残丘溶原→溶原。这一变化是极为漫长的地质历史演变过程。因此，地貌演替引起的石漠化是一种最漫长的变化。演替过程中的每一状态，都是由植被、土壤、水环境等因子引起的。

喀斯特山区的石漠化主要发生于浅覆盖或裸露型的喀斯特地区。森林植被的退化或被毁以及人类不合理的土地利用，极易导致地表裸露，在降雨或径流等的作用下，进一步造成土被丧失，基岩裸露，最终导致石漠化的发生。喀斯特山区石漠化的形成是水土流失的必然后果，石漠化土地面积的扩大则使水土流失进一步加重。影响石漠化形成的因素既有自然的原因，也有人为的原因。随着社会经济和人类社会活动的发展，人为因素越来越成为喀斯特地区石漠化发生的主导因子。

(一)石漠化发生的自然因素

1. 岩性的影响

贵州喀斯特山区的成土母岩主要为石炭系、二叠系和三叠系的碳酸盐岩，岩石质地纯净，方解石、白云石等易溶矿物含量很高，在溶解过程中极易淋失，而酸不溶物的含量一般在4%以下，像石漠化严重的六盘水市一些地方的则在1%以下。岩石风化溶解后能提供形成土壤的物质甚少，成土过程极为缓慢。据计算，在贵州每形成1 cm的风化土层需要4 000余年，慢者需要8 500年。喀斯特山区的土层一般很薄且分布零星，一旦流失极易造成石漠化。另外，喀斯特地区的土体一般缺乏C层，B层常常直接与碳酸盐岩基岩接触，形成上下两个软硬明显不同的岩土界面，其岩土之间的亲和力和黏着力很差，故土层极不稳定。一旦植被遭到破坏，在降雨等诱发条件下，易发生水土流失和土体整体滑动而使基岩裸露，石漠化也随之发生。此外，与非喀斯特地区相比，喀斯特山区溶蚀裂隙、落水洞和地下空间发育，地表水不易保存，风化和溶蚀作用形成的物质易随水进入近地管道洞穴系统，这也是造成水土流失、岩石裸露的重要原因。

2. 新构造运动的影响

晚第三纪随着青藏高原的整体强烈隆升，贵州陆壳开始间歇性缓慢上隆，形成由西向东掀斜隆升和向东倾斜的地势。西部喀斯特山区的隆升量超过2 000 m，中部超过1 000 m，东部则为数百米不等。这种较为强烈的差异性升降运动，也易造成岩石裸露。随着贵州陆壳的抬升，侵蚀基准面下降，地表河流深度切割碳酸盐岩地层，新的地貌轮回开始发育，喀斯特处于强烈旺盛发育过程当中。典型的裸露型峰丛谷地、峰丛洼地、峰丛峡谷依次出现，裸露地表有朝着石漠化发展的趋势。而在这一隆升过程中出露的碳酸盐岩，受强烈的新构造运动影响，岩石破碎并遭受强烈的风化和侵蚀切割作用，致使河流侵蚀模数加大。即使是降雨后形成的溪沟和河流的侵蚀能力也很强，水土流失和石漠化发生的可能性加大。

同时，贵州高原为长江流域和珠江流域的分水岭，地下水距地表很深，而地表水又极易渗漏，又加上河流深切(如乌江干流相对高差 700～1 000 m，南北盘江、红水河下切 500～800 m)，致使分水岭地带和广大高原面出现土在上、水在下的局面。在这种情况下，喀斯特生态环境一旦遭受破坏，极易诱发石漠化。

3. 地形地貌的影响

贵州喀斯特地区地表崎岖破碎，山多坡陡(山地、丘陵占 97%，大于 25°的陡坡占 34.5%)，这样的地表结构不但使降水极易流失，而且也加大了降水的侵蚀能力。在不合理的人类活动的干扰下，喀斯特山地极易退变为荒山秃岭。

4. 高原气候及喀斯特生态环境本身的脆弱性

贵州位于青藏高原的东部，平均海拔 1 000 m 左右，全省年平均温度为11℃～19℃，年均降水量为 1 100～1 300 mm。由于气温相对比较低，霜冻期较长(西部喀斯特山区 125 d 左右)，植物生长速度缓慢，生态效率低下。虽然降水较丰，但由于地表地下喀斯特的发育，降水、岩溶水、地下水之间转化迅速，地表水大量漏失。由于喀斯特地区土层浅薄，土壤多缺乏 C 层，石灰土本身又具有富钙、易板结、持水力低等特点。因此，要求适生植物要具有嗜钙性、耐旱性和石生性等特点。这一水土条件下的植物一般生长缓慢，而对环境变化反应极为敏感，森林生态阈值低，且易退化，一旦过量采伐，极易导致石山裸露。

白鹤林场(六盘水市钟山区德钨镇)的封山育林实践证明，喀斯特山区次生林的生成需 10 余年。对普定县石灰岩采石区的研究表明，石漠化地区发展成乔木林地至少需要60年。可见，喀斯特生态系统的脆弱性是石漠化发生和难于治理的一个重要因素。

(二)石漠化发生的人为因素

1. 森林植被退化

森林植被具有很好的水土保持和涵养水源的功能，森林植被的退化或丧失是石漠化发生的直接原因。森林植被的退化既有自然的原因，也有人为的原因，而以人类社会活动影响最为严重。20世纪50年代以前，贵州的森林植被普遍很好。后来，随着人口的不断增长和社会经济的发展，人们对森林资源大量的砍伐，大面积毁林开荒和不合理的土地利用方式造成了森林被严重破坏，致使森林覆盖率锐减，尤其在贵州西部、西北部喀斯特地区最为严重，如大方、纳雍的森林覆盖率分别由20世纪50年代的36.5%、34.9%以上降低到目前的6.5%以下。严重的地区几乎全乡无林，天然林资源几乎枯竭，森林生态的保护作用完全丧失，致使大面积的土地劣变为裸露的石山、半石山，不仅造成了严重的水土流失，而且也为土地的石漠化创造了的条件。

植被减少或丧失，地表的反照率增高会导致辐射净吸收量的减少和空气辐射冷却的加快，进而有可能影响到降雨和蒸发，破坏森林生态系统的原有结构，使植被结构简化和旱生化，丧失对径流和土壤水的调蓄功能。水分的缺乏使新生树木难以成活，原有森林也随之退化，形成新的石山、半石山。

2. 土地利用结构不合理

贵州地处我国西南喀斯特地区的核心，山地丘陵面积占土地总面积的97%。农业人口的80%分布在喀斯特地区，由于没有平地支撑，人们不得不向坡地垦荒求粮。据统计，全省有80.9%的耕地分布在6°以上的坡地上，25°以上的坡耕地占到19.98%，六盘水市则占到31.05%。土地垦殖指数高达27.84%，其中旱地垦殖指数也高达19.47%。这种陡坡开垦的结果必然导致生态环境被破坏，水土流失加重，最终导致石漠化的发生。

3. 采矿的影响

在贵州，导致石漠化发生的人为因素中，矿产开采是一个不容忽视的因素。近几十年来，贵州省依托丰富的资源优势，大量开采矿产资源，但由于没有很好地执行土地复垦政策，矿产开采后，大量废渣、矸石丢弃而不加任何治理。工业废渣堆积如山，植被不可能生长在废渣上，而矿产开采产生的“三废”也导致附近植被的退化。特别是露天开采的过程中，大量的表土被剥蚀，地表植被与土被遭受严重破坏，形成土地荒芜、岩石裸露、乱石遍地的矿业荒漠化土地，尤以黔中、黔西的喀斯特地区最为严重。据调查，1994年以来，全省矿业荒漠化土地已达1 290 km^2，并以30～50 km^2/a的速度递增，这已成为喀斯特地区石漠化的另一种表现形式。

二、贵州喀斯特石漠化的现状及分布

贵州喀斯特石漠化研究已有较长时间，但迄今为止，由于研究条件所限，加之技术手段不统一原因，石漠化程度、面积、分布等数据还不够统一。贵州喀斯特石漠化加深了生态环境的进一步恶化，已成为贵州生态环境建设和经济社会发展面临的一大难题。

根据熊康宁等的研究(2005)，贵州全省喀斯特面积109 083.98 km^2，占全省国土面积的61.9%，若将轻度以上的石漠化等级划分为石漠化土地，贵州现有石漠化土地面积达37 597.36 km^2，占全省总面积的21.34%，占喀斯特面积的34.47%。贵州超过1/3的喀斯特地区已经发生了石漠化，石漠化形势相当严峻，已经达到了令人触目惊心的地步。全省轻度石漠化面积为22 156 km^2，中度石漠化面积为10 869 km^2，强度石漠化面积为4 572 km^2。喀斯特石漠化形势十分严峻。

贵州全省各县(区、市)轻度以上石漠化土地占土地总面积在40%以上的有9个，即兴仁、安龙、水城、六枝、兴义、关岭、惠水、长顺、紫云；占土地总面积30%～40%的有10个，即盘县、贞丰、罗甸、安顺、黔西、平塘、普安、毕节、晴隆、普定；小于10%的有17个，即威宁、赤水、锦屏、榕江、从江、雷山、黎平、剑河、天柱、三穗、台江、三都、习水、丹寨、江口、望谟、册亨。

三、喀斯特石漠化的危害

喀斯特石漠化作为一种环境地质灾害，加速了生态环境的恶化，形成了以石漠化为核心的灾害群与灾害链，主要表现为水土流失—石漠化—旱涝灾害—生态系统退化。石漠化不仅造成资源和生态环境被破坏，而且会使生态系统变得极其脆弱，生存条件恶化，人地矛盾加剧(可耕地面积减少，人畜饮水困难，旱涝灾害频繁，土地生产力低等)，导致原本就落后的社会经济更加落后，形成了“环境脆弱—贫困—掠夺资源—环境恶化—贫困加剧”恶性循环的“贫困陷阱”。

(一)环境效应

1. 生态系统退化，生物多样性减少

石漠化不仅导致喀斯特生态系统多样性类型正在减少或逐步消失，而且迫使喀斯特植被发生变异以适应环境，造成喀斯特山区森林退化，区域植物种属减少，群落结构趋于简单甚至发生变异。贵州省许多喀斯特石漠化山区，

森林覆盖率不超过10%，生物群落结构简单，且多为旱生植物群落，如藤刺灌木丛、旱生性禾本灌草丛等，使石漠化山区生态系统处于脆弱状态。生态系统退化，生物多样性受损，保护难度加大，受威胁的野生植物种类日益增多。1984年，贵州省受威胁需保护的物种73种，占当时全国的19.8%，其中分布在喀斯特地区的有60种。1998年，全省受威胁的物种仅被子植物就有86种，占全国的10.12%，其中分布在喀斯特地区的有71种。最新研究表明，全省受威胁的濒危、渐危和稀有、特有种子植物有89科，402种；其中分布在喀斯特地区共84科，342种。受威胁的植物不断增加，这与喀斯特地区的石漠化有着密切的联系。同时，生态系统的退化，还体现在物种的"生态入侵"问题上。在贵州喀斯特地区，石漠化广泛分布，生态系统逆向演替，被列入《外来有害生物的防治和国际生防公约》中四大恶草之一的紫茎泽兰长驱直入，成为石漠化地区生态退化的典型标志。目前，初步调查结果显示，贵州紫茎泽兰侵入面积已超过2.15×10^5 hm^2，紫茎泽兰很快排挤原生植物而形成大片单优群落。紫茎泽兰侵入农田后，土壤肥力严重下降，粮食严重减产；侵入林地、果园后，影响林木的生长，抑制树种的天然更新，经济林木减产减收。如果任其发展下去，将给农林业生产、生态建设带来灾难性后果。

2. 水资源供给减少，用水短缺

贵州省喀斯特石漠化地区植被稀少，土层变薄或基岩裸露，加之喀斯特地表、地下双重地质结构，渗漏严重，入渗系数较高，导致地表水涵养能力极度降低，保水力差，使河溪径流减少，井泉干枯，土地干旱，人畜饮水困难。贵州年降水量超过1 000 mm，但喀斯特发育，水源漏失，地表缺水，形成湿润气候条件下的干旱。根据水利部发布的《2004年中国水资源公报》，贵州是中国最缺水的十个省市之一，与经济发达、人口密集的北京、天津、山西等同列。喀斯特山区山高、坡陡、谷深，既缺土又缺水，农村人畜饮水困难。干旱季节，大量劳动力耗费在挑水上，饮水困难已成为制约贵州石漠化地区一些地方摆脱贫困的突出问题。另外，喀斯特石漠化地形不易蓄水，很多地方只能靠天吃水。缺水和干旱一直是影响当地农业生产的严重问题，阻碍着山区脱贫致富的步伐。根据水利厅的数据，贵州目前还有$1\,300\times10^4$人存在饮水安全问题，一半以上县城缺水。处于黔中地区的贵阳、安顺，年人均拥有水资源量为1 457 m^3，比世界公布的1 700 m^3的缺水警戒线低243 m^3。另外，这些地区又因水源建设投入不足导致工程性缺水，日益突出的环境污染又造成水质性缺水，使石漠化地区成为综合性缺水十分突出的地区。

3. 耕地面积减少，土地生产力下降或丧失

据资料显示，贵州省耕地面积1996年时为490.35×10^4 hm^2，2002年为

469.95×10^4 hm^2，2005 年为 450.54×10^4 hm^2。耕地面积减少，且耕地中80%以上属于坡陡贫瘠的低产耕地，许多地区人均粮食在 300 kg 警戒线以下。人口严重超载，达 47.35%，使当地农民被迫毁林开荒。坡耕地比例高是造成粮食产量低而不稳、水土流失和经济贫困的主要因素。新开垦的坡地，大多在 3～5 年内丧失耕种价值，甚至变为裸岩荒坡。坡耕地量大、面广，且坡度较陡，加之暴雨经常发生，在水力作用下，地表肥沃土壤流失，生产力下降。粗放经营加生产落后加速了山区石漠化演替速度和土地资源减少，使当地农民进入“开垦—石漠化—再开垦—石漠化”的恶性循环中，最终丧失生存条件，形成贫困。

4. 旱涝灾害严重

石漠化是喀斯特地区自然灾害频发的主要诱因，它不但破坏了本来就极为脆弱的生态环境，还降低了其抵御自然灾害的能力，引起干旱、洪水等自然灾害，严重威胁着人民的生命财产安全。2005 年 1 月到 6 月，贵州省 80 个县(市、区)不同程度受灾，受灾人口达 $1\,133.6\times10^4$ 人，农作物受灾面积达到 53.1×10^4 hm^2，绝收 8×10^4 hm^2，倒塌房屋3 873间，安置灾民 8.28×10^4 人，因灾死亡大牲畜 592 头，直接经济损失 9.6 亿元，其中农业损失 8.52 亿元。2010 年，贵州 88 个县(市)发生旱情，局部旱情达百年一遇，灾区群众四处找水。直接经济损失超过 180 亿元。2011 年，贵州再次遭遇 1951 年以来的最严重旱灾，直接经济损失超过 250 亿元。

5. 滑坡、泥石流频繁

贵州大面积存在山高坡陡，地形破碎，切割严重，土层浅薄，抗侵蚀能力弱的情况。每到雨季，滑坡、泥石流频发。石漠化山区，道路抗灾能力差，通达程度不够，许多农村道路雨季不通车现象十分突出。由于雨季滑坡、泥石流的发生，每年雨季，交通、通信、供电时常中断，影响了贵州经济发展。例如，2010 年 6 月 28 日，贵州省关岭县岗乌镇大寨村发生大规模滑坡。2011 年，望谟县发生“6·06”特大山洪泥石流灾害，受灾人口 13.94×10^4 人，紧急转移安置 4.54×10^4 人；农作物受灾面积 1.18 hm^2 倒塌房屋 2 403 间，部分道路、桥梁等损毁，直接经济损失 20.65 亿元。

6. 危及长江、珠江中下游地区的生态安全

贵州地处长江和珠江上游分水岭地区，石漠化严重造成植被稀疏、岩石裸露，涵养水源功能衰减，水土流失加剧，调蓄洪涝能力明显降低。大部分泥沙进入珠江和长江，在其中下游淤积，导致河道淤浅变窄，湖泊面积及其容积逐年缩小，蓄水、泄洪能力下降，直接威胁珠江和长江中下游地区的生态安全。

(二)社会经济效应

在贵州国民经济和社会发展中，喀斯特生态环境脆弱，土层浅薄，土地产出率低，农民增收难度大，单位产值能耗高，煤电供求紧张状况尚未完全解决，生产资料价格涨幅较高。人口贫困，人地矛盾严峻，必然导致水土流失和石漠化加剧。尤其是喀斯特地区较低的森林覆盖率、较高的人口密度、较大的地形坡度、严重的土壤侵蚀加重了石漠化的产生和发展。喀斯特地区的脆弱环境与人口的长期相互作用，形成了极不稳定的人地地域特殊系统。从石漠化综合防治的角度来看，生态环境建设面临的主要问题包括如下几个方面。

第一，资源优势与社会经济落后并存。贵州是一个集区位优势、资源优势、生态多样性优势与社会经济落后、环境脆弱并存且反差强烈的一个特殊人地耦合地域系统。区位上属于浅内陆近沿海，北挂长江沿江经济带，南靠珠江三角洲和北部湾出海口的中间地带，西连资源丰富的广大内陆腹地，交通处于东西部连接的前沿枢纽地带，开发利用优势明显。贵州矿产资源、水资源、生物资源、旅游资源极为丰富，多项指标居全国前列。然而，区域生产力水平低，经济基础薄弱，贫困人口多，分布面广，贫困程度深，喀斯特生态脆弱，环境容量低，从而形成区位、资源优势与经济发展的严重错位，人口—资源—环境—经济协调发展受到极大限制。

第二，有限的土地资源与失调的土地利用结构。贵州高原山地占全省土地面积的92.5%，是全国没有平原的农业省份。农业用地中，耕地和石质荒地面积较大，林地面积最小。农业土地精华主要就是各种类型的山间盆地、谷地或洼地。喀斯特山区土地自然结构的特征以山地、丘陵为主，坡度较大，因而客观上应形成耕地较少，林、牧地较多的格局。贵州现有耕地、林地、草地、园地利用配置约为38∶48∶13∶1。且在林地中，灌木林地、疏林地至少占了林地70%；草地中，中、低覆盖的石山荒草地至少占80%。土地资源结构严重失衡，耕地比重过高，林地、牧地比重偏低。

第三，低人口承载力与高人口密度。喀斯特地区，除水热条件较好的坝地之外大部分土地因条件限制，广种薄收，投入往往较低，发展水平较低，土地利用较为粗放，刀耕火种较为普遍。宜耕地资源不足，土层浅薄，分布不连续，保水性、耐旱性差，承受自然灾害能力低，即使在坝地，投入水平和管理水平也不高，加之较频繁的水旱灾害，产出较低；非农地因条件恶劣，植物生长速度也往往低于其他地区，单位时间(年)产出量极低。因此，喀斯特土地人口承载力极低。贵州人口基数大，增长快。低土地人口承载力与高人口密度、高自然增长率必然导致粮食长期处于短缺状态。目前，全省粮食总产量为 1 152.06×10⁴ t，人均粮食占有量仅为 329 kg，各种途径增加的粮食被增加的人口所抵消，人均粮食占有量长时间维持在较低水平，人口超载在喀斯特地区普遍存在。

第四，低土地投入，低产出率与高土地垦殖率。高强度的土地垦殖，无疑加剧水土流失，为土地石漠化创造了条件。由于粗放经营，长期滥垦滥伐，重用轻养，土地生产力不断下降，土壤营养元素流失，农业产量除良种外基本上靠化肥维持，土壤结构和物理化学性状变坏，连续耕种即使施用同等化肥，也难达到过去同等的增产效益，农业增产多走毁林毁草开荒的外延增产方式，导致坡耕地增加，石漠化加速发展。研究表明，垦殖率与石漠化进程成正比关系。贵州土地垦殖率最高的是毕节，高达 46.38%；其次是六盘和安顺，分别为 43.96%和 43.04%；土地垦殖率在 40%以上的还有 20 个县(市、区)。它们是垦殖率最严重的地区，也是贵州石漠化最严重的区域。

第五，生态保护意识薄弱，森林面积和林地质量不高：贵州喀斯特石漠化的形成与生态环境恶化密切相关，人口猛增，耕地盲目垦殖扩大，乱砍滥伐，破坏草地，喀斯特生态环境不堪重负而发生巨大变化。明代前，今贵州所属地区还是地广人稀地区，当时人口不过 60×10^4 人，全省山清水秀，生态环境良好。明末，如地理学家徐霞客在其游记中所记述的，“其树极蒙密”，“大树蒙密，小水南流”，当时生态环境尚未受到明显破坏。今贵州所属地区自 20 世纪 20 年代以来，经历了四次较大规模的森林破坏：第一次是 20 年代至 40 年代；第二次是 50 年代末；第三次是“文革”时期；第四次是 70 年代末至 80 年代初。森林覆盖率不断下降，新中国成立初期为 30%左右，1975 年为 14.5%，1984 年为 12.6%。天然林资源几乎枯竭，森林生态的保护作用完全丧失。残存的林地质量也发生了退化，植被覆盖度下降，单位面积生物量减少，林地保水、保土等生态功能弱化。20 多年来，通过全省各种生态建设，目前的状况已大有改善。但是现有森林中灌木林地的比例较大，还需要进一步加强森林发育演化的管理与保护，才能发挥森林的生态保护作用。

第三节　贵州喀斯特地区石漠化治理

喀斯特地区石漠化是自然因素和人类活动综合作用的结果。石漠化危害严重，影响深远，已成为贵州喀斯特地区可持续发展所面临的关键问题之一。各级政府对石漠化的治理给予了极大关注，但石漠化治理效果却不尽如人意。

一、贵州喀斯特地区石漠化治理的难点

(一)立地条件差，造林营林难度大

与水热条件相似的常态地貌区相比，喀斯特石漠化地区的立地质量差、造林育林难。它被称为造林困难地带和造林育林的“硬骨头”，其关键原因是石漠化地区地表土层瘠薄甚至缺失，土壤水分严重亏缺。据朱守谦教授对石漠化突出的贵州段乌江流域的研究，在流域的36个县份中，造林极为困难的有12个县，较困难的有17个县，而造林相对容易的仅有7个县。

(二)人地矛盾协调难

首先是人多地少，人地、人粮矛盾突出。贵州山区现有人口3 567.5×10^4人，平均人口密度201人每平方千米，其中石漠化地区达225.2人每平方千米。而贵州石漠化地区人均耕地1 093.7 m^2，虽略高于全国平均的水平，但在石漠化地区的耕地中，一等地仅占22%，其他大部分为石旮旯地，地里石芽林立，土壤极少，呈“鸡窝状”零星散布在石芽之间的凹地或石缝中，土壤保水保肥性能差、肥力低，单产多在200 kg以下，人均口粮不足300 kg，人地、人粮矛盾突出。其次，受耕作活动影响，石旮旯地中的土层疏松，又因土石间缺乏过渡层，土石间黏结力小，加上缺乏植被保护，一遇降水，石槽中的“鸡窝土”极易被地表径流冲刷殆尽或通过裂缝、漏斗进入喀斯特地下水系而流走，使基岩全裸，原来的石旮旯地完全丧失农用价值，使人地关系陷入恶性循环，进一步加剧人地矛盾和人粮矛盾。治理石漠化的关键就是对石旮旯地进行退耕，但在没有找到石漠化地区替代产业或政府实施合理的政策性补贴之前，石旮旯地的退耕会影响当前农民的生计，使石漠化地区的退耕难以执行，这也是过去石漠化地区退耕后又返耕和石漠化持续扩大的重要原因。上述原因决定了喀斯特石漠化地区人地矛盾协调难度很大。

(三)替代产业尚未形成

石漠化多发生在深山区、少数民族地区(如贵州的麻山、瑶山等)，交通不便，现代工业难以波及，农村产业结构单一，尚未形成能与以粮食为主的种植业相抗衡的替代产业；再加上石漠化地区农业人口比重大，文化素质低，外出务工缺技能，农村劳力转移困难，除了继续垦挖石漠化地区瘠薄的土地资源外，别无他法。

(四)石漠化治理投入少

与西北的沙漠化治理不同，在2000年以前，国家对贵州等西南喀斯特地区的石漠化治理一直未列专项，而喀斯特地区又是我国贫困人口最多、贫困程度最深的地区，石漠化地区则是贫困集中区，地方财政极为困难，对石漠

化治理投入少，使石漠化治理面积赶不上石漠化扩张面积。例如，贵州石漠化面积已从1974年的8 806.4 km^2，上升到1984年的近1.4×10^4 km^2；2000年扩展到2.258×10^4 km^2。2005年轻度以上的石漠化土地面积达3.76×10^4 km^2，占全省总面积的21.34%，占喀斯特面积的34.47%，贵州超过1/3的喀斯特地区已经发生了石漠化。石漠化形势相当严峻，已经达到了令人触目惊心的程度。而国家治理的平均费用为每平方千米50万元，远不能满足治理的需要。

二、贵州喀斯特地区石漠化治理的原则

(一)适生适种的原则

贵州喀斯特石漠化地区的岩性、地貌、水文地质等因素较为复杂，经济社会基础千差万别，不同地域石漠化类型、演变过程及胁迫因子、治理方向、发展模式不尽相同。因此，在石漠化治理中要根据适生适种的原则，因地制宜。

(二)石漠化治理与产业化相结合的原则

石漠化区既是典型的生态危机区又是我国主要的贫困集中区。一方面，石漠化地区缺水少土、植被覆盖度低，且喀斯特石漠化山区处于长江、珠江两大流域的上游，生态地位极为重要，增加植被覆盖和改善生态环境是维系本区域可持续发展和构筑两江上游绿色生态屏障的根基。另一方面，石漠化山区最大的问题是贫困问题、农业人口压力大的问题，把石漠化治理与新型产业培植相结合，既可提高本区农民生活水平，又可为石漠化治理提供更多的资金投入。

(三)长短相结合的原则

石漠化治理的初期会在一定程度上影响当地农民的生活，从而影响农民退耕及其治理石漠化的积极性，并可能导致农民退耕后又返耕的现象发生。因此在治理石漠化的初期，要注重中长期项目与短期项目的有机结合，确保农民在石漠化治理初期的生活水平不下降。

(四)层次性和时序性原则

石漠化治理不能仅限于过去传统的种草植树，而要从解决石漠化土地上过重的农业人口压力出发，要突破以往的石漠化治理技术层面的限制，从喀斯特学、生态学、地理学与经济学和社会学相结合的角度，形成多层次的石漠化治理的生态经济模式。同时由于贵州喀斯特石漠化分布面积广且治理难度大，而投入又极为有限，因此必须采取先易后难、先点后面治理的时序性原则，通过见效快的区域(小流域)石漠化治理的典型示范效应，带动整个喀

斯特地区石漠化的综合治理。

(五)生态补偿原则

通过林草品种的合理搭配，石漠化治理区域在治理过程中虽会获得一定的经济效益，但其主要作用则是为了保障整个喀斯特区域生存环境的可持续利用和构筑两江上游生态屏障，确保国家在西部大开发中的整体生态安全。因此，石漠化治理具有很大的公益性，应实施生态补偿原则，即石漠化治理受益区应拿出一定的资金补偿上游生态治理区，使上游治理区多出力，治理区外及中下游受益区多出钱，促进治理区内外特别是两大流域上游与中下游生态和经济的协调发展。

(六)市场导向原则

石漠化治理区产业化发展要遵循市场规律，以市场为导向，根据市场需求及时确定调整林草品种结构和产业化发展方向，以防止出现新的"卖难"问题和增产不增收的现象。

三、喀斯特地区石漠化的防治对策、模式与措施

(一)喀斯特石漠化的防治对策

喀斯特石漠化是自然因素和人类活动综合作用的结果，石漠化防治工作首先是要消除或控制引起退化的干扰体，用统一的模式去做到这一点显然很困难。因此，要明确防治目标，因地制宜采取相应的模式和综合配套技术、措施对石漠化进行综合防治，形成多目标、多层次、多功能、高效益的综合防治体系。

喀斯特石漠化的防治要依据石漠化类型、程度及其结构的差异，对有悖自然生态结构的现状进行优化调整，保持石漠化地区土地资源的可持续性；维护生态环境良性发展，以封山育林、人工造林、退耕还林、坡改梯等防治石漠化工程技术为主导，以农村能源、生态移民、"三小"水利、人畜饮水等基础工程建设为支撑。通过各种工程措施的综合实施，使石漠化得到有效遏制，以实现最佳的经济、社会和生态效益。

针对不同类型的石漠化土地，其防治对策包括如下几个方面。

1. 石质山地

石质山地是岩石裸露在70%以上，大多呈中度以上石漠化的土地。土壤镶嵌在石缝中且浅薄，呈零星分布，保水能力差，植被繁育慢，除烧石灰外，农业利用率低。主要措施：封禁重建。采取全面封山育林育草，严禁割草、烧山、放牧等人畜活动，做到有规划设计、封山标志、管护组织、管护人员，有检查验收。培育生态公益林，一般10年以上，逐步恢复林草植被。在植被

难以恢复的地方，采用人工爆破、大规格(80×80×60 cm)整地的方法，客土造林，栽植密度：42～160 株每亩，苗木选用大苗，确保成活，按设计要求施工，做到选树适地。

2. 半石山地

岩土不连续，岩石出露 30%～70%，有少数灌木、灌丛、杂草分布但生长情况较差、覆盖率低，人为破坏后难以恢复，而且容易引起水土流失。主要措施：以封为主，封造结合，人工促进植被恢复。封山仍采取全面封育的方式。对人工促进部分，按适地适树原则，采用“见缝插针”的造林方式，小规格(40×40×25 cm)整地，适当密植，一般密度为：120～240 株每亩。促进提前郁闭成林，提高涵养水源、保持水土的能力。对部分可作为经济林经营的地方，必须进行抚育施肥，连续三年，以促进生长，以期提前产生经济效益。

3. 白云质砂石山地

白云质砂石山地占贵州全省面积的 15%左右，一般为潜在、轻度至中度石漠化土地。白云质砂石山地成土风化很慢，溶解力低，有极薄的一层表土，一般在 10 cm 以内，石砾含量高，宜林程度低，有的人工种植的柏树虽已成活，但多年不见长，形成“小老头树”。治理措施：采取人工挖大坑整地，用客土和容器育苗密植方法治理。一般密度为每亩 160～600 株。保护现有的少量植被。树种选择，应坚持适地适树原则。造林后加强抚育管理，全面封山育林育草，禁止放牧、烧山、割草以及开山挖石等破坏活动，促进林灌植被恢复。

4. 工矿型石漠化土地

工矿型石漠化土地分布零星，主要分布在废弃的工矿区、砂场、采石场。国家基本建设项目如水库、公路、电厂(站)等在建设期间也会造成石漠化土地或形成矿渣场。防治措施：加强建设和施工管理，严格执行国家环保规定，减少生成新的石漠化土地。废弃的工矿区，按照适地适树的原则，采用大苗大规格整地造林，间用容器苗、花卉、草本植物等。构成针阔混交，乔灌花草结合的园林式治理模式。其他工矿型石漠化土地，平坦地带采用大苗大规格整地造林，陡坡绝壁(砂场、采石场)采用挂网混种喷植种草技术恢复植被。

5. 荒山荒地

喀斯特地区的荒山荒地主要是碳酸盐岩发育的中性和微碱性石灰土，同时有覆盖在沉积岩上呈微酸性反应的黄壤、黄棕壤。植被基本被破坏，多数是灌丛草坡，只有残存的次生植被，生态脆弱，水土流失隐患严重。治理措施：造林育林，恢复植被。不炼山，以块状整地，用 1～2 年生苗密植，密度为每亩160～400株。在高海拔地带，一般采用柳杉、华山松、刺槐、栎类等树种，以适地适树为原则。同时加强抚育管理，连续抚育3～5年，确保成林。

6. 农耕旱地

(1)石旮旯土地

喀斯特地区的石漠化农耕旱地(石旮旯土)分布在低中山以下，气温高又缺水的地带。治理措施：选用经济价值较高的经果林、药材、香料等复合治理模式进行治理。如北盘江的花江一带，栽植花椒，不仅提高了森林覆盖率，生态效益好，而且有较高的经济收入。

(2)陡坡旱地

25°～34°的农耕旱地在岩溶区较为突出，水土流失强度大，潜在石漠化的危险性较大。25°以上的坡耕地应依法分期退耕还林(草)，恢复林草植被。由于这部分坡耕地集中，比重大，人口密集，其防治措施可考虑在退耕还林的同时，在林下间作多年生草本经济作物，可在近期内有一定收入。树种选择，除按适地适树原则外，必须考虑根系发育固土性好的树种，以减少水土流失。

(3)急坡旱地

35°以上的农耕旱地潜在石漠化趋向大于陡坡旱地。该类土地应及时全面退耕。在植被恢复措施上采用封造结合，立地条件好的应选择根系发达、保水保土等防护性能好的树种，营造针阔混交、乔灌草结合的公益林。立地条件差的应全面封禁以恢复植被。

(4)缓(斜)坡旱地

小于25°的坡地，坡面长而易水土流失，为了降低潜在的石漠化进程，应充分利用地力，在不影响农作物生长的情况下，可以考虑在地埂上或埂前埂后栽植经济价值大的树种，保水固土，同时增加一定收入。在大片的农土中间，可以种一两行经济林木，起到上述作用。例如，黔北一带的缓坡耕地，采用林农混交模式间种油桐、漆树等树种。

(二)喀斯特石漠化治理的主要模式

经过近20年的研究，贵州省在石漠化的综合治理过程中已经形成了很多有效的治理模式。

1. 小流域综合治理模式

在贵州喀斯特地区，小流域是一个最基本的地域单元或地域系统。小流域作为一个完整的系统，包括森林、草地、农田、村落、城镇、工厂等子系统。这些系统相互联系、相互制约。仅从某一个体、种群或群落的角度去进行恢复和重建，而不考虑各子系统之间的联系，难以从根本上达到恢复和重建的目的。因此，要在科学阐明喀斯特地区的自然、社会经济、生态环境耦合系统的组成、结构、功能及效应的基础上，运用系统论思想来研究和协调喀斯特地区的人地关系。通过一系列科学技术，以水土保持为核心，以产业结构调整与石漠化综合防治为基础，充分认识流域上中下游的生态经济功能，科学配置生态防护体系，合理开发利用水土资源，精心设计流域景观，提出具有喀斯特地区特色的理论模式、技术支撑与保障体制。其防治模式可归纳为“一个规划，两个体系建设”，即全面规划、合理布置，综合防护体系和复合农业生产体系建设，形成符合地区特点的农、林、牧复合农业生产体系，便于与江河防治相衔接。成功的例证有普定蒙铺河小流域、水城俄脚河小流域、毕节观音河小流域的治理。

2. 脆弱生态综合治理模式

贵州喀斯特中低山及峡谷谷坡地带裸露型喀斯特特征典型。土地资源以山地、丘陵为主，平坝地较少。坡度大，土层薄，加之不合理的人为开垦，水土流失相当严重，人地矛盾突出。在人口压力下，毁林毁草及开垦不宜耕种的石山，导致生态严重退化，人畜饮水困难等问题。在生态环境防治中，针对喀斯特生态环境三缺(缺水、缺土、缺林)的基本特点，以蓄水、治土、造林为核心，将生物、工程措施进行组装配套，方能达到最佳的综合治理效果。在恢复石山坡地的生态环境过程中，不能只进行单项的坡改梯工程，应与梯田生物埂相配合；在石埂内，再种植可作饲料或有经济价值的草、树，同时与防止强烈土壤流失和沟谷侵蚀的拦沙谷坊相配合，改变坡地干旱缺水的生境，充分利用水池、水窖等工程措施，尽可能地把水池、水窖用水管串联，形成池管联系的微型水利系统，从而达到既能防止水土流失，又能解决干旱时节农业的灌溉用水问题，进一步在梯化的坡地上改土培肥，改良作物品种，提高土地产出率，从而达到综合防治的效果，如以“优质高效经济林＋林产品粗加工＋庭院经济＋小水窖”组合的贞丰北盘江“顶坛模式”。

3. 生态农业建设模式

贵州素有“八山一水一分田”之称，对以坡地为主的山区来说，如以农业为主，对林、牧业重视不够，将导致农、林、牧地比例失调，广种薄收，陡坡开荒，过垦、过牧、过伐从而使耕地、牧地、林地退化，水土流失加剧、石漠化加速，水旱灾害加重，生态环境恶化。贵州在进行石漠化防治的过程中，应以生态学、经济学为理论指导，综合考虑区域农业资源优势，以保护和扩大森林为核心，以水土保持、环境保护、扩大植被覆盖、合理调整经济结构和作物结构、维系生态平衡为目标，走生态农业的道路，发展特色农业，促进生态经济的有序发展和动态平衡。在生态建设中，种植水稻、蔬菜和树木，组成转化太阳能的“生产者”，养殖猪、牛、羊等组成生态系统中主要以稻草、蔬菜、树叶为饲料的“消费者”，猪、牛、羊的粪便和肉类加工厂排出的高浓度的废水则送往沼气池内发酵，生产沼气，池内微生物又成了生态系统里的“分解者”。沼气为生产生活提供能源，沼渣、沼液可以作为作物的有机肥料，生产粮食、蔬菜和饲料。生产的粮食、蔬菜可以维持居民生活需要，饲料可用来养殖畜禽。这样就把种植业、养殖业连成了一个整体，形成一个完整协调的农业生态循环系统。既提高了资源的利用率，保护了生态环境，又能实现农业废弃物资源化，促进有机物在生态系统中的再循环，防止环境污染，如贞丰北盘江的“猪—椒—沼”模式和毕节的“五子登科”模式。

4. 草地畜牧业模式

贵州温和湿热的气候条件极有利于牧草的生长，发展以牛羊为主的畜牧业条件优越。特别是在一些人口密度相对较小，草地面积较大的地区(如威宁、晴隆、大方、水城、罗甸、望谟、独山、沿河等)，应充分利用这一优势发展牧农结合型的生态农业，以草养畜，以畜养农，并进一步发展农牧产品深加工业。喀斯特石漠化山区以草带林带粮，短期内可保持水土，远期则可开发林木资源，既有近期利益又有远期利益。例如，利用种草来发展畜牧业，并结合饲料改良，合理控制畜牧规模；对牛羊改放养为舍养，利用农作物秸秆喂养，形成“畜多—肥料多—粮食多—收入多”的良性循环；选育适合喀斯特地区牧草的优质肉牛、肉羊品种；选择适度的饲养规模，包括植物和种畜的选择、培育及生态平衡建设，种植适合饲养动物所需的高产量、高质量植物。在一定养殖规模与资金支持的力度下，示范和推广畜禽产品深加工技术，向市场提供高附加值的肉类产品及其衍生的医药、化工、饲料产品。逐步实现以畜牧业生产为主的商品化农业产业结构，以畜牧业收入为主的农民收入结构，以畜产品深加工为主的农村工业结构，实现农业现代化。

5. 生态移民模式

根据苏维词的研究，喀斯特地区人口密度的理论上限为每平方千米150人，而贵州中度以上石漠化面积大，土层浅薄，土地生产力与人口承载力也很低，需要进行移民。将生活在恶劣环境条件下的居民搬迁到生存条件更好的地区，一是可以减轻人类对原本脆弱的生态环境的继续破坏，使生态系统得以恢复和重建；二是可以通过易地开发逐步改善贫困人口的生存状态；三是减小石漠化地区的人口压力，使自然景观、自然生态和生物多样性得到有效保护，实现喀斯特地区社会经济与资源环境的可持续发展。

6. 庭园生态经济模式

在建设沼气池、农村“三小”水利项目的基础上，以沼气建设利用为纽带，以稳定或完善“经果林—猪(养殖)—沼(农村能源)”模式为基础，以房前屋后及承包土地的生态资源为重点，以改善居民生产生活基础设施条件为目的，以种植经济林草、中药材和养殖优质畜禽为主要内容，对石漠化地区山、水、林、田、路、网进行综合规划、建设，优化喀斯特石漠化地区经济系统中的种植结构、养殖结构、能源结构与技术结构，实施村寨绿化、道路硬化、庭院净化。以经济林草、中药材种植和优质畜禽养殖增加农民的收入，以沼气建设解决农村能源问题，种植、养殖和沼气建设等环节的有机结合可优化农村环境。庭园生态经济模式的高效运行，可以根本性地改变“砍柴做饭、柴草乱堆、粪土乱倒、脏水乱泼”等现象。逐步形成以种植业为基础，以养殖业为主干，以沼气为纽带，种养加工相互配套，农林牧副协调发展的农村生态经济模式，极力改善影响当地居民生产生活的基础性问题。

7. 生态旅游开发模式

贵州喀斯特旅游资源丰富，是迷人的“天然公园”。石漠化防治工作中，可大力开展生态旅游，实现旅游开发与生态建设互动发展。应从旅游市场定位、旅游功能定位、旅游发展目标定位及旅游产品区域组合中确定旅游资源开发的规模与力度。通过科技组装配套、文化品位提高及示范区旅游形象策划，设计旅游产品和旅游商品，旅游发展走品牌化的道路，使旅游经营主题明确、效益显著。

(三)喀斯特石漠化治理的主要工程措施

1. 生态修复工程

以封山育林、退耕还林、人工造林、人工种草及潜在石漠化有林地封山管护为主要内容。

2. 水保与基本农田建设工程

主要包括拦沙坝、谷坊、排涝渠、坡改梯、拦山沟、引水渠、潜在石漠化耕地土地整理、作业便道、灌溉管网化等工程。

3. 喀斯特水资源开发利用工程

以小山塘、小水池、小水窖“三小”工程及提水站、人畜饮水管网建设为主，解决区内生产和生活用水问题。

4. 农村能源建设工程

以沼气池建设、节能灶推广、小水电开发为主要内容，解决农村能源问题。

5. 生态移民工程

主要包括搬迁居民、新建乡村公路和学校等工程，以缓解对土地的压力，尽快实现石漠化地区农民的脱贫致富。

6. 其他工程

主要内容是与产业发展和减轻人地矛盾相关的农民技能培训、农村劳动力转移培训及生态综合效益监测站建设等。

第四节　喀斯特地区石漠化与可持续发展

面对我国实施西部大开发战略和推进新阶段扶贫开发的新形势，从贵州实际出发，按照党的十六大提出全面建设小康社会的要求，抢抓机遇，加快发展，努力推动贵州经济社会整体走上生产发展、生活富裕和生态良好的文明发展道路，既是贵州实现可持续发展，全面建设小康社会的必然要求，也是实现长江、珠江流域乃至整个国家可持续发展的客观需要。

一、“双重贫困”并存且相互影响是制约可持续发展的重要因素

造成贵州生态与经济“双重贫困”的原因是多方面的。

一是对喀斯特地区的特殊情况缺乏正确的认识，资源开发极不合理。我国西南地区是世界上最大的喀斯特高原，贵州处于其腹心地带。全省95%的市县有喀斯特发育，91.7%的耕地、85.3%的农业人口、94%的粮食产量、95.7%的国民生产总值都出自喀斯特分布的区域。喀斯特成为贵州最大的基本省情。喀斯特是一种由特殊的物质体系、能量体系、结构体系、功能体系构成的多相、多层次的复杂空间区域。它在地表上形成的可耕土地资源有限，后备资源不足。全省人均耕地远低于全国平均水平。喀斯特地表形成1 cm厚的土壤约需4000年时间，表土层一旦流失就容易向石漠化演变。由于群山阻隔，交通不便，商品交换量小，市场发育迟缓等原因，贵州自给半自给的小农经济曾长期占据绝对优势，在三次产业中以第一产业为主，第一产业又以粮食生产为主就成了当然的观念和选择。新中国成立以后到改革开放的这一段时间中，计划经济的管理体制和“以粮为纲”的指导思想进一步强化了这种生产方式。于是，陡坡开荒、毁林种粮成为一种禁而不绝的现象，长期以来，贵州农业发展主要建立在资源高消耗的基础上，对资源、环境的压力越来越大，农业的再生产能力受到资源短缺和生态环境恶化的严峻挑战。

二是对喀斯特地区承载的人口缺乏准确的定位，人口压力极为沉重。1949年贵州总人口为$1\,416.40\times10^4$人，2010年为$3\,474.86\times10^4$人(第六次普查)，年均净增远高于全国平均水平。时至今日，贵州仍处于人口有计划节制生育的“爬坡阶段”，预计到2040年人口生育的峰头才会被削平。人口增长过快和不合理利用资源，成为不断加重大面积水土流失和石漠化的助推力。

据贵州省林业厅调查，20 世纪 50 年代前期，贵州的森林覆盖率在 45%左右；80 年代降为 12.6%。大规模砍伐森林使得水土流失面积扩大，石漠化加剧。50 年代全省水土流失面积为 2.5×10^4 km^2；60 年代扩大为 3.5×10^4 km^2；70 年代末为 5×10^4 km^2。1995 年则高达 7.67×10^4 km^2，占全省总面积的 43.5%。每年流入长江及支流的泥沙 1.4×10^8 t，流入珠江 0.34×10^8 t；全省石漠化面积已达 1.35×10^6 hm^2，并以每年净增 1.03×10^5 hm^2 的规模扩大。

三是贫困地区的分布与生态环境呈现很强的一致性，由此造成扶贫攻坚难度的增大。贵州是全国扶贫攻坚的重要阵地，这从一个侧面说明了贵州农村经济的特点。1985 年，全省农村贫困人口 $1\,500\times10^4$ 人，占当年农村人口的 57%。1986 年开始开展大规模的扶贫，特别是实施“八七”扶贫攻坚计划以来，到 2000 年贫困人口减少为 300×10^4 人，贫困人口占农村人口的比重从 1993 年的 34.4%下降为 9.74%。但是，贵州现存的贫困人口，致贫的特殊性决定了脱贫任务比以往更加艰巨。其一，由于贵州基本解决温饱的标准为农民年人均纯收入 650 元，仅相当于 1990 年不变价的 300 元，并且测算时实物比例高；同时，是否脱贫也只有人均纯收入一个标准，不能反映文化、卫生、科技等方面的状况，而这些都可能是致贫或脱贫的因素之一，因灾、因病等多种因素造成的返贫率约为 10%～12%。其二，全省 48 个国家级贫困县中有 39 个分布在石漠化发育地区，至今没有越过温饱线的 300 多万贫困人口绝大部分分布在石漠化严重的深山区、石山区和高寒山区，贫困程度深，扶贫难度大，喀斯特生态环境的“先天缺陷”加上“后天失调”，致使当地群众背上了石漠化和贫困化的双重包袱。

二、喀斯特地区石漠化可持续发展的策略

喀斯特石漠化综合治理应以生态学及生态经济学原理为基础，寻求人类活动与自然协调的生态规划。石漠化地区生态规划的研究，应密切结合我国石漠化地区的实际，研究石漠化地区资源开发中生态环境、经济和社会协调发展的合理规模、产业结构和产品结构的演替特点与规律。分析该地区资源—生态环境—经济—社会复合系统的结构与功能及演替规律，为石漠化地区的可持续发展提供理论指导。

喀斯特山区的生态重建必须根据治理区域内的生态现状和自然、社会经济状况，进行系统、科学的统一规划，实行生物措施、工程措施、耕作措施和管理措施等多方面的有机结合，开展山、水、田、林、路综合治理，形成多目标、多层次、多功能、高效益的综合防治体系。要坚持生态重建与经济开发相结合，近期利益与长远利益相结合，治标与治本相结合，生态效益、

经济效益和社会效益相结合，走人口、资源、环境、经济、社会协调发展之路，促进喀斯特山区生态、经济和社会的可持续发展。

生物多样性是保障石漠化治理生态系统稳定性的关键。喀斯特山区在进行生态重建过程中应大力推行农林复合型综合治理模式，主要包括立体农林复合型、林果药为主的林业先导型、林牧结合型、农牧渔结合型等模式。充分发挥林灌草水源涵养、水土保持和调节气候的作用，发挥畜牧业土地增肥和资源再利用的作用，发挥高效农业的增产作用，最终实现生态重建与经济持续发展的良性循环。

严格控制人口增长，提高人口素质，优化岩溶石漠化地区农村劳动力就业结构。在控制人口自然过快增长的同时，搞好农民实用技术培训，提高农民的整体素质和致富能力。要采取切实措施，加快石漠化地区农村剩余劳动力的输出与转移，大力推进农村工业发展和小城镇建设步伐，降低农业人口比重，以减轻农业人口对岩溶石漠化环境造成的直接压力。

开展不同石漠化类型区生态环境治理与产业发展示范。选择生态本底不同、社会经济基础各异的几种典型石漠化类型区进行示范开发，建立一批科技含量高、生态经济效益显著、易操作、示范辐射效应强、具有可持续发展能力的“精品工程”、“样板工程”，如石旮旯地的林牧高效复合经营示范、岩溶坡面水的调蓄和岩溶地下水的综合利用示范、石漠化地区植被快速恢复示范、道地中药材的产业化开发示范等，通过示范带动西南岩溶石漠化地区生态治理与产业发展上一个新台阶。

第九章　生物多样性保护与生态安全屏障建设

章前语

贵州地貌类型复杂，地势高差显著，气候具有立体性、复杂性和多样性，生境变化非常复杂多样，使贵州成为生物资源极其丰富的省份，其丰富程度仅次于云南、四川、广西，位居第四。据统计，贵州省植物种数在国内名列第四，动物种数在国内名列第三。贵州还是野生食用菌生长的天然温室，拥有十分丰富的微生物资源。因此，对贵州生物多样性的研究、保护及开发利用与贵州经济社会的发展息息相关，对构建贵州两江上游生态安全屏障具有重要意义。

关键词

生物多样性；生态安全；两江屏障

第一节　生物多样性及其保护

一、贵州的生物多样性及其特点

生物多样性是指一定范围内多种多样活的有机体有规律地结合所构成的稳定的生态综合体。蒋志刚等在《保护生物学》一书中给生物多样性所下的定义为：“生物多样性是生物及其环境形成的生态复合体以及与此相关的各种生态过程的综合，包括动物、植物、微生物和它们所拥有的基因以及它们与其生存环境形成的复杂的生态系统”。从生物多样性概念中可以看出生物多样性是一个内涵十分广泛的重要概念，主要包括 4 个层次，即遗传多样性、物种多样性、生态系统多样性和景观多样性。

(一)贵州的生物多样性

贵州地处青藏高原东侧、云贵高原东部斜坡地带，地势由西向北、东、南三面倾斜，地表崎岖、破碎。贵州处于亚热带东部湿润季风气候向亚热带西部半湿润气候的过渡地带，气候、土壤、生物等类型复杂多样，为不同生态特性的野生动植物的生存创造了良好条件，使贵州成为我国动植物区系复杂且具有明显过渡性、交错性的地区，表现出较高的生物多样性。

1. 物种多样性

(1)植物多样性

全省维管束植物共有310科，1 760属，8 336种(包括变种)，其中蕨类植物54科，153属，916种(包括变种)，裸子植物10科，31属，70种，被子植物246科，1 576属，7 350种。

在贵州的植物宝库中，有的种类分布极其局限，在国内其他地方都没有分布，仅仅见于贵州，成为"贵州特有植物"，而分布于喀斯特地区的贵州特有植物更是种类繁多，如贵州苏铁、荔波鹅耳枥、岩生鹅耳枥、石山桂、荔波蚊母树、贵州石楠、石山新木姜、黔鼠刺、石山胡颓子、石生鼠李、贵州槭、贵州金花茶、贵州石蝴蝶、灰岩生苔草、贵州鹤顶兰等。其中许多仅生长于喀斯特地区，证明了贵州的珍稀植物资源具有很明显的地方特色。

在众多野生动植物中，有一些物种是具有重要经济价值而目前处于种群数量稀少、濒临灭绝的珍稀动植物。根据《野生植物保护条例》及《国家重点保护野生植物名录》(1999)，贵州省共有国家重点保护野生植物74种，其中Ⅰ级保护植物有钟萼木、贵州苏铁、辐花苣苔、宽叶水韭、贵州水韭、单性木兰、珙桐、光叶珙桐、梵净山冷杉、银杉、异形玉叶金花、掌叶木、云南穗花杉、红豆杉、南方红豆杉15种，占全国同类保护植物总数的23.4%；Ⅱ级保护植物有苏铁蕨、桫椤、小黑桫椤、光叶小黑桫椤、黑桫椤、齿牙黑桫椤、金毛狗、水蕨、扇蕨、中国蕨、翠柏、福建柏、柔毛油杉、广东松、黄杉、短叶黄杉、秃杉、云南金钱槭、金铁锁、十齿花、黄檗、连香树、半枫荷、四药门花、香樟、润楠、闽楠、滇楠、楠木、格木、野大豆、花榈木、红豆树、任木、鹅掌楸、厚朴、凹叶厚朴、西康玉兰、香木莲、大叶木莲、峨嵋含笑、水青树、红椿、毛红椿、香果树、喜树、榉树、柄翅果、富宁藤、伞花木、龙棕、马尾树等，占全国同类保护植物总数的26.5%。重点保护植物的分布以黔南州最多，共有40种；其次是遵义和黔东南州，分别为31种和30种，分别占全省总数的42.5%和41.1%。重点保护植物较少的是安顺、六盘水和毕节，其重点保护植物分别为11种、13种和14种。

(2)动物多样性

贵州省有脊椎动物1 056种，其中兽类209种，鸟类478种，爬行类105种，两栖类63种，都排在全国的前几位。其中有许多珍稀动物，如黔金丝猴、黑叶猴、猕猴、黑颈鹤、白鹡等。据统计，2004 年贵州省有鱼类 202 种(含亚种)，分别隶属于 6 目，20 科，98 属，其他水产养质资源有大鲵、鳖、虾、蟹、螺蚌等数百种。根据云南、广西环境状况公报与中国生物多样性信息系统中科院昆明动物所数据点所提供的各省区脊椎动物种类数据，贵州省的兽类物种丰富度仅次于云南、四川。物种密度为 834 种每万平方千米，仅次于台湾和海南；而爬行类动物仅次于广西、云南(表 9.1)。

表 9.1　贵州脊椎动物种数统计及与临近省份和全国的比较

指标 省区	兽类/种	占全国比例/%	鸟类/种	占全国比例/%	爬行类/种	占全国比例/%	两栖类/种	占全国比例/%	淡水鱼类/种	占全国比例/%
贵州	209	36.0	478	38.4	105	27.9	63	22.2	202	25.3
广西	137	23.5	511	41.1	158	42.0	67	23.6	186	23.3
云南	296	49.9	792	66.5	151	39.2	102	44.1	399	50.0
四川	232	39.9	719	57.8	—	—	88	31.0	—	—
湖南	—	—	—	—	—	—	37	13.0	143	17.9
全国	581	100.0	1 244.0	100.0	376.0	100.0	284.0	100.0	930	100.0

资料来源：容丽、杨龙：《贵州的生物多样性与喀斯特环境》，载《贵州师范大学学报》(自然科学版)，2004(4)

根据《野生动物保护法》(1988)及《国家重点保护野生动物名录》，贵州省共有国家重点保护野生动物 83 种，其中一级保护动物有黑叶猴、黔金丝猴、云豹、豹、华南虎、白鹳、黑鹳、中华秋沙鸭、金雕、白肩雕、白尾海雕、黑颈鹤、白头鹤、蟒 14 种，占全国同类保护动物的 13.1%；二级保护动物有猕猴、藏酋猴、穿山甲、豺、黑熊、水獭、斑林狸、大灵猫、小灵猫、金猫、林麝、斑羚、白琶鹭、黑脸琵鹭、凤头鹃隼、鸳鸯、蜂鹰、鸢、苍鹰、褐耳鹰、赤腹鹰、凤头鹰、雀鹰、松雀鹰、草原雕、白腹山雕、白尾鹞、鹊鹞、蛇雕、小隼、游隼、燕隼、红脚隼、红隼、红腹角雉、白鹇、勺鸡、白领长尾雉、红腹锦鸡、白腹锦鸡、灰鹤、棕背田鸡、褐翅鸦鹃、小鸦鹃、草鸮、红角鸮、领角鸮、毛脚鱼鸮、褐林鸮、灰林鸮、长耳鸮、短耳鸮、长尾阔嘴鸟、蓝翅八色鸫、山瑞鳖、大鲵、细痣疣螈、贵州疣螈、虎纹蛙、胭脂鱼、金钱鲃、拉步甲等 68 种，占全国同类保护动物的 29.6%。

(3)菌物多样性

贵州复杂多样的自然生态系统孕育了种类繁多的菌物。根据吴兴亮的统计(2000)，贵州大型真菌种类有 966 种，隶属 44 科，202 属。已描述的野生食用菌有 243 种，药用菌有 186 种，毒菌有 67 种，其中的许多种类属于外生菌根菌。尽管不同作者描述的上述数据有差异，但贵州菌物资源十分丰富乃是不争的事实。贵州近年来描述、发表冬小包脚菇、任氏灵芝、高盘灵芝等菌物新种、中国新纪录数十种。个别种(如冬小包脚菇)非常罕见，迄今仅在贵州被发现。此外，贵州拥有十分丰富的极端微生物资源和生长环境，如息烽和石阡温泉中的高温微生物资源，特有的诸如茅台酒酒曲微生物资源，洞穴诸如织金洞、龙宫洞微生物资源，能对磷矿、金矿、汞矿以及煤矿进行作用的微生物资源等。

2. 遗传多样性

贵州作为遗传多样性的省区之一，在长期自然选择和人工选择的作用下，为适应各种不同的自然条件和种植制度以及生产利用的需要，形成了丰富多彩的作物类型和品种，具有丰富的遗传多样性。贵州有 500 多种食用植物，40 多种农作物，100 多种蔬菜，127 种果树，500 多种菌类。素以“地道药材”之乡著称的贵州，有药用植物 3 700 多种。喀斯特高原饲用植物也异常丰富，有 1 800 种，世界上一些著名的优良栽培牧草在贵州都有野生种分布，饲用价值高的优良牧草 200 种以上。贵州人工栽培的动植物种类繁多，从亚热带到暖温带的栽培植物几乎应有尽有，还有一些热带作物经过长期的自然选择和人工选育，形成适应不同生态环境条件的类型和品种，具有丰富多样的遗传种质资源，农业资源品种近 6 000 个，其中有不少珍贵品种。

以柑橘这一典型的亚热带果树为例，贵州主要的柑橘类果品有红橘、甜橙和柚子。每一种都有许多不同的品种，如惠水的川橘、红橘、金钱橘，兴义的大红袍，罗甸、毕节、晴隆的甜橙、夏橙等。此外，其他粮食及经济作物的品种也层出不穷，如金沙油菜、绥阳辣椒、余庆苦丁茶、开阳富硒米和富硒茶、惠水黑糯米、大方野天麻以及新开发的抗低温高产杂交稻新品种“金优 431”等。

喀斯特地区的畜牧业有悠久的历史，在漫长的生产实践中形成了丰富、优良、独特的地方品种。其中，关岭牛，黔西马，可乐猪和贵州黑、白山羊是其中的佼佼者。关岭牛即关岭黄牛或盘江黄牛，是贵州肉役兼用型的优良地方品种，因主产关岭县而得名，在黔中、黔西南及六盘水等喀斯特发育的十余县市均有分布。黔西马即贵州马，早在唐宋时期就闻名天下。历代王朝兵马之中，西南山地马和蒙古马一直是两大支柱，而黔西马则是山地马的优良品种之一。至今，黔西马在西南马中的数量仍占有较大比重，它主产于贵州喀斯特发育的毕节、安顺两地，也分布于黔西南、六盘水、贵阳及黔南州部分地区。可乐猪是产于黔西北乌蒙山区的放牧型猪，中心产区在赫章、威宁等地，尤以赫章可乐为最，故得名，是黔西北喀斯特高原山区的当家猪种。

贵州黑、白山羊是喀斯特地区重要的草食牲畜。贵州黑山羊主产于威宁、赫章、水城、盘县等西部喀斯特高原山地，也广泛分布于北部及安顺的喀斯特丘陵山地。贵州白山羊则主产于东北部的沿河、德江、思南、桐梓、务川等地，也广泛分布于遵义、铜仁等地的喀斯特丘陵山地。此外，还有威宁黄牛、思南黄牛、贵州黑白花奶牛、黔北黑猪、黔北麻羊、三穗鸭、兴义鸭、威宁鸡等。可见，贵州省喀斯特地区是研究中国家养动物遗传多样性，开发动物遗传资源的一个重要区域。

(1)粮食作物

地方品种和贵州省育成种近 5 000 种。其中，稻类 2 706 种，小麦 106 种，玉米 637 种，大麦 59 种，高粱 17 种，甘薯 5 种，马铃薯 80 种，大豆 405 种。

(2)经济作物

贵州省经济作物中有油菜 244 种，烟草 129 种，茶树 17 种，棉花 19 种，麻 155 种，甘蔗及近缘野生种 78 种，花生 30 种，小宗油料作物 19 种。

(3)果树

贵州本地果树有甜橙 90 多种，柑橘 70 多种，柚子 10 多种，枇杷 10 多种，梨 130 种，苹果 100 多种以及桃、李、杏、樱桃、柠檬、葡萄、香蕉、菠萝、柿子、芒果、橄榄、荔枝、龙眼、板栗、核桃、银杏、石榴、草莓、刺梨、杨梅、猕猴桃等。

(4)畜禽等驯养动物

贵州省优良地方畜禽品种有 32 个，培育品种 2 个，引进驯化品种 2 个。编入《中国畜禽品种志》、《中国家畜地方品种资源图谱》、《中国家禽地方品种资源图谱》的 28 个地方良种有黔西马、三穗鸭、可乐猪、思南黄牛、从江香猪、贵州黑白花奶牛、考力代羊、苏白猪等。纳入《贵州省畜禽品种志》的还有威宁黄牛、贵州水牛、关岭花江黄牛、黔北黑猪、黔东花猪、贵州黑山羊、黔北麻羊、威宁绵羊、兴义鸭、威宁鸡、矮脚鸡、高脚鸡、从江小种鸡、赤水鸡、贵农黄鸡、平坝灰鹅、天柱番鸭等名优品种。

3. 生态系统多样性

根据《贵州植被》、《贵州森林》、《贵州草地》和《贵州湿地》等基础资料的研究和归纳，贵州生态系统主要包括森林生态系统、草地生态系统、湿地生态系统和农田生态系统四大类型。同时，还有由喀斯特地貌演化成的独特的喀斯特生态系统，如喀斯特森林生态系统、喀斯特草地生态系统、喀斯特石漠生态系统、喀斯特湿地生态系统、喀斯特淡水生态系统、喀斯特洞穴生态系统等。

根据贵州省生态功能区划，贵州省的森林生态系统划分为针叶林生态系统、阔叶林生态系统、竹林生态系统、灌木林生态系统和经果林人工生态系统，每大类型下又可依据植物群落的优势种类的不同细分为不同层次的次级生态系统。全省主要的中级(群系或群系组)森林生态系统共计 91 个。其中，针叶林生态系统 18 个，占总数的 19.8%；阔叶林生态系统 37 个，占总数的 40.6%；竹林生态系统 10 个，占总数的 11%；灌木林生态系统 12 个，占总数的 13.2%；经果林生态系统 14 个，占 15.4%。

贵州草地生态系统多具次生性，即草地多数为森林植被反复遭破坏后形成。根据草地发育的地形条件和植被特征，可将贵州草地划分为 5 大类：山地丘陵草地、山地丘陵灌木草地、山地丘陵疏林草地、山地草甸草地和河漫滩低地草甸草地。各大类之下再根据草地的优势种的不同，细分为 36 个次级类型。其中山地丘陵草甸为主要大类，共分 14 个类型，山地丘陵灌木草地有 8 个，山地疏林草地有 7 个，山地草甸草地有 4 个，河漫滩草甸草地有 3 个。

贵州湿地可分为天然湿地和人工湿地两大类。其中，天然湿地又可分为河流湿地、湖泊湿地、泉水湿地和沼泽草甸湿地 4 类，包括长江和珠江两大流域的 8 个水系，主要有长江流域的牛栏江，横江，赤水河，綦江，乌江，沅江和珠江流域的南、北盘江，红水河，都柳江，各水系的支流众多，全省河网密度平均为 0.56 km/km^2，河流湿地极其发育。湖泊湿地在贵州相对较少，天然湖泊主要是一些喀斯特湖泊，如威宁草海，安龙绿海子、黔西雨朵大海子、沙窝龙场海子等常年性湖泊和贞丰这年海子等间歇性湖泊。沼泽湿地分布较少，多在山体中上部局部地势低洼地发育形成，如东部的梵净山九龙池沼泽、雷公山雷公坪沼泽；中部龙里五里坪草场、高坡云顶；南部斗篷山、都匀螺蛳壳、惠水龙塘山；黔西南龙头大山、安龙仙鹤坪等地都有零星分布。泉水湿地以各种喀斯特大泉和地下河出口处为主，也有部分地热泉(温泉)，黔北和黔中分布较为集中。人工湿地中以各地大、中、小型水库为代表，全省有各类水库 2 000 多个，总面积超过 4×10^4 hm^2。此外，人工湿地中的水稻田也较重要，其面积大，分布广，尤其在清水江、都柳江流域一带在耕地中所占比重很大，可超过 70%；在安顺、贵阳等地势平缓地带，水田也占耕地的30%～40%。

贵州省农田生态系统均为草本类型，作物为一年生或多年生草本植物。依据生境特点的不同，分为旱地生态系统和水田生态系统两大类，再根据作物组合和熟制的不同，又可细分为 10 个组合型。

4. 景观多样性

贵州的自然景观的多样性主要体现在地貌景观、喀斯特水体景观和绿色喀斯特景观的多样性几个方面。

(1)地貌景观

贵州的地貌景观主要有以乌江，南、北盘江深切河谷沿岸等为代表的高原峰林、峰丛景观；以花江(北盘江下段)、马岭河(南盘江支流)、猫跳河(乌江支流)及六冲河(乌江上游)等为代表的峡谷、嶂谷景观；以绥阳双河洞、织金打鸡洞、黎平天生桥、荔波大七孔天生桥为代表的溶洞、天生桥、深洼地(漏斗)等景观。

(2)喀斯特水体景观

喀斯特水体景观主要是以兴义马岭河、施秉杉木河、荔波水春河和贵阳花溪河为代表的河流景观，具体包括以中外驰名的黄果树瀑布、马岭河峡谷瀑布群为代表的瀑布景观，以黔中高原面上的红枫湖(水库)、兴义马岭河下游的高峡平湖为代表的高原湖泊(水库)景观，以息烽、石阡、金沙、兴义、茂兰等地为主要代表的泉水景观，安顺龙宫、贵阳天河潭等为代表的地下河景观。

(3)绿色喀斯特景观

绿色喀斯特景观有以施秉云台山、贵阳香纸沟、麻江天星桥等为典型代表的峰丛山地森林景观，以龙里猴子沟以西的五里坪为代表的山岭草原景观和以威宁草海为代表的湖沼植被景观。

(二)贵州生物多样性的特点

1. 环境类型多样，物种高度丰富

贵州地理类型复杂，地势高差显著，气候、土壤多样，使贵州的生物物种高度丰富。贵州有维管束植物 310 科，1760 属，约 8336 余种(包括亚种、变种)，其中蕨类植物 54 科，153 属，916 种(包括变种、变型及 2 杂交种)；被子植物 246 科，1576 属，7350 种。贵州的动物资源也非常丰富，全省有脊椎动物 1056 余种，贵州是中国爬行类动物最多的省区之一，共有爬行类 105 种，在已报道的省区中，仅次于广西、云南，占全国总种数的 28%；有兽类 209 种，仅次于云南、四川，占全国总种数的 36%。

2. 特有属、种较多

由于贵州自然条件复杂，自然历史悠久，加之地理位置偏南，在第四纪冰川时期受北方大陆冰川的直接侵袭较少。因此，起源于大陆及华南台块的一些种类得以保存，其中有不少是中国特有植物。贵州具有相当丰富的特有属，在全国仅次于云南、四川。我国的 4 个特有科——杜仲科、钟萼木科、银杏科及从木兰科中分出的珙桐科贵州都有。贵州的特产植物有 280 余种，占贵州种子植物总数的 5.6%。贵州是中国特有植物分布中心之一，共有中国特有属 62 个，占中国特有属的 24%。贵州动植物特有种属中，尤为人们所注意的产于喀斯特地区的珍稀濒危野生动植物包括贵州苏铁、杜仲、三尖杉、黑叶猴、恒河猴、大鲵等。

3. 区系起源古老

贵州在地史上自三叠纪末期脱离了海浸的历史，比较稳定地成为陆地，为高等陆生生物的发育、繁衍和进一步分化，创造了极其有利的条件，很多起源古老的植物得到了充分的发育。到了第四纪全球性冰川气候到来时，由于贵州所处的纬度较低，加之今贵州省的山地地貌特征，使冰川的发育形成典型的山岳冰川，仅在少数局部地区受到冰川的直接侵蚀。因而，一些起源古老的植物得以在较好的局部环境中幸存下来，繁衍至今，成为地球沧海桑田的活见证。例如，松杉类植物，世界现存 7 个科中，贵州省有 6 个科。喀斯特地区著名的贵州苏铁、罗汉松、三尖杉及动物中的大鲵等都是古老孑遗的物种。

4. 栽培植物、家养动物及其野生亲缘的种质资源异常丰富

十余个万亩大坝成为喀斯特地区重要的粮油生产基地，西部的喀斯特高原草地成为发展畜牧业的天然草场，广阔的喀斯特丘陵培育了多种粮食作物和经济作物，大大小小的喀斯特山地成为经济林产品的重要基地。贵州有重要经济价值的野生动物 300 余种，野生植物 800 余种。世界著名的优良牧草贵州均有野生种分布，饲用价值高的牧草不下 200 种。喀斯特地区主产的杜仲、乌桕、油桐、漆树、核桃、刺梨等经济林木和野生果品以及柏木、青冈、樟、梓、楸等用材树种，为贵州绿色工程和绿色产业的发展提供了有利条件。

二、贵州生物多样性的保护途径

(一)生物多样性保护的意义

贵州是我国生物多样性特别丰富的省份之一。生态系统的大面积破坏和退化，使贵州的许多物种已变成濒危种和受威胁种。全省受威胁的种子植物共有 89 科，402 种，约占全省种子植物总数的 8.1%。其中喀斯特地区分布的共 84 科，342 种，占全省受威胁种子植物种类的 85%，足见贵州喀斯特地区种子植物受威胁的严重程度。贵州列入国家保护的珍稀种子植物有 70 种(不包括兰科)，其中一级保护植物有银杉、珙桐、梵净山冷杉、贵州苏铁等 14 种。其中，银杉、贵州苏铁、珙桐等在喀斯特地区分布。贵州列入国家保护的珍稀动物有 83 种，其中一级保护动物有黔金丝猴、黑叶猴、华南虎、云豹、白鹳、黑鹳、黑颈鹤、中华秋沙鸭、金雕、白尾海雕、白头鹤、蟒等 14 种。其中黑叶猴的主要栖息地和黑颈鹤的主要越冬地均属喀斯特地区。在濒

临灭绝的脊椎动物中，有67%的物种遭受生境丧失、退化与破碎的威胁。森林长期超量砍伐、过度放牧、围湖造田、过度利用土地和水资源等，导致生物生存环境被破坏，甚至丧失，影响物种的正常生存。栖息地被破坏和片段化已成为一些兽类数量减少、分布区面积缩小、濒临灭绝的最重要原因。许多为保护濒危物种而建立的自然保护区被大面积的已开发地区所包围，成为“生态孤岛”。《濒危野生动植物种国际贸易公约》列出的640个世界性濒危物种中，贵州就占156种，约为其总数的1/4，形势是十分严峻的。

丰富的生物多样性不仅为贵州的社会经济发展提供了食物、药物、能源、生产原料等，而且改善了贵州的生态环境，对建立长江、珠江上游生态屏障，发展生态旅游等具有十分重要的意义。因此，这要求我们必须立即开展有关的应用基础研究，为有效的保护行动和持续利用提供可靠的依据。这不仅影响当代人，而且造福子孙后代，既有重要的理论意义，又可以产生巨大的社会、生态和经济效益。

(二)贵州生物多样性保护的对策与途径

国际公认，21世纪是生物多样性保护的关键时期，而珍稀濒危物种应被纳入优先保护之列。保护的目标是通过不减少基因和物种多样性，不破坏重要的生境和生态系统的方式，尽快挽救和保护濒危的生物资源，以保证生物多样性的持续发展。

1. 提高对生物多样性保护的认识，积极履行《生物多样性公约》

我们必须善待地球、善待自然，不能以传统的高投入、高消耗为发展模式；不能以高消费、高享受为发展的目标和推动力；不能以牺牲环境为代价，片面强调发展的速度。应强调人与自然的和谐，强调资源的持续利用，强调后代人享有与当代人同等的发展机会。增强环境道德观念和可持续发展的观念，共同维护地球家园，是人类应该追求的理想。

《生物多样性公约》是全面探讨生物多样性保护的第一个全球性协议，是生物多样性保护进程中具有划时代意义的文件。公约涉及面很广，包括各国政府的承诺、开发利用生物资源的主权、应采取的措施、技术转让与生物安全监测与预警等。我国是世界上最先加入和批准该公约的发展中国家，加入该公约后，编制完成了《中国生物多样性行动计划》。因此，我们要积极履行《生物多样性公约》。

2. 加强立法、严格执法，制定有利于生物多样性保护的经济政策

为保护生物资源，贵州省先后制定了与国家相关法律法规相配套的一系列规定。另外，贵州省还制订了《贵州21世纪议程》和《贵州生物多样性保护战略与行动计划》等，使贵州保护生物多样性工作纳入法制轨道。

3. 应加强对生物多样性的调查研究，大力兴建保护区，做好就地保护、迁地保护和离体保护工作

就地保护是保护生物多样性的主要措施之一，是拯救生物多样性的必要手段。自然保护区是生物多样性就地保护的主要场所，其最大作用是保护各种典型的自然生态系统、生物物种及各种有价值的自然遗迹。贵州喀斯特地区一些物种有些已处于极度濒危状态，且对生境有特殊要求，一旦迁离原生生境便无法存活或生长状况不佳，对此应建立自然保护区就地保护。截至2009年年底，经国务院和地方各级政府批准，全省已建立自然保护区130处。

迁地保护是指将濒危动植物迁移到人工环境中或实施易地保护的一种方式。建立植物园、动物园、水族馆等是实施迁地保护的主要手段。目前，贵州省建成有贵州省植物园、贵州省林业科学研究院树木园、龙里林场珍稀树种植物园、贵州省药用植物园、贵阳市林业绿化局植物园、黎平县东风林场植物园等近10个植物园；贵州省野生动物园、黔灵山动物园、遵义市动物园、贵州省野生动物急救中心等动物保护基地；贵州省农业科学研究院优良农作物品种收集园、杉木优良品种收集圃、马尾松优良品种收集圃等基因保护基地。

三、贵州主要自然保护区建设

1. 贵州梵净山国家级自然保护区

梵净山国家级自然保护区位于江口、印江、松桃三县交界处，地理位置为N27°49′50″～28°01′30″，E108°45′55″～108°48′30″。位于亚热带湿润地区，属于温暖湿润的环境，是中国亚热带生态系统保存较为完整的典型地区之一，总面积41 900 hm^2。1978年建立省级自然保护区，1986年晋升为国家级，同年加入联合国教科文组织“人与生物圈”保护区网，主要保护对象为亚热带森林生态系统及黔金丝猴、珙桐等珍稀动植物。梵净山是联合国“人与生物圈计划”成员之一。

梵净山国家级自然保护区物种资源十分丰富。据调查，区内有铁杉林、水青冈林、黄杨林、珙桐林等44个不同的类型。特别是珍稀孑遗树种珙桐，除有大量零星分布外，还有13个分布成片的珙桐林，总面积超过80 hm^2，是当今世界珙桐最集中的野生分布区。另外，梵净山冷杉不仅是梵净山的特有树种，也是研究古生物及气候变化的重要对象。梵净山区内植物种类2 000余种，国家一级保护植物6种，二级保护植物25种。区内有野生动物1 004种和4个亚种。其中兽类69种，鸟类191种和4个亚种，两栖爬行类75种，鱼类48种，陆栖寡毛类21种，昆虫类600余种。国家一级保护动物有黔金丝

猴等6种，二级保护动物有大鲵、黑熊、藏酋猴等29种。特别是国家一级保护动物黔金丝猴，是第三纪遗留下来的中国特产动物，仅分布于梵净山保护区内，是中国特产的三种金丝猴中数量最少、分布区最窄、濒危度最高的一种，是贵州梵净山国家级自然保护区的“珍品”，是世界的“瑰宝”。

2. 贵州茂兰国家级自然保护区

茂兰国家级自然保护区位于贵州省荔波县，南面与广西毗邻。N25°09′20″～25°20′50″，E107°52′10″～108°05′40″，面积2.13×10^4 hm^2，1987年经贵州省人民政府批准建立，1988年晋升为国家级，主要保护对象为喀斯特森林及珍稀动植物。1996年，加入联合国教科文组织“人与生物圈计划”。与云南石林、重庆武隆联合申报中国南方喀斯特世界自然遗产，2007年获联合国教科文组织审定通过，为贵州首个世界自然遗产。

保护区处于云贵高原向广西丘陵平原过渡的斜坡地带，地势西北高东南低，最高海拔1 078.6 m，最低为430 m。区内峰峦叠嶂，溪流纵横，原生森林茂密，喀斯特地貌十分发育且形态多样，主要有落水洞、漏斗、洼地、槽谷、盲谷、盆地、峰林、峰丛等。山、水、林、洞、瀑、石融为一体，体现了喀斯特森林生态环境的神奇特色。保护区内的喀斯特森林保存完好，气势壮观，是世界上同纬度地带所特有的。

茂兰保护区以保护和管理喀斯特森林生态系统为主要目的，为研究喀斯特地貌发育理论、水文地质、森林生态、森林群落类型等提供了自然平台。

茂兰保护区主要保护对象为典型和有代表性的中亚热带喀斯特森林生态系统和生存于其中的珍稀濒危野生动植物。森林覆盖率达87.3%。区内有维管束植物143科，501属，1 203种，其中国家一级保护植物20余种，二级保护植物200余种，特有种25种。脊椎动物400余种，其中兽类61种，鸟类200余种，鱼类39种。脊椎动物中有国家一级保护动物3种，二级保护动物40余种，特有种5种。还有大量的无脊椎动物，仅昆虫就已发现1 300余种，150余种为特有种；蜘蛛130余种，特有种7种；陆生贝类50多种，特有种2种。大量的洞穴动物和土壤动物新种也被逐渐发现。1990年，来自8个国家的15位喀斯特顶级专家考察茂兰保护区后，做出如下结论：“茂兰保护区是地球同纬度地区残存下来的一片面积最大、相对集中、原生性强、相对稳定的喀斯森林生态系统，是研究喀斯特森林生态特性的天然实验室和难得的定性、定量和定位的研究基地”。

3. 贵州习水国家级自然保护区

习水国家级自然保护区地处习水西北部，地理位置为N28°07′～28°34′，E105°50′～106°29′，总面积48 666 hm^2，属森林生态系统类型自然保护区。

习水保护区成立于 1992 年，1994 年晋升为省级自然保护区，1997 年晋升为国家级自然保护区。

主要保护对象为中亚热带常绿阔叶林。其生态系统是中亚热带地带性森林生态系统。习水保护区自然分布的国家保护植物 27 种，一级重点保护树种有南方红豆杉、伯乐树，二级重点保护植物有桫椤、福建柏、闽楠、鹅掌楸、花榈木、香果树等 17 种，省级保护树种有三尖杉、川桂等 8 种；《濒危动植物贸易公约(附录Ⅱ)》名录中的品种有 31 种。动物资源相当丰富，经重点考察，现已查明区内各类动物 49 目，252 科，1 435 种，其中国家一级重点保护动物有华南虎、金钱豹、云豹、白颈长尾雉 4 种，占全省同类保护物种的 28.6%；二级重点保护动物有猕猴、藏酋猴、穿山甲等 28 种，占全省同类保护物种的 43%。

习水自然保护区景观资源独特，尤其是发育在白垩系紫红色砂岩上的中山峡谷地貌与茂密的亚热带原生常绿阔叶林交织而成的红层地貌森林景观，是远古劫余留下的难得的一份宝贵自然遗产，具有潜在的旅游开发价值，也是进行森林生态宣传教育的天然课堂。

4. 贵州雷公山国家级自然保护区

雷公山自然保护区位于贵州省黔东南中部，地跨雷山、台江、剑河、榕江，是长江水系与珠江水系的分水岭。其地理位置为 N26°15′～26°32′，E108°5′～108°24′。保护区北起台江南刀寨，南至雷山开屯、高岳山，西抵雷山乌尧、乌东、猫鼻岭一线，东达台江乌迷寨、剑河大坪山、榕江小丹江一线，南北长约 30 km，东西宽约 15 km，形状不规则，总面积 47 300 hm^2。

雷公山自然保护区于 1982 年经贵州省人民政府批准建立，2001 年经国务院批准晋升为国家级自然保护区。保护区是以保护秃杉等珍稀动植物资源为主的中亚热带山地森林生态系统的自然保护区，是个难得的科研教学基地。

雷公山自然保护区地史上未受到第四纪冰川侵袭，成为许多古老孑遗生物的避难所，蕴藏着丰富的生物资源。据现有记录，本区各类生物 2 000 余种，是贵州省植被保存较好的地区之一，也是我国中亚热带森林植物资源比较丰富，珍稀动植物资源保存较多的一个重要地区。林地面积 36 071 hm^2，活立木总蓄积 243×10^4 m^3，森林覆盖率 83%。植被类型 20 多个，主要森林群落类型 11 个。其中，主要保护的类型有秃杉林，各类常绿阔叶林，落叶阔叶混交林，水青冈林，山顶苔藓矮林，山顶杜鹃、箭竹灌丛等。本区在生态、遗传、经济方面具有极高的研究价值。

雷公山自然保护区森林植物资源非常丰富。植物已经鉴定的共有 1 390 种，分属 273 科，679 属。其中，种子植物 825 种，蕨类 249 种，真菌 203

种。保护区共有红豆杉、钟萼木、白辛树、秃杉、马尾树、鹅掌楸、福建柏、香果树、半风荷等国家一、二级濒危、珍稀重点保护植物20种。特别是重点保护对象——秃杉，起源古老，是第三纪古热带植物区系孑遗种，为世界上稀有的珍贵树种，乃是我国特有的珍稀保护树种。我国仅在云南的怒江、澜沧江流域，湖北的利川和贵州雷公山自然保护区有自然分布。这三个秃杉分布区域，因其地理位置和气候特征不同，秃杉林的组成结构、分布规律、演替动态及其整个生态系统相互关系都是不同的。而且，雷公山的秃杉林群落面积较大，保存较完整，原生性较强，现尚保存完好的秃杉天然林有35片，面积约15 hm^2，最大一片面积约2 hm^2，是中亚热带唯一的天然秃杉林研究基地。

雷公山自然保护区野生动物资源相当丰富。已经鉴定的共有518种，分属39目，132科。特别是爬行动物物种非常丰富，占贵州爬行动物总种数的52.8%，比贵州的梵净山、福建的武夷山及广西的瑶山还多，在国内外是很少见的。保护区内共有豹、白颈长尾雉、大鲵、鸳鸯、猕猴、穿山甲、黑熊等23种国家级保护动物。另外，还是两栖类尾斑瘰螈、棘指角蟾和雷山髭蟾3个新种及爬行类贵州小头蛇1个新种的模式产地。尾斑瘰螈为贵州特有种，仅雷公山和梵净山有分布，雷山髭蟾为雷公山特有种，仅发现于雷公山。

5. 贵州威宁草海国家级自然保护区

草海位于贵州省西部，云贵高原中部，乌蒙山脉腹心地带，地处威宁彝族回族苗族自治县县城西南，N26°49′～26°53′，E 104°12′～104°18′。保护区总面积120 km^2，水域面积45 km^2，正常蓄水高程2 171.7 m，平均水深2 m，最深处5 m，蓄水量1.40×10^8 m^3，与青海湖、滇池组成中国三大高原淡水湖，是贵州最大的天然淡水湖泊。

1985年草海被列为省级自然保护区，1992年被列为国家级自然保护区。

草海是一个典型的高原湿地生态系统，拥有大量珍贵的动植物资源。据统计，内有浮游植物91属；浮游动物78属，115种；水生高等植物20科，26属，37种；两栖动物25科，25属，52种；鱼类4科，8属，9种；鸟类16目，41科，184种。其中，海菜花和黄杉为国家二级保护植物。每年到此越冬的鸟类有209种，10余万只，属国家一级保护动物7种，二级保护动物20余种。另外还有50种为《中华人民共和国政府和日本国政府保护候鸟及其栖息环境协定》中规定保护的鸟类以及多种具有重要经济、科学研究价值的野生动物。

6. 贵州赤水桫椤国家级自然保护区

贵州赤水桫椤国家级自然保护区位于赤水中部葫市镇金沙沟一带，地理位置为 N28°20′17″～28°20′40″，E105°57′54″～106°7′7″。区内海拔最高点 1 730.1 m，最低点 331.5 m。是我国第一个以桫椤及其生态环境为保护对象的国家级自然保护区，面积 133 km^2。1984 年，赤水县人民政府建立了“赤水桫椤自然保护区”。1992 年，国务院批准“赤水桫椤自然保护区”为“桫椤国家级自然保护区”。2000 年 10 月，国家旅游局批准，在赤水桫椤国家级自然保护区内开设地球爬行动物时代标志植物及其生存环境游览观光园林，正式命名为“中国侏罗纪公园”，这是中国唯一一个以“侏罗纪”命名的国家级公园。

桫椤系当今地球上保存不多的一种冰川前期植物，被称为科学研究的“活化石”。保护区内的桫椤，普通株高 4～6 m，很多地段成片分布，形成以桫椤为优势的植物群落，种群数量 4 万余株，被誉为“桫椤王国”，具有桫椤数量多，生长好，分布集中，生态原始的突出特点，是目前国内一处十分少见的桫椤天然集中分布区，典型代表意义十分突出。

保护区生物资源丰富，区内有 2 500 多种动植物，植被原生性强，森林覆盖率高达 90%。蕨类植物近 200 种，种子植物 500 余种，其中国家重点保护植物 7 种。小黄花茶为特有种，仅 1 000 余株；桫椤、红豆杉是国家一级保护珍稀植物，福建柏、长瓣短柱茶是国家二级保护植物，红花木莲、黄连、天麻、桢楠、八角莲、三尖杉等是国家三级保护植物。野生动物中兽类 10 种，鸟类 110 种，爬行类 32 种，两栖类 10 种，鱼类 39 种，昆虫 100 余种，其中国家重点保护动物 18 种。云豹为国家一级保护动物。二级保护动物有藏酋猴、猕猴、黑熊、穿山甲、苏门羚、林麝、水獭、大灵猫、小灵猫共 9 种。二级保护鸟类有白鹇、红腹锦鸡、红腹角雉、鸢、红隼、白尾鹞等。除列入国家重点保护的物种外，本区还有一些稀有种。新种有贵州省级保护物种，如枯叶蛱蝶、红头咬鹃、贵州小头蛇、赤水蟹、毛冠鹿等。本区资源丰富，堪称亚热带地区一座珍贵的珍稀物种种源库，对保护生物的多样性具有重要意义。本区植被保存完整，原始性较强，地形封闭，又具有南亚热带的特殊生态环境，是一个理想的古生物、古地理、古气候和环境科学教育研究基地。

7. 贵州麻阳河国家级自然保护区

麻阳河国家级自然保护区位于黔东北沿河、务川相接处，地理位置为 N28°37′30″～28°54′20″，E 108°3′53″～108°19′45″，属野生动物类型的自然保护区。保护区总面积31 113 hm^2，其中核心区面积 10 543 hm^2，实验区面积 5 548 hm^2。经考察证实，保护区内分布有黑叶猴 76 群 730 只左右，是目前我国黑叶猴分布最密集，数量最多的地区，也是全球最大的黑叶猴种群分布地。

保护区始建于 1987 年，1994 年成为省级自然保护区。2003 年升为国家级自然保护区，2004 年加入“人与生物圈计划”。

麻阳河保护区处于中亚热带季风气候带，森林覆盖率63.74%，有维管束植物120科，293属，800余种。国家一级重点保护野生植物有红豆杉、南方红豆杉、银杏3种；国家二级重点保护野生植物有苏铁蕨、黄杉、三尖杉、穗花杉、香果树、香樟、润楠等12种；有春兰、寒兰、虾脊兰等珍稀兰科植物20余种。

保护区主要以保护国家一级重点保护野生动物黑叶猴及其栖息地为主。经过科学考察，保护区有各类珍贵野生动物300余种，其中兽类37种，鸟类149种，两栖爬行类32种，鱼类48种。国家一级重点保护野生动物黑叶猴、豹、林麝；国家二级重点保护野生动物有黑熊、大灵猫、猕猴、斑羚、穿山甲、红腹锦鸡等27种。麻阳河保护区内的两条河谷森林植被保存良好，野生动植物资源丰富，是重要的野生动植物资源基因库，具有重要的科研和社会经济价值。

8. 贵州宽阔水国家级自然保护区

宽阔水国家级自然保护区地处绥阳北部，地理位置为N28°08′23″～28°19′10″，E107°02′42″～107°13′26″。保护区总面积21 840 hm^2，核心区面积8 715 hm^2，试验区面积6 385 hm^2。保护区以中亚热带原生性亮叶水青冈森林生态系统和黑叶猴及其栖息地为主要保护对象，同时保护分布于该保护区的其他珍稀动植物和中亚热带森林生态系统，为森林生态系统类型自然保护区。宽阔水自然保护区始建于1989年，为县级自然保护区，2001年升为省级自然保护区，2007年升为国家级自然保护区。

保护区主要以原生性亮叶水青冈为主体，是典型的中亚热带常绿落叶阔叶混交林，森林覆盖率达80%。区内有木本植物有64科，28属，252种，12个变种。源于中生代白垩纪的有木兰科、樟科、槭树科等15科的植物。新生代第三纪残留下来的有珙桐科、紫树科、山茶科等22科。林区内有国家一级保护植物珙桐，二级重点保护植物香果树、鹅掌楸，三级保护植物穗花杉、白辛树、领春木等，还有许多重要经济树种。自然保护区中药材资源342种，名贵的有天麻、杜仲、疏叶独活、川八角连、升麻，尤以天麻资源最为丰富。

保护区内分布有大中型兽类24种，其中珍贵兽类6种，国家重点保护动物有黑叶猴、毛冠鹿、白颈长尾雉、红腹锦鸡、云豹、金钱豹、林麝、大灵猫、小灵猫等11种。小型兽类24种，包括特有的沙巴猪尾鼠、微尾鼠、大长尾鼠。鸟类148种，分属15目，32科，其中有33种为《中华人民共和国政府和日本国政府保护候鸟及其栖息环境协定》中规定的保护品种；还有11种其他地区少见的鸟类，如红翅绿鸠、蓝喉太阳鸟等。爬行类2目，5科，14种，珍稀种类有花尾斜鳞蛇、黑脊蛇、棕黑游蛇。两栖类2目，7科，9属，

19 种，有黄斑小鲵、经甫树蛙等。鱼类 9 种；森林昆虫 132 种。

9. 赤水长江上游珍稀鱼类保护区

长江上游珍稀特有鱼类国家级自然保护区是为保护长江上游鱼类种群多样性和长江上游自然生态环境，合理持续利用渔业资源，补救因水电工程建设和经济建设等人为因素对自然生态系统造成的影响，及时拯救长江上游濒危鱼类而建立的。

保护区江段总长度为 1 162.61 km，总面积为 33 174.213 hm^2，涉及云南、贵州、重庆、四川，主要包括金沙江向家坝坝轴线下 1.8 km 至重庆马桑溪长江江段 353.16 km，岷江月波至岷江河口 90.1 km，赤水河源至赤水河河口 628.23 km。其中，核心区 10 803.5 hm^2，实验区 6 566.1 hm^2。

保护区合江至屏山段主要植被类型为亚热带、热带经济林木及亚热带竹林、柏木林和马毛松林；屏山至雷波段植被类型主要为热带、亚热带灌丛。区内水生维管束植物稀少，仅在安边至雷波江段的西宁河生长有少量眼子菜、聚草等。浮游藻类有绿藻门、硅藻门、蓝藻门、甲藻门、裸藻门、黄藻门共计 6 门，65 属，以舟形藻、直链藻、脆杆藻为优势种。

保护区内和动物主要包括鱼类、鸟类、浮游动物、底栖动物等种类。鱼类，有 9 目，21 科，99 属，189 种，以鲤形目、鲇形目为主。其中长江特有鱼种有圆口铜鱼、长鳍吻鮈、异鳔鳅鮀、岩原鲤、长薄鳅等 66 种。国家重点保护鱼类有 3 种，包括白鲟、达氏鲟、胭脂鱼；省级重点保护鱼类有宽体沙鳅、双斑副沙鳅、小眼薄鳅、短体副鳅、大渡白甲鱼等。保护区内鸟类以水禽为主，有 50 余种，主要隶属鹭科、鸭科、翠鸟科等，以苍鹭、白鹭、夜鹭、绿翅鸭、罗纹鸭、斑嘴鸭、潜鸭、翠鸟等数量居多。大多混杂栖息在沙洲、岩石上，以苍鹭、白鹭混杂栖息最为常见。浮游动物，共有 51 属，87 种，其中枝角类 19 属，36 种，轮虫 18 属，32 种，桡足类 9 属，13 种，原生动物 5 属，6 种。主要以象鼻蚤、尖额蚤、臂尾轮虫为优势种群。底栖动物共有 40 属，50 种，其中水生昆虫 19 属，19 种，软体动物 10 属，18 种，环节动物 7 属，7 种，甲壳动物 4 属，6 种。保护对象为白鲟、达氏鲟、胭脂鱼等珍稀、特有鱼类及其产卵场所。

第二节　贵州生态安全屏障建设

生态环境作为人类生存发展之地，一旦生态系统被破坏，将会严重干扰人们的生产、生活与社会安定，直接影响到社会经济的健康与可持续发展。生态系统中的生物链遭受破坏，将对人类的生存构成威胁。加强生态建设，维护生态安全，是新世纪人类面临的共同主题，也是经济社会可持续发展的重要基础。

一、生态安全屏障建设的重要性及内涵

生态环境是当今社会国家安全的重要基石。冷战结束后，生态环境安全问题已成为全球关注的焦点。生态环境中的森林植被不仅保护林中各种动植物链，也有涵养水源和调节大气的功能。世界上越来越多的国家将生态环境纳入到国家安全的范畴，并且渗透到国际关系的各个层面，成为影响国际关系的一个重要因素。生态安全已成为国家经济安全的基础。生态安全在不同程度上透过经济安全对国家其他安全因素产生影响。例如，对于社会安全来说，其对生态安全的依赖程度比对经济安全的依赖程度更高。政治安全对生态安全和经济安全具有同等依赖程度。而生态保护的作用是保障人类生存和发展所处的生态环境不受破坏，保持土地、水源、天然林、地下矿产、动植物资源、大气等自然资本的保值、增值、永续利用，避免因自然资源枯竭而导致生产率下降，甚至环境污染和退化给社会生产和生活造成短期灾害和长期不利影响，危及人类的生存和发展。生态环境是一种公共物品，也是纯自然物品，与人类可持续发展有着密切的关系。

生态安全屏障建设的内涵很广泛，包括保护、营造、恢复、改善和管理生态环境的一切行动。生态安全屏障建设的重点是要限制或取消那些引起生态系统退化的各种干扰，充分利用系统的自我恢复功能和以社会补偿的方式，达到保护和改善生态环境的目的。生态安全屏障建设的基本目标：为了防止及治理土地沙漠化、草原退化、植被枯死、水资源污染、绿洲萎缩和森林被破坏的继续恶化，在现代气候条件和特殊地理条件下尽可能地治理、恢复、重建及改善，为有效维护国家生态安全和促进经济社会可持续发展奠定坚实的生态基础。

按照全国主体功能区规划要求，我国坚持以建设和保护“森林、湿地、荒漠三个系统和生物多样性”为核心，以林业重点生态工程为依托，以防范和减轻风沙、山洪、泥石流等灾害为重点，加快构建了十大国土生态安全屏障。中国十大国土生态安全屏障包括东北森林屏障、北方防风固沙屏障、东部沿海防护林屏障、西部高原生态屏障、长江流域生态屏障、黄河流域生态屏障、珠江流域生态屏障、中小河流及库区生态屏障、平原农区生态屏障和城市森林生态屏障。其建设范围覆盖全国主要的生态重点地区和生态脆弱地区，建设内容包括森林、湿地、荒漠、城市等主要生态系统，构成了国家生态安全体系的基本框架。

二、贵州生态安全屏障建设的意义

贵州省位于长江、珠江两大流域上游，全省 92.5%的面积为山地，喀斯特地貌面积占全省国土面积的 61.9%，为喀斯特生态脆弱区。在全国十大国土生态安全屏障中，贵州省属于西部高原生态屏障、长江流域生态屏障、珠江流域生态屏障、中小河流及库区生态屏障中的一部分，是西南乃至全国的重要生态安全屏障。这是贵州省作为我国生态安全屏障的战略定位。

贵州省正处在工业化、城镇化和农业现代化建设的快速时期，在一定程度上加重了对生态环境的影响，造成耕地减少、水土流失、石漠化、水资源安全、生态系统结构与功能改变、生物多样性减少、生物入侵、食品安全、环境污染等生态安全问题日益突出，需要重建健康的社会—经济—生态复合系统。因此，贵州的生态安全建设，要明确生态地位的全局性，紧扣国家的大战略，立足自身生态的脆弱性，坚持在发展中保护，在保护中发展，以重点生态区治理为依托，以重点生态工程建设为载体，综合治理，整体推进生态环境保护与建设。加快生态保护和建设，构建屏障，这不仅关系着贵州经济社会又好又快发展，而且对我国长江、珠江中下游经济社会可持续发展都将起到重要作用。因此，《国务院关于进一步促进贵州经济社会又好又快发展的若干意见》对贵州省的战略定位是："继续实施石漠化综合治理等重点生态工程，逐步建立生态补偿机制，促进人与自然和谐相处，构建以重点生态功能区为支撑的'两江'上游生态安全战略格局"。

三、贵州生态安全屏障的主要功能

贵州独特的地域格局和丰富多样的生态系统对贵州生态安全具有重要的屏障作用，这种安全屏障作用主要表现在以下几个方面。

(一)水源涵养作用

贵州众多的河流、湖泊、森林与草地等生态系统，对长江、珠江的水源涵养作用十分明显，是贵州水资源安全的重要基地，对贵州和长江、珠江下游未来水资源安全和能源安全具有重要的保障作用。

(二)生物多样性保护作用

贵州地貌类型复杂，地势高差显著，气候具立体性、复杂性和多样性，生境变化非常复杂、多样。贵州有维管束植物 310 科，1 760 属，8 336 余种(包括变种)，是生物资源极其丰富的省份，其丰富程度仅次于云南、四川、广西，位居第四。脊椎动物 1 056 种。贵州是中国爬行类物种最多的省区之一，共有 105 种，在已报道的省区中，仅次于广西，占全国总种数的 28%。

贵州还是野生食用菌生长的天然温室，拥有十分丰富的微生物资源。

(三)水土保持作用

贵州所拥有的森林生态系统、草地生态系统、湿地生态系统、农田生态系统和喀斯特生态系统等多样的生态系统是遏止水土流失和防止喀斯特石漠化的重要保障，是贵州和周边地区及长江、珠江下游地区重要的生态屏障。

(四)碳汇作用

独特自然环境下的贵州生态系统对全球碳循环具有重要作用。“十一五”期间国家和贵州省制定和颁布了林木产业的优惠政策，即林业税费优惠政策、金融扶持政策、土地使用优惠政策、招商引资优惠政策。在这一系列政策的扶持下，贵州森林资源持续增长，长江、珠江上游生态屏障初步形成。“十一五”期间贵州省累计完成营造林面积 1.05×10^6 hm^2，森林覆盖率达到 40.5%，活立木蓄积量 3.33×10^8 m^3。与此同时，贵州省继续依托退耕还林等林业重点工程的实施，结合生态经济，大力发展林业产业基地。全省经济林面积达到 9×10^5 hm^2。以森林公园和自然保护区为依托的森林旅游业快速发展。贵州林业总产值每年以两位数的速度增长，林业促进了农民增收和经济发展。只要森林碳库存在一天就必然存在碳汇和碳源的矛盾，为了减缓不断加剧的全球气候变化，顺应国家低碳经济转型的战略需要，林业正经历发展方向的调整与转变。森林的作用是重要且不可替代的，“森林减少往往是绝对贫困的必然结局”。在经济发展中增加森林面积，可持续经营森林，加强森林保护和发展生物能源是我国发展森林碳汇和应对全球气候变化的重要路径选择。

四、贵州生态安全屏障建设的主要内容与对策

(一)贵州生态安全屏障建设的主要内容

贵州生态屏障建设一是要在贵州生态调查的基础上，通过系统分析贵州生态系统空间分布特征、生态区位重要性，明确区域主要生态问题、生态系统服务功能，确定对保障贵州生态安全具有重要作用的关键区域。其目的是保障经济和社会发展重点地区的生态安全，形成强大的生态庇护能力，减少和预防各种自然灾害对人类生存和经济发展的胁迫。二是要运用生态规律指导产业结构布局和调整资源的合理开发与保护，避免以牺牲生态为代价的经济发展以及盲目的资源开发，增强区域社会经济发展的生态支撑能力，促进区域可持续发展。贵州生态屏障确立的方针是基于贯彻科学发展观和实施可持续发展战略，协调人与自然的关系，协调生态保护与社会经济发展的关系，增强生态支撑能力，促进社会经济可持续发展。在充分认识区域生态系统结构、功能及其演化规律，在确定各区域生态区位重要性的基础上划定贵州生

态屏障格局，指导生态公益林建设、自然资源的有序开发和产业的合理布局，推动经济社会发展与生态建设协调、健康发展。贵州生态安全屏障建设的主要内容包括如下几个方面

1. 水利建设

加强水利建设，推进夹岩、黄家湾、马岭等大型水利工程建设，开工建设一批中小型水利工程项目，到2020年全省工程供水达到 159.4×10^8 m^3。全面完成病险水库除险加固以及灌区续建配套和灌排泵站改造工程。推进小水窖、小塘坝、小堰闸、小泵站、小渠道“五小”微型水利工程建设。到2020年灌溉供水保证率达到75%，新增有效灌溉面积 3.34×10^5 hm^2。加大中小河流治理及山洪、地质灾害防治力度，加强重点城镇防洪工程建设，完善防汛抗旱灾害监测预报预警体系。统筹利用地表水和地下水资源，加强岩溶地下水和地下暗河开发利用，建设一批应急水利工程，提高抗旱应急能力。严格落实水资源管理制度。加强水资源和水利工程设施管理，促进水资源合理开发和节约利用。在安排中央财政转移支付和中央预算内投资时，加大对贵州水利建设的投入力度，支持贵州“三位一体”的水利建设目标。

2. 生态保护与建设

继续实施天然林资源保护，加强长江、珠江防护林及速生丰产林等工程的建设，加强水源地和湿地保护。增加造林和抚育任务。对生态位置重要的陡坡耕地继续实施退耕还林还草。加大草山草坡治理力度，扩大退牧还草重点县范围。加强自然保护区、风景名胜区、森林公园、地质公园、世界自然遗产地保护和建设，保护生物多样性，提升生态系统功能。支持贵州开展生态补偿机制试点。

3. 石漠化综合治理

突出抓好石漠化综合治理，进一步加大石漠化防治力度，提高单位面积治理补助标准。坚持以自然修复为主，宜林则林，宜草则草，推进封山育林(草)，加强林草植被保护和建设，开展坡耕地水土流失综合治理。把石漠化治理与解决好农民长远生计结合起来，多种途径促进农民增收致富。大力发展林下产业，加强山区特色经济林建设，支持因地制宜发展花椒、金银花、猕猴桃、火龙果、核桃等经济作物。抓紧研究论证生态搬迁工程。

4. 加强环境保护

继续推进乌江、赤水河和南、北盘江等流域水环境综合整治，持续推进红枫湖、百花湖、万峰湖等饮用水水源地环境综合整治工程建设，加强草海等湖泊环境保护和综合防治。推进城镇和产业园区环保基础设施建设，加强危险废物处理以及锰、汞等重金属和持久性有机污染物防治。强化重点行业污染控制和区域大气污染防治。全面加强矿区生态保护与环境综合治理，完善矿山

环境治理恢复保证金制度。采取有效措施，开展农村土壤环境保护和农业面源污染治理。完善环境监测预警系统，建立环境污染事故应急处置体系。

5. 生态屏障格局的定位

贵州生态屏障建设是保障国家生态安全，改善生态条件，提高可持续发展能力的重要举措。贵州生态屏障格局是国家有关部门产业布局、资源开发、生态保护和生态建设的科学基础，是协调中央、地方生态保护与生态建设的依据。2011—2015年，贵州省积极推进退耕还林(草)、天然资源林保护、珠江防护林保护、石漠化治理、自然保护区建设等重点工程。同时按照煤—电—化—建材、煤—磷—电—化、煤—电—冶金—建材一体化循环模式，建设一批循环经济工业园区和示范企业。突出抓好重点耗能行业和重点耗能企业的节能减排管理。实施退耕还林还草、石漠化综合治理、长防和珠防等林业重点工程，全省森林资源持续增长，生态功能不断提升，初步构建起了“两江”上游生态屏障。

(二)贵州生态安全屏障实施的对策与措施

生态屏障区应作为今后调整国家公益林面积和重点发展国家公益林的基础，应形成国家财政支持的国家生态屏障网络。贵州可在此基础上建立地方、区域的生态屏障网络，使公益林的确定更为科学和合理。

各级政府制定重大经济政策、社会发展规划、经济发展规划、各项专项规划时，应依据贵州生态屏障格局，充分考虑生态功能的完整性和稳定性。

各级政府制定生态保护与建设规划，要依据中国生态屏障格局的功能定位，确定合理的生态保护与建设目标，制定可行的方案和具体措施，促进生态系统的恢复，增强生态系统服务功能，为区域生态安全和区域的可持续发展奠定生态基础。

经济社会发展应与贵州生态屏障格局的功能定位保持一致。资源开发利用项目应当符合全国生态屏障格局的保护目标，不得造成生态功能的改变。

各级政府要把生态屏障作为生态建设的重点，逐步把生态屏障区内的林地作为永久保护地，要下大力气提高屏障区内的森林质量，形成强大的生态屏障能力。各地应在国家生态屏障的基础上，规划本区域次级生态屏障，并加强建设。

第十章　能源资源与西电东送

章前语

贵州省地处我国西部地区，能源资源质优量大，河网密度高，自然落差大，水能资源理论蕴藏量达 1 874.5×10^4 kW，居全国第 6 位。贵州素以“西南煤海”著称，煤炭潜在资源量超过 2 400 × 10^8 t，保有资源储量逾 500×10^8 t，列全国第五位，被誉为“江南煤海”。贵州能源资源具有“水煤结合”、“水火互济”的优势。贵州是中国新型洁净能源煤层气的主要产区，煤层中蕴藏有丰富的煤层气，埋深小于 2 000 m 的资源量达 3.15×10^{12} m^3，仅次于山西，列全国第 2 位。六盘水煤田是中国最重要的煤层气产区之一。丰富的煤炭资源为贵州发展火电，实施“西电东送”奠定了坚实的资源基础，良好的煤质与类型多样的煤种为发展煤化工提供了资源条件。国家西部大开发战略及“西电东送”工程的顺利实施，为开发贵州水力资源、煤炭资源，加快电力工业发展带来了历史性的大好机遇。调动贵州能源优势向周边能源缺乏省份送电，必将带动贵州经济快速发展，符合西部大开发的总体战略目标。贵州地处西电东送前沿，能源开发潜力巨大，“水火互济”效益显著，是我国南方能源基地建设的重要组成部分，在南方能源构成中具有不可替代的战略地位。

关键词

能源资源；西电东送

第一节　贵州的能源资源

贵州省是我国的能源大省，尤以水力和煤炭最为突出。水、电、煤兼备，水能与煤炭优势并存，水火互济。

一、水力资源

贵州省的地势西高东低，自中部向北、东、南三面倾斜，西部海拔

1 600～2 800 m，中部海拔 1 000～1 800 m，北、东、南三面河谷地带海拔在 500 m 以下。最高点为乌蒙山主峰——赫章韭菜坪，海拔 2 900.65 m，最低点为东部黎平水口河出省境处，海拔 148 m。省内有四大山脉，走向多呈西南—东北。中部(偏南)苗岭横亘，为长江与珠江两大流域的分水岭；东部武陵山为乌江与沅江、澧水的分水岭；北部大娄山为乌江与赤水河、綦江的分水岭；西部乌蒙山为牛栏江与乌江、北盘江的分水岭。

贵州河流数量较多，处处川流不息，长度在 10 km 以上的河流有 984 条。2002 年，全省河川径流量达到 $1\ 145.2\times10^{8}$ m^{3}。贵州河流的山区性特征明显，大多数的河流上游，河谷开阔，水流平缓，水量小；中游河谷束放相间，水流湍急；下游河谷深切狭窄，水量大，水力资源丰富。水能资源蕴藏量为 $1\ 874.5\times10^{4}$ kW，其中可开发量达 $1\ 683.3\times10^{4}$ kW，占全国总量的 4.4%。水位落差集中的河段多，开发条件优越。

二、煤炭资源

贵州素以“西南煤海”著称，质优量大，远景储量 $2\ 419\times10^{8}$ t。1997 年，已探明的保有储量 523.69×10^{8} t，仅次于山西、内蒙古、陕西和新疆，居全国第五位。在探明储量中，普查 327×10^{8} t，精查 116×10^{8} t，详查 67×10^{8} t。截至 2005 年，探明资源储量 587.27×10^{8} t，居全国第五位。煤炭不仅储量大，且煤种齐全，煤质优良，为发展火电，实施“西电东送”奠定了坚实的基础，同时为煤化工和“煤变油”工程提供了资源条件。

贵州煤炭资源分布较广，全省含煤面积达 70 000 km^{2}，占全省总面积的 40%左右。其蕴藏量主要集中在西部、北部地区，中部和东部地区相对较少。其中，毕节保有储量 233×10^{8} t，占全省保有储量的 45%。贵州煤炭资源不仅品种齐全，而且煤质优良，发热量高且含硫量低，是理想的动力燃料。低硫煤主要分布在六盘水、纳雍、织金、大方、黔西、金沙、习水等地。

贵州煤炭矿床埋藏较浅，利于开采，且煤炭资源相对集中，主要分布在西部的六枝、盘县、水城、织金、纳雍、毕节和北部的“三水”地区，占全省总储量的 86.5%，有利于建设大型或特大型矿区，实行现代化开采。

三、煤层气资源

贵州煤层蕴藏有丰富的煤层气。全省埋深小于 2 000 m 的煤层气资源量可达 3.15×10^{12} m^{3}，约占全国总量的 22%，仅次于山西居全国第二位。煤层气分布基本与煤炭的分布一致，主要在六盘水煤田、织纳煤田和黔北煤田的 15 个向斜构造单元中，相对集中于西部，其中以六盘水煤田最多，占全省总量的 45%，是全国最重要的煤层气产区之一。织纳煤田和黔北煤田占全省总量的 48%。全省煤层气资源具有储量大，分布集中，品位高，区位好等特点，有利于优化富煤—贫气的常规能源结构。

第二节　贵州的能源与电力工业

“水火互济”的电源结构，低成本和便利的区位条件共同形成了贵州电力工业的竞争优势。但很长一段时间，贵州的资源优势与电力工业的发展状况并不相称。新中国成立初期，贵州发电装机总容量 0.3×10^4 kW，仅占全国总装机容量的 0.16%。1978 年，全省发电装机 107.2×10^4 kW，也只占全国装机容量的 1.8%。改革开放后丰富的煤炭和水能资源促进了贵州电力工业的发展，电力工业已经逐步发展成为贵州的支柱产业。

改革开放以来，贵州能源生产稳步增长(表 10.1)。1978 年，全省原煤产量从 1978 年的 $1\ 669\times10^4$ t，增加到 2011 年的 $15\ 601.02\times10^4$ t；发电量从 1978 年的 41.43×10^8 kW · h 增加到 2011 年的 $1\ 359.01\times10^8$ kW · h。

表 10.1　1978—2011 年贵州能源生产的变化

年份＼指标	原煤产量/10^4 t	年发电量/10^8 kW
1978	1 669	41.43
1980	1 398	45.17
1985	2 344	78.07
1990	3 695	103.87
1995	5 472	231.55
2000	3 677	404.70
2001	3 731	480.25
2002	5 001	547.12
2003	7 816	636.60
2004	9 757	713.04
2005	10 615	786.78
2006	11 816.60	974.66

续表

年份＼指标	原煤产量/10^4 t	年发电量/10^8 kW
2007	10 864.18	1 166.32
2008	11 239.72	1 192.08
2009	13 691.00	1 363.09
2010	15 954.02	1 358.69
2011	15 601.02	1 359.01

资料来源：《贵州统计年鉴—2012》

“十一五”期间是贵州能源产业发展最快的时期，能源产业体系更加完善，安全保障能力明显提高，既较好地满足了贵州国民经济和社会发展的需要，也有力地支持了周边省(自治区、直辖市)国民经济的发展(表 10.2)。

表 10.2　贵州省 2005—2010 年贵州能源产业发展情况

指标＼年份	2005	2006	2007	2008	2009	2010
一次能源生产总量/万吨标准煤	7 957.07	8 089.39	8 480.62	9 262.34	11 070.09	13 100.00
原煤	7 582.44	7 726.30	7 760.28	8 028.53	9 779.48	11 778.54
水电	374.63	363.09	720.34	1 233.81	1 290.61	1 321.46
一次能源消费总量/万吨标准煤	5 641.25	5 574.99	6 278.96	6 486.30	6 918.98	7 373.10
电力装机规模/10^4 kW	1 320.20					3 016.50
火电	934.40					2 024.00
水电	385.80					992.50

资料来源：《贵州统计年鉴—2012》

一、电力工业

从 2000 年正式启动“西电东送”工程以来，贵州先后规划并建设了第一、第二批“西电东送”电源项目 22 个。目前，共投产装机 2 215×10^4 kW，其中水电815×10^4 kW，火电 1 400×10^4 kW，实现了“十五”送广东的电量达到

400×10^4 kW，“十一五”送广东的电量达到 800×10^4 kW 的目标。2010 年全年发电量 $1\ 385.64\times10^8$ kW·h，调出省外 550.40×10^8 kW·h。2010 年全社会电力消费 835.52×10^8 kW·h。

截至 2010 年年底，贵州电网有 500 kV 变电站 15 座，变电容量 $17\ 000\times10^6$ V·A；220 kV 变电站 67 座，变压器 116 台，变电容量 $19\ 500\times10^6$ V·A；500 kV 线路 56 条，总长度 4 641 km；220 kV 线路 215 条，总长度 7 944 km，形成“五交两直”500 kV“西电东送”通道。2007 年，行政村通电率达到 100%，2009 年，电网覆盖范围内户户通电。

二、煤炭工业

2005～2010 年，贵州开展的勘查项目总数超过 150 个，查明煤炭资源量 154.5×10^8 t(含新增煤炭资源量 78.7×10^8 t)。截至 2010 年年末，全省查明保有资源储量 590.15×10^8 t。年原煤产量增加到 $15\ 954.02\times10^4$ t，调出省外煤炭 4993.21×10^4 t，有力地支持了周边省份国民经济的发展(表 10.3)。

表 10.3　2005—2010 年贵州生产总值与煤炭产量情况

指标 \ 年份	2005	2006	2007	2008	2009	2010
生产总值/亿元	2 005.42	2 338.98	2 884.11	3 561.56	3 912.68	4 602.16
原煤产量/10^4 t	10 798.00	10 816.60	10 864.00	11 239.72	13 691.00	15 954.02
调出省外/10^4 t	2 617.15	1 784.39	1 812.99	1 844.95	2 747.44	4 993.21
电煤销量/10^4 t	3 212.31	4 001.54	4 320.38	4 170.83	4 020.57	4 925.59

资料来源：根据《贵州统计年鉴》有关资料整理

贵州是国家 13 个大型煤炭基地之一，盘江、水城、六枝、普兴、织纳、黔北六大矿区均为云贵基地的重要组成部分。近年来，在推进煤炭资源整合的同时，贵州加快了大中型矿井建设的步伐。2010 年，全省在建煤矿 233 处，建设规模 $9\ 968\times10^4$ t/a；2005～2010 年建成投产矿井 36 处，新增生产能力 $1\ 863\times10^4$ t/a。2010 年，全省煤矿总数 1 738 处，总规模 $29\ 347\times10^4$ t/a，规模以上的矿井 234 处，生产能力 $11\ 798\times10^4$ t/a，占总规模的 40.2%。

三、城市燃气工业

贵州城市燃气气源结构主要以焦炉煤气、液化石油气和天然气为主。2010 年全省城市燃气供应量中焦炉煤气 2.696×10^8 m^3/a，天然气(不含赤天化) $3\ 546.49\times10^4$ m^3/a，赤天化为 4.5×10^8 m^3/a，液化石油气 9.52×10^4 t/a。

全省用气人口共计 377.65×10^4 人。全省已建成燃气管网3 207.5 km，其中焦炉煤气管道 2 829.7 km，天然气管道 195.07 km，液化石油气管道 182.72 km。

第三节　西电东送

国家西部大开发战略的实施，拉开了西电东送项目建设的序幕。西电东送是指开发贵州、云南、广西、四川、内蒙古、山西、陕西等西部省份的电力资源，将其输送到电力紧缺的广东、上海、江苏、浙江和京津唐地区。西电东送分北、中、南 3 条通道：北部通道是将黄河上游的水电和山西、内蒙古的坑口火电送往京津唐地区；中部通道是将三峡和金沙江干支流水电送往华东地区；南部通道是将贵州、广西、云南三省区交界处的南盘江、北盘江、红水河的水电资源以及云南、贵州两省的火电资源开发出来送往广东、海南等地。

一、西电东送的背景

西电东送是西部大开发的标志性工程之一，在西部开发三大标志性工程中，西电东送投资最大，工程量最大。

我国的能源资源不仅天然气主要分布在中西部，石油、煤炭和水能等也多在中西部，东部地区原有一些煤矿和油田，但经过多年开采，后备资源大多显得不足。随着改革开放事业的不断发展，东部地区能源紧缺的矛盾日益尖锐突出，已成为许多地方经济进一步发展的主要限制性因素。为了缓解能源紧缺的矛盾，除了西气东输工程外，西电东送也是一项重要工程和举措，要比直接输送能源安全、可靠、清洁，也便宜得多。

实施西电东送是我国资源分布与生产力布局的客观要求，也是变西部地区资源优势为经济优势，促进东西部地区经济共同发展的重要措施。根据有关部门规划，“西电东送”将形成三大通道。

第一条，是将乌江、澜沧江和南、北盘江，红水河的水电资源以及黔、滇两省坑口火电厂的电能开发出来送往广东，形成西电东送南部通道。

第二条，是将三峡和金沙江干支流水电送往华东地区，形成中部西电东送通道。

第三条，是将黄河上游水电和山西、内蒙古坑口火电送往京津唐地区，形成北部西电东送通道。

二、西电东送的现状

南方电网由广东、广西、贵州和云南四省(区)电网组成，受历史、地理和社会等因素的影响，各地社会经济发展极不平衡，广东属东部沿海地区经济较发达的省份，广西、贵州和云南则属西部地区经济发展较落后的省份。2000年的统计资料显示，南部电网四省(区)国土面积98.45×10^4 km^2，国内生产总值14 490亿元，其中广东占65.5%。

自1993年8月天广500 kV交流输电线路投产以来，南部电网西电东送已形成一定规模，至2000年底已经形成包括红水河天生桥一级水电站(120×10^4 kW)，天生桥二级水电站(132×10^4 kW)，贵阳至天生桥和天广500 kV交流双回输变电工程，天广500 kV直流输变电工程和云南罗平至天生桥输变电工程在内的大型电网。2001年6月天广500 kV直流双极投产，使南方电网西电东送的主网架达到一回直流和二回交流的规模，天生桥出口端的输电能力达360×10^4 kW。

目前，南方电网的电力交易基本上由三部分组成：天生桥一、二级水电站送电广东和广西；贵州盘县电厂送电广西；云南和贵州省电网的电能送广东。

南方电网用电负荷中心集中在珠江三角洲。南方五省(区)能源资源不平衡，西电东送、水火互济、实现资源的优化配置是南方电网发展的必然格局。2000年，国务院决定在“十五”期间向广东新增送电$1\,000\times10^4$ kW。“十五”之后，南方电网重点开发广西红水河、贵州乌江、云南澜沧江中下游和上游、云南金沙江中游等流域梯级水电站，配套开工建设贵州和云南大型坑口火电厂、广西路口和港口电厂、广东天然气电厂等项目。在2005年向广东送电$1\,088\times10^4$ kW的基础上，南方滇黔桂电网向广东送电规模在2010年提高到$1\,760\times10^4$ kW，2020年达到$2\,970\times10^4$ kW。

三、贵州省在西电东送中的地位

贵州省地处我国西部地区，经济相对落后。国家西部大开发战略及西电东送工程的顺利实施，给开发贵州水力资源、煤炭资源，加快电力工业发展带来了历史性的大好机遇。调动贵州能源优势向周边能源缺乏地区送电，必将带动贵州经济快速发展，符合西部大开发的总体战略目标。贵州地处西电东送前沿，能源开发潜力巨大，水火互济效益显著，是我国南方能源基地建设的重要组成部分，在南方能源构成中具有不可替代的战略地位。

南方电网四省(区)能源资源分布与社会经济发展程度极不协调，经济较发达的广东能源资源极度贫乏，经济发展水平较低的广西、贵州和云南能源资源则比较丰富。常规能源主要是煤炭和水能资源。煤炭资源主要集中在贵州，不仅数量多，而且开采条件也好；云南储量相对较多，以褐煤为主。水能资源主要集中在云南，理论蕴藏量和可开发量均较大。贵州和广西也有一定数量的水能资源。

西电东送工程实施以来，通过认真落实各项决策部署并借助南方电网大平台，黔电送粤能力从2002年的100×10^4 kW增加到2012年的$1\ 000\times10^4$ kW。全省电力装机容量超过$2\ 500\times10^4$ kW，同时还建成了“黔电送粤”500 kV“五交两直”输电大通道，保证贵州电力能及时送到广东。

如今的贵州，发电装机已超过$3\ 000\times10^4$ kW，成为西电东送的主要省份。2008年7月，随着施秉至广东500 kV交流输变电工程的建成，黔电送粤能力新增120×10^4 kW，达到840×10^4 kW，贵州作为南方能源大省的作用进一步显现。

西电东送工程的实施，有力带动了贵州煤炭开采、交通运输以及有色金属等上下游产业的快速发展。

西电东送工程的实施，还促进了贵州经济的快速发展。2000年西电东送工程开始实施时，贵州国内生产总值1 000多亿元，2009年已超过3 800亿元，2009年电力工业对贵州工业经济增长的贡献率达21.1%。2012年初，国务院出台的《关于进一步促进贵州经济社会又好又快发展的若干意见》提出，将建设“全国重要能源基地”作为贵州发展的战略定位之一，要做大做强能源产业，加强西电东送火电基地电源点建设。

第十一章　贵州反贫困与农村发展

章前语

贵州省是我国西南少数民族聚居地，也是我国20世纪反贫困攻坚最难攻克的“堡垒”之一。贵州省的贫困问题一直是全国关注的焦点。贫困的贵州拥有富饶的资源，特别是东部奇缺的各类矿产资源，其贫困的核心问题是丰富的资源优势没能有效地转化为经济优势。同时，无序的矿产资源开发，不但没有摆脱贫困，反而造成了资源的极大浪费和生态环境被严重破坏。

关键词

贫困；反贫困；农村发展

第一节　贵州贫困现状

一、贫困的概念及界定

1. 贫困的涵义

贫困是一种历史范畴，是由资源开发利用不合理，生态环境恶化，基础设施薄弱等自然、经济、社会原因引起的某些人群处于长期贫穷的状态的现象。这种现象是由社会、经济以及自然、生态等多种因素相互作用、相互交织、相互制约而形成的。

2. 贫困的基本类型及其划分标准

根据贫困的起因、研究范围和角度的不同，贫困类型的划分也不同。作为经济范畴的贫困，通常被称为狭义的贫困，即物质贫困，指人们生活资料和生产资料的匮乏。这种贫困又可以分为两大类：一类是绝对贫困(或称为温饱型贫困)，指一定的社会生产方式和生活方式下，个人或家庭依靠劳动所得和其他收入极端低下，不能满足基本的生存需求，生产上缺乏扩大再生产的物质条件，甚至难以维持简单再生产，生活上不能温饱，房屋不避风雨。这类贫困主要发生在发展中国家。另一类贫困是相对贫困(相对低收入型贫困)，指虽然解决了温饱问题，但不同社会成员和不同地区之间可能存在着明显的收入差异，低收入的个人、家庭和地区相对于全社会而言，处于贫困状态。根据世界银行制定的标准，收入只有或少于平均收入的 1/3 的社会成员可以被视为相对贫困。

迄今为止，我国在理论和实践中所使用的贫困概念，都是经济意义上的贫困，而且强调的是绝对贫困。正是由于这种理解，我国始终把解决温饱作为扶贫的主要目标，在制定贫困标准时也主要是基于对维持个人或家庭的生存所必需的食物消费量和收入水平而确定的。也正因为如此，我国当前的贫困才主要表现为乡村社会的区域性贫困。

由于贫困不单是经济意义上的贫穷，还包括社会、环境等生活质量因素的欠发达，如人口寿命状况、教育文化与医疗卫生状况、生活与生存环境状况、失业与就业不足等。因此，相对贫困的确定有时便显得较为困难。世界银行将人均收入和低能量食品的摄入量作为划分贫困的标准。在这里，低能量食品被定义为低于为防止发育不良或严重健康风险所必需的热量(卡路里)标准，或是低于维持人类正常生活所必需的热量(卡路里)标准。

在我国，由于贫困地区经济上的贫穷往往与生活质量的欠发达相伴随，因而通常以最低生存标准或者以温饱线作为贫困的划分标准，而且，在具体界定时又通常使用贫困线作为最常用的指标。贫困线是指用价值表示的为社会所接受的最低生活水准，一般以家庭人均纯收入能达到维持正常生存需求的最低生活费用支出来衡量。最初确定时是以户为单位，用人均纯收入和人均粮食占有量两项指标兼备且以人均纯收入为主来衡量的。后来，不同时期曾经有过各种各样的指标，归纳起来，主要有最低收入指标、最低拥有口粮指标、生产资料的拥有量、生活资料的占有量和居住与生存条件、文化程度、心理素质等。

1985 年，中国将人均年纯收入 200 元确定为贫困线，1995 年调整为农民人均纯收入 600 元/年，年人均拥有粮食 325 kg 作为划分贫困人口的标准，且以 1995 年农民人均年纯收入 1 100 元作为贫困县脱贫的标准。按此标准，1995 年贵州全省有 48 个贫困县，贫困人口 800 多万人，这些贫困人口绝大多数分布在生态环境极端脆弱的喀斯特地区，区域贫困已成为这些地区限制农业和农村可持续发展的重要因素。2008 年，这一标准提至 1 196 元，农村贫困人口为 $4\ 007\times10^4$ 人。2009 年继续实施上述标准，统计局测算，年末农村贫困人口为 $3\ 597\times10^4$ 人。2011 年将农民人均年纯收入 2 300 元作为新的国家扶贫标准。这也意味着，年收入在 2 300 元以下的人群，都将被视为贫困人口。

二、贵州区域贫困现状

1. 贫困面大，贫困程度深，扶贫开发任务十分艰巨

按 2 300 元扶贫线测算，截至 2011 年年底，贵州省仍有农村绝对贫困人口 1 149×10^4 人，农村贫困发生率为 33.4%。贫困发生率位列全国第一。贵州有 55 个是国家扶贫开发工作重点县。发展“慢”是贵州的基本省情。2011 年，贵州 GDP 为 4 594 亿元，仅为中国 GDP 总量的 1.15%；农民人均纯收入3 472元，仅相当于全国平均水平的 58.7%；全省小康实现程度为 59.4%，比全国平均水平低 17.7 个百分点。贵州目前仍然是中国贫困面积最大，贫困程度最深，扶贫开发任务最重的省份，扶贫工作任重道远。

《中国农村扶贫开发纲要(2011—2020 年)》中明确提出的“11+3”个扶贫攻坚主战场中，贵州的武陵山区、乌蒙山区、滇黔桂石漠化区便在其中。贵州省存在着贫困问题与生态问题、民族地区发展问题交织，人口素质不高，基础设施建设滞后，基本公共服务历史欠账极多的情况。

根据贵州省扶贫办提供的数据，2000 年，根据贵州省确定的越过温饱线标准(以户为单位，年人均纯收入 650 元，以县为单位，年人均纯收入 1 150 元，人均占有粮食 325 kg)，全省农民人均纯收入在 650 元以下的有313.46×10^4 人，占全省农村总人口的 9.74%。其中，黔南州和黔西南州贫困人口分别为 33.03×10^4 人、26.86×10^4 人，合计占全省贫困人口的 19.33%；贫困发生率分别为 10.12%和 9.96%，均高于全省平均水平；贫困人口中极贫人口占 80%以上(见表 11.1)。剩下的贫困人口主要分布在深山区、石山区、高寒山区和少数民族聚居区，这些地区土地资源和水资源奇缺，水土流失严重，生态环境恶劣。全省贫困人口中有 43.49×10^4 人仍缺乏基本的生存条件。

表 11.1　2000 年贵州农民人均纯收入分组人口与贫困状况

指标 年份	贫困人口数/万人	625 元以下/万人	625～865 元/万人	866～1 000 元/万人	1 001～1 200 元/万人	1 200 元以上/万人	贫困发生率/%	625 元以下人口比重/%	825 元以下人口比重/%
全省	313.46	296.1	557.8	345.59	444.17	1 551	9.74	9.27	26.73
黔西南州	26.86	25.83	47.10	27.95	35.30	133.41	9.96	8.85	24.99
黔南州	33.73	33.03	62.77	34.3	47.08	155.53	10.12	9.00	33.50

资料来源：根据《贵州农村扶贫攻坚工作手册》整理

2. 解决温饱的标准低，已解决温饱的人口不平衡、不稳定

1997年以前，贵州省贫困人口解决温饱的标准为600元。在农民人均纯收入中，实物折款部分(主要是粮食)比重大，货币收入部分比重小。所谓解决温饱，其实只是解决吃饭问题，“饱而不温、饱而不稳”的问题仍然存在。解决温饱的基础非常有限且极不稳定，加之生产生活条件差，抗灾能力弱，一遇灾害这部分人口就有可能“饱而复饥、温而复寒”。据统计，贵州省正常年景返贫率在15%左右，灾年则会超过20%。

3. 基础设施薄弱，经济发展后劲不足

1999年，全省农民人均有效灌溉的基本农田仅0.02 hm^2，只有全国平均水平的35%。2005年，83个有扶贫开发任务的县份中，有贫困村13 973个，贫困村总人口1 551.30×10^4人，年末人均纯收入1 877元，人均占有粮食387 kg，文盲人口77 409人，尚未通公路的村4 358个，未通电话的村6 351个，未解决饮水问题的有586.46×10^4人，未解决饮水问题的牲畜有414.27×10^4头。由于交通闭塞，信息不灵，有的地方还保持着传统农业社会的基本结构，采用粗放经营的生产方式，这种情况在少数民族地区尤其突出，特别是资金的匮乏和劳动力素质的低下严重制约着少数民族地区的经济发展。贫困人口主要以树木和杂草作为生活能源，薪炭林缺乏，能源供应十分紧缺。

4. 贫困人口增收难度大

市场经济体制转化的新形势和新环境，给贵州扶贫开发带来了更为严峻的挑战。贫困地区相对较差的耕地质量导致了土地级差收入的减少，与中心城市在距离上的遥远导致了城市经济辐射的减弱，不利的地理条件和居住分散导致投资回报率降低，也使贫困地区有限的资金、技术、人才大量流失，加大了贫困地区与发达地区的差距。农产品价格持续低迷，造成了贫困人口增产不增收，加之近几年省内外劳务市场发生变化，农村剩余劳动力转移难度加大，农民人均纯收入中劳动报酬收入比重难以提高，因而加大了贵州省解决温饱的难度。

5. 喀斯特环境性贫困突出

随着扶贫力度和深度的加大，现阶段贵州脱贫难度大的极贫人口在地域分布上具有明显的向峰丛洼地和峡谷区集中的趋势，如位于安顺与黔西南州交界处的花江喀斯特峡谷少数民族聚居区。

第二节　贵州少数民族地区区域贫困机制探讨

美国经济学家纳克斯在《不发达国家的资本形成问题》一书中提出了“贫困

恶性循环论”的观点。纳克斯认为，资本稀缺是阻碍发展中国家经济增长和发展的关键，发展中国家在宏观经济中存在着供给和需求两个循环。从供给方面看，低收入意味着低储蓄能力，低储蓄能力导致资本形成不足，资本形成不足使生产率难以提高，低生产率又造成低收入，这样周而复始，完成一个循环。从需求方面看，低收入意味着低购买力，低购买力使投资引诱不足，投资引诱不足使生产率难以提高，低生产率又造成低收入，这样周而复始又完成了一个循环。两个循环互相影响，使经济情况无法好转，经济增长难以出现。

从纳克斯的分析看，如果收入水平高，储蓄能力强，投资规模大，产业的发展会迅速提高人民的收入水平，进而进入一个更高的循环。另一方面，收入水平高也会扩大消费需求。因此，对发展中国家来说，突破低储蓄率，通过国家集中财力或者借助外力加大投资是打破上述恶性循环的关键。

“贫困恶性循环论”在帮助我们认识贫困形成的机制上，具有一定的参考意义。但单纯从经济上分析贫困机制是片面的。实际上，贫困不仅是一种经济现象，也是一种文化现象，是有形贫困与无形贫困的结合体。文化贫困主要表现在文化结构、内容、形式的“贫瘠”，文化意识的保守及价值观与思维方式的陈旧落后等方面。贵州喀斯特少数民族地区除了最典型的酒文化现象，很少有现代文化的影子。这些隐性因素的存在，使当地人在环境恶劣和人口增长的双重压力下，为了生存需要而采取原始、盲目的经济开发行为，导致人地关系恶化。也正是因为这种缺乏经济支撑的文化态势和缺乏文化基石的经济择向二者的恶性互动，加剧、加深了这类地区深层次的贫困，且积重难返。只有通过提高全民族的文化素质、道德修养，倡导新型价值观和思维方式、生活方式，使人们树立协调共生的人地观，才能推动社会经济全面发展。经济发展又反过来促进了文化进步，保证了人地关系的良性发展。贵州喀斯特山区扶贫的实践证明，即使在自然条件极端恶劣，资本供给极端贫乏，当地居民购买力极为低下的喀斯特山区，只要进行适当引导，在提高当地人的消费意识、劳动意识、财富意识以及提供示范样板的基础上，贫困地区完全可以突破贫困的恶性循环。例如，贵州花江峡谷区，区内喀斯特发育复杂，环境封闭，耕地地块小，地表水严重缺乏，人口压力重，少数民族人口多，资源开发强度高，环境退化十分严重，是贵州省内生存环境极端恶劣的贫困地区之一，在传统农业生产模式与脆弱的喀斯特峡谷生态环境的双重影响下，贫困问题十分突出。1997 年，农民人均纯收入仅 651 元，人均粮食仅有 181 kg，且以玉米、红薯等粗粮为主，尚不能满足农户的基本生存需求。1993 年以来，依靠政府扶贫，首先在查尔岩村和云洞湾村部分农户中实施花椒种植项目，在一部分人先富起来的情况下，许多农户在政府几乎没有扶持的情况下，自动购置花椒苗、砂仁苗等进行大量种植，发展特色农业。到2000年，除水淹坝、板围、孔落箐三个村尚未摆脱贫困外，其余各村均已脱贫。云洞湾、查尔岩年收入超过5万元的农户已不在少数。不仅如此，各村还充分利用本地优势发展特色农业，使该区农户贫困状况迅速得到改善，生态环境质量也得到了提高。另外，农户对改变家乡穷山恶水的自信心明显增强，农户在食品消费方面也产生了巨大的变化，由以吃玉米饭为主转变为以吃稻米饭为主，家庭食品消费中食用油的消费明显增加，生活水平明显提高。水土流失也得到了有效遏制。可见，提供资本的初始供给与改变人们的思想观念，在突破贫困的恶性循环中是同等重要的。

贵州开发较晚，新中国成立前几乎没有工业，农业在相当长时期内处于自给半自给的小农经济状态。交通闭塞，文化教育发展滞后，缺乏“中心城市—城镇—乡村”完整的城乡联系条件，使贵州少数民族贫困地区社会经济发展处于一种边缘状态，而这种边缘性加剧了小农经济的封闭性，造成了贫困人口思想保守，观念陈旧，劳动力素质低下。社会经济发展滞后和人口素质低下的叠加，进一步加剧了贫困。

从贵州实际情况看，形成贫困的主要原因包括如下几个方面。

一、地处偏远，交通、通信状况都很差

喀斯特环境的破碎性和封闭性使贵州喀斯特贫困区封闭性极强。地理区位偏僻，信息十分闭塞，长期处于与世隔绝的状态，社会、经济、文化都十分落后，这是形成喀斯特区域贫困的一个重要因素。例如，紫云县处于贵州南部喀斯特最发育的典型地区，喀斯特环境的破碎性和封闭性使紫云贫困区域封闭性极强。尤其是麻山极贫区域，处于边远之地，地理区位的偏僻以及交通、通信的极不发达，使其经济、社会、文化都极为落后。

二、生存条件恶劣，生态环境极度脆弱

贵州贫困区一般喀斯特发育典型，封闭性强，土层瘠薄，水土流失严重，旱涝灾害频繁，生存环境十分恶劣。尤其是峰丛洼地等喀斯特环境类型，往往分布集中，发育典型，土层瘠薄，植被破坏严重，地表水源缺乏，旱涝灾害频繁，生存环境极端恶劣。由于人均耕地面积小，农民为了生存而大量砍伐，使喀斯特贫困区水土流失不断加剧，土层越来越薄。生态平衡严重失调，自然灾害频繁，河道及水库淤积严重，地面水源日渐枯竭。

三、资源条件差，人口环境容量低，人地矛盾突出

人口多，自然资源贫乏，可垦荒地以坡度较大的林牧地为主，可垦耕地十分有限，是典型的资源约束型地区。根据杨文禄等人的研究，花江示范区耕地的人口承载量最大为 4 358 人，而目前示范区人口总量为 6 595 人，人地矛盾十分突出。现有耕地土多田少且坡耕地多，中低产田比例大，地块小，地埂大，土层薄，肥力差，不仅产量低，而且水土流失严重，抗灾能力极弱，不能长期耕种。这是喀斯特生态环境恶劣区区域贫困得以形成的自然基础。

四、社会经济结构单一，功能脆弱，人口素质低下

贫困区经济结构一般以农业为主，农业中又以种植业尤其是粮食为主。例如，花江地区 2001 年全区农民总收入 886 万余元，其中第一产业收入为 528 万余元，种粮收入 145 万余元。经济结构以农业为主，第二、第三产业发展缓慢，经济落后，后续支柱产业少，农产品精、深加工滞后，农产品生产被排斥在加工之外，处于初级农产品市场状态，直接影响到农民收入的稳定增长。这种单一的经济结构，生产水平低下，每遇天灾则生计难保，这在喀斯特峰丛洼地极贫区表现得极为典型。“贫穷—愚昧—高人口增长率—贫穷”的恶性循环是贫困地区普遍存在的现象，高出生率、高文盲率、地方病高发病率是喀斯特贫困区社会经济结构的重要特征之一。同时，喀斯特贫困区人才奇缺，加上封闭、落后、保守的思想观念，这使贫困区域社会发展程度很低，社会资源严重短缺。农民的经济活动大多局限在家庭形式上，社会关系和组织以血缘为主，活动空间狭小，人与人的结合方式以情感为主要纽带，所以社会结构简单，社会生产力发展水平大多停留在封闭的自然经济阶段，生产方式落后，产业结构单一，基础产业薄弱，基础设施落后，“造血”功能十分微弱。这是喀斯特贫困区域贫困的根本原因。从某种意义上说，喀斯特地区的区域贫困，实际上是贫困区内人在素质方面的贫困。

综上所述，贵州区域贫闲有其自身的自然、历史与社会原因。喀斯特环境的地表破碎，山高谷深，土地贫瘠，自然灾害频繁，生态系统失调，生活和生产条件较差，自然经济形成了比较封闭的人文社会环境。在市场经济的今天，原来单一的经济结构和初始而低值的产品，经济效益十分低下，而要改变这种状况，既没有适宜的自然环境又没有良好的社会人文环境，从而使这些地区的经济贫困表现出明显的“马太效应”。贫困是一个综合因素作用的产物，是一个由“陷阱(思维陷阱、视野陷阱、产业陷阱、资源陷阱)—隔离(地域隔离、手段隔离、观念隔离)—均衡(分配均衡、权力均衡、能力均衡)

所构成的一个低层次的、低效率的、无序的、稳定的区域经济社会体系”。应该说，喀斯特少数民族贫困地区是由长期劣势自然条件形成的失衡的生态系统，长期的自然经济形成的封闭的人文社会环境和长期的单一经济结构形成的脆弱、低值的经济态势共同组合的一个区域封闭、主体薄弱、供体贫瘠、载体超负的地理综合体。

第三节　贵州反贫困与农村发展

一、贵州反贫困的主要成就

贵州省自1986年开始有计划、有组织、大规模地开展扶贫开发工作以来，特别是1994年国家实施“八七”扶贫攻坚计划以来，扶贫开发力度不断加大，扶贫攻坚取得了明显成效，大多数贫困人口基本解决了温饱问题。贵州省贫困人口在西部大开发10年间减少了366.06×10^4人，其中“十一五”期间50个国家扶贫开发工作重点县农民人均纯收入年均增长13.6%，贵州96.7%的建制村通公路，新型农村合作医疗制度实现全覆盖。“十一五”期间，农村贫困人口从2005年的777.7×10^4人减少到2010年的418×10^4人；贫困发生率下降到12.1%；但2011年尚有农村人口975×10^4人存在饮水安全问题；全省少数民族人口数量居全国第四位，民族地区贫困人口占全省贫困总人口的60%以上。

产业薄弱是农民脱贫的一个“软肋”。为此，贵州省把调整产业结构及推进产业化扶贫作为扶贫开发的战略性工作，突出开发式扶贫，核桃、草地畜牧业、精品水果、中药材、脱毒马铃薯、特种养殖和乡村旅游等十大扶贫产业呈现“提速发展、后劲增强、增收明显”的良好态势，扶贫开发模式不断创新。目前，贵州省已探索出多种根据当地自然生态条件和经济发展水平的不同，因地制宜采取生物、工程、农耕措施相互配套，促进农村生态良性循环的减贫与可持续发展融合模式这些以种草养羊致富农民的“晴隆模式”；整合资金、连片开发的“印江经验”；以短养长，长短结合的“长顺山地农业扶贫开发模式”以及西江民族文化旅游扶贫开发模式等。

贵州省还在全国率先出台激励措施，以“减贫摘帽”和整县脱贫为目标，以整乡、数乡、区域连片开发为主要形式，发挥财政扶贫资金的“黏合剂”作用，引导金融资金、社会资金、地方财政资金、其他部门资金等多元投入，实现整县脱贫“摘帽”。坚持专项扶贫、行业扶贫、社会扶贫“三位一体”相结合，各方合力攻坚，形成党政主导，部门社会参与，资金多元投入的大扶贫格局，将各种有利要素集结发挥，改变零敲碎打的扶贫方式，做活“1＋1＞2”、“1＋1＝N”的算术题，取得了多重互动效应。

2000 年，贵州省国定贫困县和省级贫困县共 48 个。2001 年以后，全国共有 592 个县被列入国家新阶段扶贫开发工作重点县(以下简称贫困县)，其中贵州 50 个县，数量列全国第二。截至 2009 年，全省 50 个新阶段扶贫开发工作重点县生产总值共 1 265.3 亿元；全社会固定资产投资共 468.97 亿元；三次产业增加值结构比率 26.6∶39.3∶34.1。贫困县经济发展取得较大的成绩，但与经济强县及其他县的差距仍然很大(表 11.2)。

以上措施的实施，使贫困地区生产生活条件明显改善。经过多年的艰苦努力，贵州贫困地区的生产生活条件有了较大改善，贫困农户自我发展的能力有所增强，但自然条件差，基础设施薄弱，社会发展程度低，产业发育层次低，生态环境脆弱，人口素质不高，基本公共服务历史欠账多，使贵州仍然是全国农村贫困面最大，贫困人口最多，贫困程度最深的省份。

表 11.2　2000 年、2008 年贵州省三类县域经济主要指标对比表

指标＼项目	2000 年			2008 年		
	经济强县	非强非贫县	贫困县	经济强县	非强非贫县	贫困县
总人口/万人	808.5	651.5	2 035.9	948.3	413.3	2 062.6
GDP/亿元	274.8	164.9	336.6	1 116.7	279.5	1 098.4
第一产业/%	27.4	43.6	47.8	14.1	27.8	29.4
第二产业/%	42.7	34.2	29.1	54.2	38.7	38.5
第三产业/%	29.9	22.2	23.1	31.7	33.5	32.1
当年增长/%	10.8	8.1	8.3	13.4	11.4	12.2
人均 GDP/元	3 422.2	2 543.4	1 662.7	11 816.0	6 787.1	5 349.4
固定资产投资/亿元	63.6	14.6	57.9	484.1	126.1	443.4
社会消费品零售总额/亿元	59.5	36.2	72.8	267.7	61.4	247.7
地方财政收入/亿元	14.2	7.5	18.3	65.9	14.8	65.6
农民人均纯收入/元	1 727.2	1 532.6	1 250.3	3 484.7	3 118.8	4 166.6

资料来源：贵州省统计局、贵州省扶贫开发办

二、促进贵州反贫困与农村发展的对策与措施

贵州贫困人口大多分布在深山区、石山区、高寒山区和少数民族聚居区、革命老区。

贵州扶贫攻坚目标就是要把武陵山区、乌蒙山区、滇黔桂石漠化片区65个县集中连片特困区作为主战场，把50个国家扶贫开发工作重点县作为重点区域，把934个一、二、三类贫困乡(镇)作为核心区，针对最困难的群众，结合全省生态水利和石漠化治理“三位一体”建设，实施大规模、区域性、产业化连片开发，确保贵州省最贫困区域内的贫困群众实现脱贫致富。

具体说来，贵州反贫困与促进农村发展，必须做好以下工作。

1. 实施产业结构调整工程

贵州省经济发展滞后，结构矛盾突出，支柱产业薄弱且后劲不足。区域经济发展缺乏内在活力和新增长极，工业化、城镇化水平低，产业结构不合理是贵州落后的重要原因。要加快发展，必须大力调整经济结构，推进工业化、城镇化进程，培育壮大地方特色经济。

(1)突出调整重点，培育壮大支柱产业

调整产业结构的关键是培育壮大支柱产业。从实际出发，首先要明确调整的重点和方向。贵州省的发展目标是把贵州省建设成为大西南南下出海通道和陆路交通枢纽，长江、珠江上游的重要生态屏障，南方重要的能源、原材料基地，以航天航空、电子信息、生物技术为代表的高新技术产业基地，自然风光与民族文化相结合的旅游大省。一是发展壮大“两烟一酒”和能源、原材料等现有支柱产业；二是大力发展生物制药、特色食品和旅游业等后续支柱产业；三是有选择、有重点地发展高新技术产业。

(2)明确调整的着力点和工作思路

工作着力点要特别强调抢抓机遇，主要是中央实施西部大开发战略、推进新阶段扶贫开发、实施积极财政政策等机遇，向上积极争取，向外寻求合作，向内扎实工作，加快推进以交通为重点的基础设施建设，以西电东送为重点的能源基地建设，以退耕还草、还林为重点的生态环境建设。加快运用高新技术和先进适用技术改造提升传统产业的步伐，加速以某些领域的高新技术、绿色产品和旅游业为重点的新兴产业发展，以信息化带动工业化，努力实现社会生产力跨越式发展。

(3)实施非均衡推进，促进区域经济加快发展

实施非均衡推进，促进区域经济加快发展，是贵州省指导经济工作的重大决策。先是支持贵阳市加快内陆开放城市建设，使城市面貌日新月异，之

后作出建设经济强县的决策，支持其加快发展，发挥区域辐射和带动作用。实施西部大开发之后，贵州的交通、通信等基础设施条件得到了改善，省域周边地区成为扩大开放的前沿和发展省际经济的重要阵地。

(4)政府大力推动，加快城镇化进程

加快城镇化进程，不仅要靠政策、靠改革、靠投入，更要靠各级政府的大力推动。现在，推进城镇化的时机良好，国家实施城镇化战略；各地城镇改革发展试点的经验很丰富，推进改革的风险已经不大；国家实施西部大开发战略和积极的财政政策，对城镇建设的投入力度逐步加大，需要政府的大力推动。

(5)营造公平竞争环境，发展多种所有制经济

调整所有制结构，要把立足点放在营造多种所有制经济公平竞争的环境上。不给国有经济特权，也不歧视非国有经济特别是个体私营经济。各种所有制经济在工商登记、税费收缴、土地使用等方面享受同样待遇，进行公平竞争。只要有利于经济发展，效益好，群众能得到实惠的可以发展，能发展快的就大力支持。

2. 实施土地流转工程

在土地公有制基础上，巩固现有的家庭联产承包制的成果，运用现代产权理论，合理界定和安排农用土地产权，构建一套与经济发展相适应的农用土地产权体系，是关系到促进农村生产力发展，完成城乡经济结构战略调整的大事。随着生产力的发展，农民解决了温饱问题并逐步向小康迈进，农民不但要求吃饱，还要求经济收益增大。一是土地流转的制度保障。法制方面包括保护农民承包权的稳定性；承认农民对承包权的利益实现权利；承认农民在用途管制下的自主经营权；允许并鼓励农村地产依法流转，以利于现代化生产等。机制方面要在强化用途管制的基础上，充分发挥市场机制配置土地资源的作用。二是完善土地流转制度。当前，我国农村土地流转势头明显加快，但行政强迫农民流转土地等问题也相继显露。因此，在土地流转问题上要按经济规律办事，避免行政强迫，制定配套措施，将中央的农村政策落实，依法管理土地，尊重农民的自主权，以推动农村经济的健康发展。农地制度的主要任务是要明确农地产权，农民只有具有对土地资源排他性的明确权利，才会产生稳定的经济预期，才会增加农业投入，避免掠夺式经营，要使土地持续利用成为可能。

3. 实施小额信贷工程

小额信贷是一种有效的扶贫到户形式，能够服务于最贫困地区的农户和贫困户，并使绝大多数借贷户获益。在中国农村地区，特别是贵州贫困地区，

小额信贷成为一条新的扶贫途径，使那些长期生活在贫困线下的农民命运有了新的转机。小额信贷是反贫困的一种现实的、具有巨大潜力的有效工具，在西部地区扶贫开发中发挥着十分重要的作用。在现有基本解决温饱问题的基础上，拓宽服务对象和市场，根据不同地区不同客户的需求，提供有效的信贷服务，而不仅仅限于贫困地区的贫困农户。

4. 实施教育扶贫工程

西部大开发，教育必须优先发展。贵州由于经济贫困致使文化教育相对落后。经济制约着教育，反过来教育又拖了经济的后腿，形成了典型的“贫困综合症”。贵州要走出贫困，必须加速发展教育，才能从根本上消除贫困。一是加强和改革贵州现行的农村教育体制；二是应当加大资金投入，发展农村教育和职业教育、技能教育；三是将农村教育纳入全民教育与终身教育的实施范畴。

5. 实施乡镇企业工程

乡镇企业是贵州农村经济发展的主要支柱，是广大农民脱贫奔小康的重要收入来源。要实现乡镇企业的可持续发展，使其肩负起带动农村经济发展和脱贫致富的重任，需要彻底推行乡镇企业股份制改革，走规模化和集约化发展的道路。一是加强领导，实行“整体推动”；二是制定优惠政策，营造发展环境；三是坚持改革，建立富有活力的经营机制；四是积极调整结构，促进增长方式的转变；五是依靠科技，尊重人才；六是多途径筹集资金，增强发展后劲。

6. 实施科技扶贫工程

从总体上看，贵州经济发展的速度与发达地区相比还是缓慢的，且差距还在继续扩大，而科技扶贫是摆脱贫困的根本途径。一是坚持把“科学技术是第一生产力”的观点落实到扶贫开发工作中去；二是下大力气把优势产业规模化，以规模优势占领市场；三是强化管理，向管理要效益；四是加强企业、高校、科研合作，推动企业的技术进步；五是培育和发展技术市场；六是促进高新技术及时转化和产业化；七是科技体制创新，促进科技成果转化。

7. 继续实施劳务输出工程

农村贫困人口劳务输出对于减缓农村贫困具有重要的现实意义。一是拓宽就业空间，增加贫困户的收入，缓解了新增农业劳动力的就业压力；二是学习新的技能，更新观念，提高了劳动力的素质；三是充分利用劳动力资源，发挥其生产潜力，促进农村经济的全面发展。

8. 开展小城镇建设工程

农村小城镇建设有利于缩小城乡差别，为农村人口摆脱贫困提供了有效途径。加速小城镇建设有助于消除二元经济结构中的弊端，转移农村剩余劳动力，促进农业人口生活和消费方式转变，而且能够从根本上缩小城乡居民收入差距，消除农村贫困。

9. 搞好旅游扶贫工程

贵州省旅游资源得天独厚，颇具特色，自然风光和民族文化独具魅力，喀斯特风光与夜郎文化有机组合。贵州省应做好旅游规划与引导，加强各方面的协调、管理、配合，从体制、资金、基础设施等方面加大旅游产业的发展，致力于扶贫开发与支柱产业建设有机结合，为农民开辟增收途径。一是树立良好的旅游形象；二是加强对外宣传活动；三是尽快提高旅游产业素质；四是注重旅游产业规模效益；五是旅游资源重组和结构创新。

第十二章　旅游资源开发与旅游业发展

章前语

贵州是一个多山之省，山地和丘陵占全省总土地面积的92.5%。贵州又是中国乃至世界喀斯特地貌集中分布区之一，山高谷深，地理环境十分复杂。贵州具有丰富多样的矿产、生物、旅游等资源。贵州属亚热带高原山地型湿润气候区，冬无严寒，夏无酷暑，四季宜人，年平均气温15.6℃，是一个理想的避暑休闲度假胜地。贵州是一个多民族省份，完好地保存着古朴的文化传统和生活习惯，保存了一份原生态的文化遗产。神奇的自然景观、浓郁的民族风情、深厚的历史文化和宜人的气候条件，构成了贵州发展旅游业的资源优势。

关键词

旅游资源；民族文化；旅游产业

第一节　丰富的旅游资源

一、旅游资源的类型

漫长而奇妙的地质构造过程，孕育了遍布贵州全省各地的奇山秀水，形成了无数的自然奇观，使贵州成为“绿色高原喀斯特王国”。适生于环境的各民族利用自然，改造自然，奇异多彩的山地民族文化与久远的历史文化融为一体，构成了贵州文化最为突出的特征，为特色文化旅游创新区建设和多目标综合开发提供了有利的条件。2010年，全省有3个世界自然遗产地，1项世界人类非物质文化遗产，2个国家AAAAA级旅游景区，18个国家级风景名胜区，9个国家级自然保护区，25个国家森林公园，9个国家地质公园，39个全国重点文物保护单位，73项国家级非物质文化遗产，4个国际民族生态博物馆，7个中国优秀旅游城市，1.8万个民族文化旅游村寨。

(一)地文景观类旅游资源

地文景观是指在长期地质作用和地理过程中形成并在地表或浅地表存留下来的各种景观。地文旅游资源包括典型地质构造、标准地层剖面、生物化石点、自然灾害遗址、名山、岩溶景观、蚀余景观和沙(砾)石风景、沙(砾)石雕、小型岛屿、洞穴等。贵州地势西高东低，自中部向北、东、南三面倾斜，平均海拔在1 100 m左右。北部有大娄山，自西向东北斜贯北境；中南部苗岭横亘；东北境有武陵山，由湘蜿蜒入黔；西部乌蒙山高耸，赫章县珠市乡韭菜坪为贵州省内最高点。贵州独特的地质条件形成了神奇秀丽的地文景观，特别是喀斯特地貌的典型发育，使这里形成了丰富绚丽的景观，如发育在地表的石牙、溶沟、漏斗、洼地、石林、峰丛、峰林以及天生桥等。在这些地文景观中，著名的有雷公山、梵净山、九洞天、织金洞、兴义万峰林、修文回水石林、兴义马岭河峡谷、黄平飞云大峡谷，开阳南江大峡谷，织金洞、铜仁九龙洞、安顺龙宫、黎平天生桥，关岭海百合化石群、兴义鱼龙化石群等。

(二)水体类旅游资源

水体类旅游资源包括风景河段、溪流河段、湖泊、瀑布、冰川、积雪景观等。水体景观具有资源本体的相对动态性，并且具有独特的映景功能。水是自然界分布最广、最活跃的因素之一，它不但是旅游资源的主要组成部分，也是塑造地貌最活跃的外力因素。

全省水系顺地势由西部、中部向北、东、南三面分流。苗岭是长江和珠江两流域的分水岭，以北属长江流域，流域面积115 747 km^2，占全省国土面积的65.7%，主要河流有乌江、赤水河、清水江、㵲阳河、锦江、松桃河、松坎河、牛栏江等。苗岭以南属珠江流域，流域面积60 420 km^2，占全省国土面积的34.29%，主要河流有南、北盘江，红水河，都柳江等。

在地质发展过程中，地壳缓慢抬升，河流下切，贵州成为世界上峡谷河流数量最多的地区之一，并以喀斯特峡谷河流和丹霞峡谷河流最为典型。河谷基岩奇特，河床狭窄，滩多流急，森林茂密，孕育了贵州丰富的峡谷瀑布观光和探险漂流等旅游资源。贵州素有“千瀑之省”的称号，黄果树瀑布、赤水十丈洞瀑布、赤水四洞沟瀑布、黄平野洞河飞水岩瀑布是其重要的代表。全省拥有可漂流河流800多条，目前已开发30多条，马岭河峡谷、开阳南江大峡谷、修文桃源河、贵定洛北河、施秉杉木河、黄平野洞河等。

“高峡出平湖”，随着乌江和南、北盘江梯级电站的开发，水库密布，形成了众多的人工湖，支嘎阿鲁湖、东风湖、索风湖、夜郎湖、百花湖、红枫湖、乌江水库、飞龙湖，万峰湖、千岛湖等呈串珠状分布。湖泊多与山、峡、洞、林成一体，多姿多彩，其中，乌江源百里画廊东风湖、索风湖、支嘎阿鲁湖三大连湖经中国城市竞争力研究会评选，入选“中国十大喀斯特美丽湖泊”。草海是贵州的天然湖泊，素有“鸟的王国”之称，有鸟类100余种，特别珍稀的鸟类有黑颈鹤、灰鹤、白肩雕、黑翅长脚鹬和草鹭，是世界人禽共生、和谐相处的十大候鸟活动场地之一，是冬春观鸟，夏秋避暑的最佳选择地之一。

贵州温泉资源丰富，主要分布在贵州的北部及东北部，石阡温泉分布数量最多，计有15处。全省主要温泉有息烽温泉、石阡城南温泉、剑河温泉、金沙岩孔温泉、遵义枫香温泉、仁怀盐津桥温泉等。枫香、岩孔属低矿化含硅酸、锶、溴、氡的重碳酸钙镁型矿泉水，含有锂、硼、锗、钼、硒等多种有益人体健康的微量元素和组分，泉水含钠低，口感纯正，是一种优质天然矿泉水。盐津桥、坛厂和安底的矿泉，均含有溴、碘、偏硼酸、氡等具有医疗作用的元素和成分，具有较高的医疗价值。

（三）生物类旅游资源

生物类旅游资源主要是指以生物群体构成的总体景观。生物景观包括树木、草原与草地、野生动物栖息地。

贵州山区是高纬度植物区系南移的避难所，同时又是低纬度植物区系北扩的栖息地，贵州地形多变的区域内形成了多种植物区系共存共荣的局面。在世界种子植物的15个植物区系成分中有13个成分在贵州同时具有。其中，以科为统计单位，属于热带、亚热带性质成分的占72.5%，温带性质成分的占25.5%。植物种类的丰富程度在全国列第三位，其中茂兰自然保护区和梵净山自然保护区入列世界人与生物圈计划。各种奇花异草开放于山野之中，充满野趣，如黔南荔波的野生梅景区、毕节“百里杜鹃”风景名胜区、赫章韭菜坪、威宁草海、赤水竹海和桫椤保护区等。

贵州野生动物种类繁多，现有陆生野生动物715种，其中，兽类138种，占全国兽类总数的27.7%；鸟类417种，占全国鸟类总数的33.5%；爬行类100种，占全国爬行类总数的25.6%；两栖类60种，占全国两栖类总数的21.4%。国家一级重点保护野生动物有黔金丝猴、黑叶猴、云豹、豹、白鹳、黑鹳、黑颈鹤、中华秋沙鸭、金雕、白肩雕、白尾海雕、白头鹤、蟒等14种；国家二级重点保护野生动物有穿山甲、黑熊、水獭、大灵猫、林麝、红腹角雉、大鲵等72种，主要分布在梵净山、荔波茂兰、草海、麻阳河、雷公山、佛顶山等地。

(四)气候景观类旅游资源

气候是自然环境中最主要的因素之一，既有直接造景的功能，如明媚的阳光、灿烂的朝霞、飘浮的白云、蒙蒙细雨、漫天大雪等，又有间接的育景功能，影响着自然环境其他要素乃至人文景观的变化，如梵净山的云海、佛光。

贵州省气候类型为亚热带高原湿润季风气候。全省大部分地区年平均温在15℃左右，全省大部分地区1月平均气温3℃～6℃。降水丰富，一般为1 100～1 300 mm。从旅游的角度看，夏季除了贵州南部低热河谷地区、铜仁锦江河谷、思南塘头乌江河谷和北部的赤水河谷较热，冬季除毕节西部的威宁、赫章和六盘水市海拔较高地区较冷外，贵州省大部分地区气候的特点是“夏无酷暑，冬无严寒；雨多夜雨，轻风拂面；气候复杂多样，垂直差异明显；旅游季节长，全年可游览”。贵阳、六盘水已成为国内公认的“中国避暑之都”、“凉都”，是夏季避暑的好地方。

(五)文物古迹类旅游资源

贵州处于高海拔、低纬度和亚热带湿润季风气候区，山地复杂多样，冬无严寒，夏无酷暑，加之特有的喀斯特地貌造就了众多天然洞穴，为以采集、狩猎为生的古人类提供了天然的栖息场所。因此，贵州陆续发现史前文化遗址80余处，不仅为全国考古和人类生存繁衍研究提供了大量实物，也成为贵州旅游业开发的一个新亮点。贵州已调查发现的旧石器时代文化遗址有50多处，已发掘的有黔西观音洞、桐梓马鞍山、桐梓岩灰洞、水城硝灰洞、盘县大洞、兴义猫猫洞、普定白岩洞、普定穿洞、六枝桃花洞、安龙观音洞、安龙福洞、长顺青龙洞等。贵州正式发掘的新石器文化遗址有平坝飞虎山、普安铜鼓山和毕节青场3处。

据《史记·西南夷列传》记载，今贵州秦汉时期为夜郎国的主要领地，在毕节、安顺、六枝、遵义一带仍能找到夜郎文化的遗迹，如贵州赫章可乐墓葬遗址、六枝古夜郎遗迹、普安青山夜郎群落遗迹、桐梓夜郎坝等。遵义海龙屯是至今保存最完好的中世纪中国军事城堡遗址；明太祖朱元璋调集30万大军到今贵州屯田驻军，屯堡人古老的石头建筑、装束、饮食习惯、宗教文化、民间艺术，在安顺一带得到了完好的保存；王阳明在修文龙场“悟道”，创心学理论，推动了中国思想界的变革。贵州还保留有一大批文物古迹，如贵阳甲秀楼古建筑群、弘福寺、黔灵湖圣泉、文昌阁、来仙阁、黔明寺、仙人洞、桐野书屋，遵义湘山寺、务本堂、沙滩文化遗址、桃溪寺、瓦厂寺、文庙，安顺花江铁索桥、关岭红崖古迹，福泉古城垣、葛镜桥，镇远青龙洞古建筑群、天后宫、四官殿，黄平飞云崖，从江增冲鼓楼，黎平地坪风雨桥，凯里孙文恭祠，晴隆“欲飞”摩崖石刻，兴义刘氏庄园，毕节大屯土司庄园，织金财神庙，威宁凤山寺，大方阁雅驿道、彝文碑刻，石阡万寿宫，杨粲墓、奢香墓、郑珍墓、黎庶昌墓、莫友芝墓、安龙十八先生墓等历史文化遗迹。

贵州拥有丰富的革命遗址旅游资源。1930 年至 1936 年红军足迹遍及 68 个县，留下了遵义会议会址、娄山关红军战斗遗址、四渡赤水战役遗址、红军抢渡乌江遗址、黎平会议会址、枫香溪会议会址、印江红二红六军团会师纪念碑、镇远在华日本人民反战同盟和平村遗址等多达 454 处的革命遗址，特别是以遵义会议、强渡乌江、四渡赤水等重大历史事件所形成的长征文化，更具震撼力、号召力。

(六)民族文化旅游资源

贵州是一个多民族的省份，由于封闭隔绝，贵州保存有许多“文化孤岛”，被称为“文化千岛之省”、“活着的历史文化博物馆”，它们“原始、奇秀、古朴、神秘”。贵州民族文化旅游资源主要包括村寨建筑，传统的日常劳作方式、节日、民族歌舞表演以及刺绣、纺织、印染、银器加工、雕刻、编制、制陶等传统工艺。

贵州堪称民族节日之乡，有“大节三、六、九，小节天天有”之说。据粗略统计，每年的民族节日有近千个，可分为农事性、社交性和祭祀性三大类，其内容覆盖宗教、生产、社交、婚丧、欢娱等各个层面。节日期间举行的丰富多彩活动，是各个民族文化的集中展示。贵州各民族的信仰大多会通过一定的祭祀活动表现出来，如榕江县侗族的祭萨玛、黄平县哥蒙的“哈冲”、独山愿灯、都匀市布依族扫寨、石阡县仡佬族毛龙节、盘县地坪乡彝族毕摩祭祀文化等。一些民族不同程度上受到道教、佛教及基督教、天主教的影响。

贵州乡村是歌舞的海洋，每个民族都有自己代表性的传统歌舞，它们是各民族重要的文化遗产，其中榕江侗族琵琶歌、黎平侗族大歌、洪州琵琶歌、贞丰布依铜鼓十二则、关岭盘江小调、镇宁铜鼓十二调等民间音乐；丹寨苗族格哈舞、锦鸡舞，麻江畲族粑槽舞，台江反排木鼓舞，荔波布依族“雯当姆”、瑶族打猎舞，松桃瓦窑四面花鼓，沿河莲花十八响，安龙苗族板凳舞，威宁彝族撮泰吉，纳雍苗族芦笙技巧舞“滚山珠”，赫章苗族大迁徙舞、彝族铃铛舞，仁怀采月亮等民间舞蹈；黎平侗戏，傩戏傩技，福泉阳戏，思南花灯，德江傩堂戏，石阡木偶戏，册亨布依戏，安顺地戏等戏曲更是贵州民族歌舞及戏剧遗产中的精品。

贵州的民族是崇尚体育竞技的民族，天柱“勾林”、天柱侗族月牙镗、黎平侗族摔跤是传统体育竞技活动的精品；德江土家舞龙等是贵州最有特色的民间杂技。有些民族还把体育竞技活动与歌舞结合起来，构建出奇特的歌舞类型，如黔西化屋苗寨的“芦笙拳舞”和“打鼓拳舞”等。

施秉苗族“刻道”、黄平苗族“古歌古词”神话、台江苗族古歌与古歌文化是贵州重要的口头文学遗产。水书是一种古老的文字，是古代水族先民的古老文化典籍。2002年，水书被纳入首批“中国档案文献遗产名录”。

贵州民间传统工艺种类繁多，从印染到刺绣，从藤编、竹编到漆器、木器，从石雕、陶器到银饰，从生活用品到生产器具，可谓包罗万象，大致可分为27类，分布遍及全省。各类传统工艺品因民族、地区、制作工艺、文化内涵的不同而呈现出多样化的特点。在制作工艺中，丹寨苗族蜡染，石桥古法造纸，剑河锡绣，雷山苗族服饰、银饰、芦笙工艺，思州石砚，罗甸布依族土布制作、轧染工艺，三都水族马尾绣，平塘牙舟陶器，贞丰小屯白棉造纸，贵阳乌当手工土纸制作，贵阳花溪苗族挑花，仁怀茅台酒传统酿造等制作工艺都是贵州最重要的文化遗产，是旅游产品开发的核心内容。

在贵州的旅游山水画卷中，不同民族村寨有自己的不同建筑形态和建筑文化，较为著名的村寨和建筑有雷山郎德上寨、雷山西江千户苗寨、安顺天龙屯堡、黎平肇兴侗寨、黎平堂安侗寨、从江岜沙苗寨、从江增冲侗族鼓楼、黎平地坪风雨桥等。

二、旅游资源的特点

(一)以喀斯特自然旅游资源景观为主，融入神秘的少数民族文化

贵州碳酸盐类岩石出露面积约 10.91×10^4 km^2，约占全省总面积的61.9%，其特殊的地质构造和长期的地貌演化过程中受喀斯特空间水动力结构影响，喀斯特地貌类型齐全，景观复杂多样，特色鲜明。贵州喀斯特旅游景观融山、峰、水、林、泉、洞、瀑、峡谷等自然美景和神秘、古朴的少数民族民族文化于一体，有“喀斯特王国”的美誉。在众多人文景观中，喀斯特文化旅游资源的“蕴藏量”相当丰富，以民族村寨、古镇等为载体，置身于青山绿水中，古朴神秘的民族文化与原始险秀的生态环境交织在一起，构成了一个个独特的旅游区，使旅游资源具有突出的地方特色和深厚的人文色彩。

山地养育了贵州人民，形成了山里人特有的生活方式与生产方式、殊异的山乡风俗、奇异的建筑风格、独特的风味食品。贵州乡村之旅是触摸山的骨骼，体验山野生活，寻访山中历史，了解山地文化，感知山的灵性的奇妙之旅。

(二)古朴鲜活的少数民族文化是开发深度文化体验旅游的灵魂

在世界上的许多地方，现代化进程使许多古老文明消失殆尽，而贵州至今仍鲜活地保存着许多令人惊异的文化遗产，是一座巨大的文化生态博物馆。

从渔猎、采集到畜牧、农耕等古老的生产、生活方式以及各种信仰、习俗、音乐、歌舞、语言、文字、建筑、雕塑……都得以保存下来。例如，彝族的“撮泰吉”、土家族的“傩堂戏”和屯堡人的“地戏”、布依族的“八音坐唱”、侗族的侗戏在这里演艺；古老的造纸作坊和千年传承下来的酿酒工艺、制茶工艺以及挑花、刺绣、蜡染仍在这里完好地保存着、使用着。由于文化生态保存良好，中国和挪威两国政府在这里联合建立了六枝梭嘎、贵阳镇山村、锦屏隆里、黎平堂安4个生态博物馆。

(三)舒适宜人的生态环境是贵州开发度假旅游的优势资源

贵州位于北纬24°38′～29°14′，省内年平均气温12℃～18℃，最热月(7月)平均气温22℃～25℃，最冷月(1月)平均气温3℃～6℃，素有“金不换气候”的美誉。省会城市贵阳最热月(7月)气温远远地低于周边省市及东南沿海地区，具有很强的夏季避暑、度假的气候优势，有中国“避暑之城”之称。

贵州是国内降水量较充沛的地区。因有70%的降雨集中在夜间，而白天多以多云天气为主，这减少了白天尘土的飞扬，使白天空气清新、凉爽，是一种宜于旅游活动的降雨特征。贵州省内各地年平均风速较小，风速超过2 m/s的地区不多，年平均风速也未超过3.2 m/s，游客在街头、景区漫步，轻风拂面，使人倍感凉爽舒适。

贵州生态环境良好，森林覆盖率达49%(2014)，生物资源十分丰富。截至2014年年底，全省建立了104个自然保护区(其中国家级9个，省级6个)；78个森林公园(其中国家级25个，省级31个)。这些丰富多样且具有吸引力的自然资源和环境条件，拓展了贵州旅游的空间，丰富了贵州旅游的内涵。

(四)贵州旅游资源空间分布的聚集度高，地域分异较强

贵州旅游资源聚集度高，地域分异强，形成了以贵阳为中心，6个区域的特色各不相同的区域旅游地。

西部旅游资源区以喀斯特风光和布依族文化为核心，以黄果树、龙宫、马岭河为龙头，包括天星桥景区、关岭花江大峡谷风景名胜区、关岭古生物地质公园、织金洞、万峰林、万峰湖、双乳峰、云山屯、天龙村、九溪村等，形成了以安顺—贵阳为中心的旅游资源集散地。

北部旅游资源区以红色文化和丹霞地貌为核心，以遵义会议会址、娄山关、茅台国酒城、赤水风景区为龙头，包括遵义国家历史文化名城、赤水竹海、桫椤自然保护区、习水风景区、宽阔水自然保护区、余庆大乌江，以及沙滩文化、土司文化和红军长征战斗遗址、遗迹等。

东北部旅游资源区以梵净山、石阡温泉和铜仁九龙洞为核心，包括麻阳河、乌江山峡、佛顶山、万寿宫、红色文化地和少数民族村寨等，构成了以梵净山、九龙洞为龙头的旅游资源集聚区。

东南部旅游资源区以㵲阳河、镇远古镇和苗族、侗族文化为核心，包括雷公山、飞云崖、野洞河、龙鳌河、高过河、巴拉河、飞云大峡谷、青龙洞、剑河温泉和大量少数民族村寨，是原生态自然山水与民族文化旅游资源区。

南部旅游资源区以漳江—茂兰和剑江—斗篷山为核心，包括江界河、洒金谷、猴子沟、杜鹃湖、掌布奇石以及水族、瑶族、布依族和苗族自然村寨，构成荔波喀斯特生态景观、民族文化旅游资源聚集区。

中部旅游资源区是由红枫湖、百花湖、花溪、息烽、修文等组成的都市休闲度假资源区。

总之，贵州是喀斯特环境下的多文化交汇地，是人与自然和谐相处的宁静之地，是民族文化遗产与自然遗产的保存地。

第二节 旅游区划与旅游线路组织

一、旅游地及旅游产业的空间分异

经过几十年的开发建设，贵州初步形成了依托立体轴线(铁路、公路、民用航空、内河航运、邮电通信)优势和综合资源(生物资源、矿产资源、旅游资源、经济资源等)优势，以贵阳市为一级中心综合增长极，以遵义、安顺、都匀、凯里、兴义等市为二级中心综合增长极，由贵阳市中心增长级逐步向西、东、南、北辐射并可延伸到邻省的 4 条综合产业经济带，旅游经济带与产业经济带结合运转的耦合度较高。

(一)西线旅游产业经济带

该经济带依托贵昆铁路、贵黄高等级公路，形成了以机械、冶金、电子、电力、汽车及汽车零部件，烟酒、中药、黄金、建材等为主的主体产业，由贵阳、红枫湖、安顺、龙宫、黄果树、织金洞、马岭河等旅游地和旅游城市构成，并延伸至云南路南石林、昆明等地。它以喀斯特峰丛、瀑布、溶洞和布依族、苗族、彝族风情为主要特色。该旅游经济带景点品位和级别较高，种类多，内容丰富，因而开发利用程度相对较高，旅游设施配套性相对较好，可接待各种不同层次的海内外旅游者，被誉为贵州“一级黄金旅游经济带”。

(二)南线产业经济带

依托黔桂铁路、贵新高等级公路，形成了以机械、电子、卷烟、化肥、建材等为主的主体产业。旅游发展利用目前地球上仅存的喀斯特原始森林和布依族、水族、瑶族文化，初步形成了由贵阳、都匀、三都、荔波并延伸至广西的旅游经济带。该旅游经济带旅游开发建设水平低，产业规模小，综合经济实力较弱。

(三)东线产业经济带

该经济带依托湘黔铁路、320国道、321国道，形成了以机械、电子、卷烟、建材等为主体的主导产业。旅游发展以苗侗文化、苗岭风光为特色。旅游经济带由贵阳—凯里—黎平再延伸到广西三江、桂林，施秉—镇远—铜仁再延伸到湖南张家界，该产业经济带和旅游经济带产业规模较小，综合实力较弱。

(四)北线产业经济带

该经济带依托黔渝铁路、贵遵高等级公路、210国道公路，形成了以机械、电子、汽车及汽车零部件、冶金、电力、烟酒、中药等为主体的主导产业。旅游发展以革命历史文化、酒文化、碧水丹山为特色。旅游经济带由贵阳—息烽—遵义—仁怀—赤水再延伸至重庆。该产业经济带和旅游经济带旅游产业综合实力较强。

二、黔中历史文化与喀斯特生态旅游区

黔中历史文化与喀斯特生态旅游区包括贵阳和安顺，土地总面积为8 034 km^2，占全省面积的4.56%，是黔中经济圈的重要组成部分，是大西南重要的交通枢纽、工业基地及商贸旅游服务中心和贵州省的政治、经济、文化、科教的中心区域。

黔中地区旅游资源丰富、类型多样，依托良好的生态资源，融合古朴浓郁的民族风情，形成了“中国避暑之都”、“爽爽的贵阳”、“屯堡文化之乡”、“蜡染之乡”等旅游品牌。

(一)促进区域旅游产业的一体化发展

充分发挥贵阳集散中心和旅游服务功能，强化区域旅游战略合作，通过贵黄、贵遵、贵毕、贵新等高速公路整合区域优势，从交通、品牌、政策、营销等方面综合打造黔中旅游圈，突出旅游产业集群的建设。大力推进区域旅游资源开发利用的“一体化”、核心景区管理体制的“一体化”、旅游市场开发的“一体化”和旅游产业发展的“一体化”，形成区域布局合理，重点突出，分工协调的大产业发展格局。其中，贵阳市以打造“爽爽的贵阳”旅游休闲度假胜地为目标，强化黔中区域和全省的战略合作，强化“避暑之都”、“温泉之城”的内在支撑，将贵阳建设成为国内一流、世界知名的旅游休闲度假胜地、山地户外运动休闲基地、西南地区和贵州省旅游服务集散地、贵州省旅游产业发展的引领地和国际旅游名城。依托气候资源，重点开发休闲度假、避暑

养生、商务会展等旅游产品，建设功能齐备的特色餐饮街区、休闲购物街区和五星级酒店等，强化旅游母港、服务中心、会展中心消费中心的作用，加快贵安新区建设。

全面提升黄果树国际生态文化旅游度假区，将其作为全省旅游龙头，以安顺的国家级景区、景点为节点，以屯堡文化、夜郎文化、亚鲁王文化、穿洞文化为亮点，以安顺的黄果树国际生态文化旅游度假区综合开发、龙宫国家旅游度假区建设、格凸河综合开发建设、安顺屯堡文化生态旅游休闲度假区、关岭国家地质公园、黄龙湖国际休闲度假带、穿洞文化园区建设等核心旅游产品项目作为重点项目的子项目来支撑，以黄鹤营景区开发、关岭花江大峡谷旅游扶贫试验区、黄龙湖、夜郎湖度假区、多彩贵州万象城等为重点项目支撑，构建生态文化旅游发展示范区，实现对区域经济发展的带动作用。

(二)培育贵阳为国际旅游城市和生态文明城市

推进贵阳城区内的黔灵公园、南郊公园、森林公园、花溪公园、石林公园、十二滩公园、长坡岭公园、白云公园、南湖公园、观山湖公园等城市公园建设，逐步美化贵阳城市景观和环境，提高城市环境的舒适度，建设国际山水田园城市。

第一，发展国际绿色低碳城市。优化空间布局和改善人居环境，注重城市林带建设和绿地率提升，注重自然生态的改善，注重建筑风格的特色与品位，加快贵阳旧城改造和中心区绿化建设。以交通要道、高速公路、旅游公路沿线和旅游城镇、景区为重点，规划生态景观走廊，改造提升生态环境。重点强化景区节能减排工作和餐饮酒店节能减排工作，按照旅游行业节能减排要求加强和完善 A 级景区节能减排工作。以国际住宿业和餐饮业的绿色标准，推进餐饮酒店节能减排。

第二，建设国际运动健康城市。依托温泉、文化、森林、体育、高科技医疗设施等资源，加快发展传统中医医疗旅游、高科技医疗保健旅游、养老度假、避暑养生、温泉养生、森林养生、文化养生等产品，构建养老、养生、养心、养身、养颜的“五养新城”。依据国际大都市标准，提高城市精细化管理水平，创新城市管理体制，探索城市管理新模式，推出一套以“低碳生活、绿色城市”为基本理念的城市管理标准。全面推行数字化、网格化城市管理模式，积极发挥数字化城市综合管理系统的作用，增强城市管理服务的快速反应、快速处理能力。

第三，建设国际休闲城市。大力扶持与贵阳确立六大支柱产业相关的专业性展会，建设由国际会议中心、五星级休闲主题酒店、企业高级培训基地等组成的国际会议中心，完善会议配套服务，形成以会议旅游服务为重点的综合服务体系。依托贵阳山地城市与山城生态环境，实施旅游房地产带动战略，构建主题文化酒店、避暑酒店、温泉俱乐部、商务会馆、别墅会所、乡村文化主题客栈、青年旅舍等形式多样、特色鲜明的旅游房地产体系，培育休闲文化街区、创意中心、汽车露营地等休闲地产。通过整治环境、营造景观、激活商业、注入旅游元素，将南明河打造成为具有贵阳特色的贵阳RBD、“贵阳会客厅”、现代贵阳的“都市半岛”和贵阳休闲之都地标，建设商务酒店服务区、国际演艺影视区、创意产业区、商务办公区、高档住宅区等几大功能板块，整体配建五星级服务的休闲会所、国际影视中心、演艺中心以及其他娱乐中心。

第四，建设旅游文化产业基地和特色文化产业群。以夜郎文化、土司文化、阳明文化、屯堡文化、红色文化等魅力贵阳，发展乡村第二居所、休闲地产、自驾车营地等，提高旅游产业的生命力；以非物质文化的丰富内涵提高旅游吸引力，创新表现形式，通过现代科技手段，使其成为具有地方民族特色和市场效益的文化旅游节目；以文化要素来提升旅游景点的综合服务能力，特别是用文化要素来充实旅游业的娱乐、购物功能，延长产业链条，以多彩贵州城、贵阳数字动漫科技产业示范基地、花溪“高原明珠”生态文化旅游园区、修文阳明旅游文化产业园、清镇体育休闲运动度假基地、开阳南江喀斯特山地休闲度假基地、白云老龄休闲度假旅游基地、新型国民休闲基地、特色乡村旅游基地、养生与老龄度假基地、原生态民族文化体验基地、山地户外活动基地、自驾车与自行车自助旅游基地等为核心，创建集旅游、文化、购物、娱乐、体育、休闲为一体的文化旅游度假区和文化旅游主题公园。借助旅游市场平台，一方面，以高科技为手段，以“大数据”为依托，以“数字贵阳”、“数字贵阳旅游”建设为平台，充分利用“3S”技术的集成创新成果，整合旅游发展各要素，实现贵阳旅游的信息化管理、数字化营销以及旅游数字化体验，催生文化产业与服务新业态。另一方面，以全市国家级风景名胜区、自然保护区、国家森林公园为核心，采用虚拟现实技术，大力开拓虚拟景区与虚拟旅游、影视剧等文化创意产业，建设影视基地、动漫基地、历史文化街区等文化创意生产基地。

三、黔西北民族文化与喀斯特生态旅游区

黔西北民族文化与喀斯特生态旅游区包括毕节市和六盘水市，地处乌蒙山区，是乌江、赤水河、北盘江的重要发源地之一。区内水系发达，水能资源丰富。山高坡陡，峰峦重叠，沟壑纵横，河谷深切，飞瀑流泉，山水相依，山雄、石美、崖险、水秀，形成了一批包括百里杜鹃、织金洞、九洞天、乌

蒙山国家地质公园、玉舍森林公园、威宁草海等在内的高品位生态旅游资源。区内彝族、苗族等多民族文化和夜郎文化资源丰富，拥有可乐遗址、大屯土司庄园、奢香墓、盘县大洞等优质文化资源，原生性强。

黔西北地区属北亚热带季风性湿润气候，年平均气温13.3℃，夏季最为凉爽宜人。赫章韭菜坪以“清凉指南”的形象入选2008年中国十大避暑名山，名列第五，在中国西部避暑名山中排名第一。毕节“冬无严寒，夏无酷暑”，气候宜人，为发展休闲度假旅游提供了良好的气候条件。六盘水市具有“凉爽、舒适、滋润，紫外线辐射比同类城市小，空气清新适于旅游疗养”的特点，有“中国凉都”之称。

在旅游产业发展方面，黔西北以六盘水和毕节两市为依托，以彝族、苗族等多民族文化资源和避暑气候为主体，与乌蒙山、乌江源的旅游扶贫示范区相结合，形成与滇东北、川南旅游区联动发展的多民族生态文化旅游区。

(一)围绕乡村旅游推进旅游产业化扶贫

以乡村旅游产业化为龙头，专项扶贫与行业扶贫、社会扶贫相结合，实行综合治理、板块推进，围绕着百里杜鹃、织金洞、九洞天、乌蒙山国家地质公园、玉舍森林公园、威宁草海等大景区，特色旅游小城镇，以市场需求为导向，配套建设乡村旅游产业支撑体系，形成区域分工合理，品牌鲜明，特色突出的乡村旅游产业集群。通过国家宏观政策支持和“大扶贫”格局带来的整体效应，推动全区产业化扶贫开发工作上一个新台阶，争取旅游扶贫开发跨越式发展。

利用本区气候宜人，民族文化多样性强，农业特色产业突出的优势，进一步提升乡村观光旅游产品，大力发展乡村休闲、度假、养生、体验、运动等旅游产品，构建乡村旅游产品体系。结合民族特色文化和社会主义新农村建设发展特色乡村旅游；结合推进农业产业化和发展特色现代农业，规划建设一批乡村旅游示范区(点)，发展观光休闲农业、特色农业旅游；结合历史文化、红色文化、地方民俗民间文化等发展乡村旅游；结合生态建设和退耕还林还草等生态工程建设(包括实施生态移民)，打造一批具有特色的生态村，发展生态型乡村旅游；结合民族民间工艺和旅游商品开发，重点扶持贫困乡村发展特色旅游商品和农特产品，打造一批旅游商品专业村，发展体验与购物型乡村旅游。

推进乡村旅游与农业的联动，实施茶旅、果旅、牧旅、竹旅、药旅以及生态建设与乡村旅游等一体化建设，大力发展观光农业公园、租赁农业、民间乡土工艺、民间美食等乡村主题旅游活动，以旅促农促工促文，以农业、工业、文化产业带旅，促进种植业、畜牧业、林业、食品加工业、文化产业等与旅游业联动，深化产业结构调整与优化升级，全力开创乡村旅游扶贫新局面。

(二)培育毕节市和六盘水市为旅游增长极

毕节市以“洞天湖地、花海毕节”为旅游品牌，以百里杜鹃、织金洞、威宁草海为依托，重点发展生态旅游、山地户外运动旅游、健康旅游和体育旅游，建设生态旅游产业聚集区，与六盘水等周边地区共同打造精品景区；以石门坎文化为依托，融合文化教育、体育与旅游产业，深度开展专项文化旅游、教育旅游和体育旅游；依托贵广高速铁路、内昆铁路，以七星关市为节点，开拓成渝、珠三角客源市场，带动区域经济发展；完善基础设施与旅游配套设施，提高可进入性；完善扶贫试验区扶持政策，予以扶贫试验区更多的税收、资金、土地方面的扶持，加强旅游业对国民经济的带动、引领作用，实现旅游强市、旅游富民。

六盘水市以“中国凉都”为旅游品牌，以中国凉都国际休闲城和玉舍亚高原生态旅游度假区为重点，突出夏日凉爽的气候优势，以发展健康疗养旅游，形成与其他主打消夏避暑城市的错位发展，重点开发山地户外运动旅游产品，打造中国山地旅游度假区新概念，积极发展会议旅游、三线工业旅游、节庆旅游，形成中国首选消夏避暑、休闲度假、康体养生胜地，打造中国“最舒爽夏日城市”。

四、黔南生态文化旅游区

黔南生态文化旅游区包括黔东南苗族侗族自治州、黔西南布依族苗族自治州、黔南布依族苗族自治州三个自治州，总面积 73 242 km^2。区内峰峦起伏，江河纵横，山清水秀，气象万千，自然风光绮丽多姿，人文胜景质真古朴，民族风情浓郁独特。拥有马岭河峡谷、万峰林、万峰湖、荔波樟江风景名胜区、都匀斗篷山—剑江风景名胜区、施秉杉木河、黄平野洞河、剑河温泉等优质生态旅游资源，其中荔波喀斯特为中国南方喀斯特世界遗产最重要的组成部分。

区内居住着苗族、侗族、水族、瑶族、壮族、布依族、土家族等少数民族。积淀着具有深厚文化底蕴的节日庆典和娱乐活动，美不胜收的民族民间工艺和民居建筑，成为黔南旅游区独具特色的旅游资源。主要的民族节日有苗族的苗年、芦笙会、爬坡节、姊妹节、“四月八”、吃新节、龙舟节，侗族的侗年、泥人节、摔跤节、林王节、“三月三”歌节、“二十坪”歌节，水族的端节，瑶族的“盘王节”等。布依族音乐“八音坐唱”和侗族大歌有“声音活化石”、“天籁之音”之称，享誉海内外。布依族“八音坐唱”、布依铜鼓十二则、查白歌节、土法造纸、布依戏、布依族勒尤、布依族高台狮灯舞被列入国家级非物质文化遗产名录，侗族大歌被列入世界遗产名录。而黔东南是世界苗侗民族文化核心保留地，是世界乡土文化保护基金会授予的全球18个生态文化保护圈之一(亚洲区只有黔东南和西藏)，是联合国教科文组织推荐的“返璞归真、回归自然”全球十大旅游胜地之一，被国内外专家、学者、游客誉为“露天的原生态民族文化博物馆”、“人类疲惫心灵栖息的家园”和具有神奇魅力的“文化孤岛”。

在旅游业发展中，本区以黔东南州的雷山、黄平、施秉、镇远、三穗、黎平、从江、榕江，黔南州的荔波、三都、平塘、罗甸、惠水，黔西南州的兴义、贞丰等节点城市为依托，以凯里、独山和都匀为口岸和服务中心，以荔波自然遗产地、雷山—凯里巴拉河苗族村寨群、贵定音寨布依族村寨群、三都姑鲁水族—荔波瑶山瑶族村寨群、兴义下五屯布依族村寨群、黎平肇兴侗族村寨群、雷山西江千户苗寨为主体，并对接湖南、广西、重庆等省区进行区域合作，努力将其建设成为世界级的民族文化旅游区。

(一)升级民族村寨与原生态民族文化旅游产品

合理利用民族村寨、民族文化，重点推进苗族、侗族、仡佬族、水族、布依族以及毛南族等少数民族文化的旅游开发，积极开发民族村寨观光(如西江千户苗寨、肇兴侗寨、三宝侗寨)，民族文化演艺，特色生活体验，民族美食餐饮，民族体育赛事等旅游产品。依托苗族古歌、侗族琵琶歌、侗族大歌、铜鼓十二调及苗绣、侗绣、水族马尾绣、丹寨石桥古法造纸技艺等国家级非物质文化遗产，大力开发民族手工艺品、特色旅游纪念品等旅游商品。

推进“旅游商品龙头企业成长工程”以及“万户小老板工程”，建设贵州民族民间工艺品文化传承和旅游交易基地，提升办好“多彩贵州‘两赛一会’”、“中国(黔东南·凯里)民族银饰博览会”、多彩贵州文化节等活动，打造贵州民族手工艺文化旅游品牌。

积极引入高科技技术，以时尚艺术创意的手法，对民族文化进行深层演绎，打造一系列科学与艺术完美结合的旅游创意产品，如3D民族主题影视剧、民族主题游戏等，提升民族文化的体验价值和旅游经济价值。

(二)建设乡村旅游新高地

围绕万峰林、㵲阳河等大景区，形成区域分工合理，品牌鲜明，特色突出的乡村旅游产业化核心建设区；整合特色旅游小城镇资源(雷山县西江镇、台江县施洞镇、黎平县肇兴镇、黄平县旧州镇、锦屏县隆里古镇、施秉县城关镇、平塘掌布乡等)，推进区域化连片开发。优先发展雷山—凯里巴拉河苗族村寨群、贵定音寨布依族村寨群、三都姑鲁水族—荔波瑶山瑶族村寨群、兴义下五屯布依族村寨群、黎平肇兴侗族村寨群、雷山西江千户苗寨6个示范村寨群/古镇。重点建设和发展特色餐饮业、农家乐、乡村旅舍/客栈/酒店、乡村导游、乡村娱乐、乡村观光休闲度假、手工艺品/土特产品制作与销售，形成以滇桂黔石漠化乡村旅游为核心吸引物的旅游集聚体。

(三)加强区域分工，培育区域旅游增长极

依托黔东南州少数民族集聚优势和世界级、国家级非物质文化遗产资源，完善和提升一批民族特色文化旅游项目、古镇古村古寨项目。通过民族文化的体验化、互动化、产业化发展，实现本区对民族、民俗文化的传承与创新。大力发展健康旅游产品，以苗岭为中心，建设蝴蝶园、亚热带鸟园、红豆杉植物园、苗药植物园。着力提升㵲阳河、西江苗寨、镇远古镇、隆里古城、郎德苗寨，形成一批苗族、侗族民族文化旅游精品。依托州高铁的交通优势，进一步开拓珠三角、长三角客源市场。

重点依托荔波喀斯特山水景观，以三都水族文化资源为依托，大力发展民族文化生态旅游，建设喀斯特地质博物馆。依托都匀毛尖茶、平塘“天眼”和天坑群、福泉山道教文化等自然与人文资源，发展生态旅游、休闲度假旅游、山地户外运动旅游、民族民俗文化体验旅游、康养健身旅游、科考旅游等专项旅游产品。凭借黔南州内两条高速铁路贯穿的交通优势，优化旅游区域结构布局，建设具有国际影响力的旅游目的地，打造国家旅游扶贫开发示范区和文化旅游发展创新区。

依托万峰林、万峰湖、马岭河等，利用喀斯特地貌等自然优势，实施保护式开发，发展生态旅游、休闲观光农业旅游；结合旅游业发展与石漠化治理的新途径，探索以旅游发展攻克石漠化治理；充分发挥两江资源优势，在构建两江上游生态屏障的基础上，开通旅游航运，发展水体旅游，发展南、北盘江水体娱乐休闲产品。

整合区域优势旅游资源，以荔波生态旅游度假区、龙里国际山地避暑休闲度假区、镇远古镇历史文化旅游度假区、西江苗寨度假区、肇兴侗寨度假区、万峰林(万峰湖)户外运动度假区六大旅游基地的建设带动区域旅游产业的发展。

五、黔北人文与生态旅游区

黔北人文与生态旅游区以遵义市为主体，地处中国西南腹地，属于国家规划的长江中上游综合开发和黔中经济区建设的主要区域，雨量充沛，日照充足，温暖湿润的气候，一年四季皆可游。

黔北旅游区是大西南旅游的重要组成部分，是川渝黔金三角旅游区的重点景区，也是长江三峡国际旅游热点中生态旅游的理想王国。遵义山川秀丽，风光独特，尤以山、水、林、洞为主要特色，有举世闻名的赤水河，数以千计的瀑布群体，全国面积最大、发育最典型的丹霞地貌景观。遵义是长征见证之地，探奇古播州之地，见证国酒辉煌百年之地。长征文化博大精深，"遵义会议"、"四渡赤水"是长征文化中耀眼的闪光点。中国酒文化源远流长，茅台酒誉满全球。播州土司文化、茶文化都是本区地方文化的代表。

在旅游业发展中，遵义市依托丰富的旅游资源和突出的文化优势，以长征文化为切入点，巩固和提升红色旅游；加强赤水生态休闲旅游、山地户外运动及温泉康体保健养生旅游、国酒文化旅游、乡村旅游、会展旅游的发展力度；进一步提升文化与旅游融合，强化中国历史文化名城、中国酒文化名城和世界自然遗产特色。

（一）优化升级红色体验与酒文化旅游产品

以遵义会议会址、四渡赤水遗址等为重点，积极发展红色旅游，广泛开展爱国主义和革命传统教育，大力培育和弘扬民族精神，打造贵州红色旅游品牌。整合全省红色旅游资源，进一步完善以长征文化为重点的红色旅游精品线路，推出一批红色旅游主题线路，如红军战斗遗址主题游、贵州革命先烈故里寻踪游，全面完善和提升红色旅游景区点基础设施及配套设施建设，提高接待水平和能力，增强贵州红色旅游的整体影响力。

依托茅台酒厂国家工业旅游示范点，以茅台酒厂为核心吸引物，以茅台酒、国酒文化等为品牌，以茅台古镇为支撑，打造集工业旅游、国酒茅台文化观光、体验等为一体的度假区。加快茅台古镇风貌改造和环境治理，加快中国酒文化城建设，主要包括国酒文化展示区、国酒品鉴区和特色旅游商品展销区等；打造具有中国酒都文化特色的旅游节庆活动和具有酒文化特色的歌舞剧，开发"中国酒都宴"及地方特色餐饮。

加大对"娄山关"和"四渡赤水"品牌的打造力度，整合长征文化、国酒文化、生态文化、地域文化和茶文化等旅游资源，"以红带绿"，"以红带史"，"以红带茶"，促进旅游业的全面发展。

（二）做大做强生态旅游产品

着力提升赤水大瀑布、四洞沟景区、竹海国家森林公园、桫椤国家级自然保护区、燕子岩国家森林公园等的国际竞争力。在观光旅游的基础上，结合赤水河独特生态景观的分布，因地制宜地规划建设架空栈道、徒步小径、自行车道、马道等休闲道路体系，配套建设休息处、观景台、野营地、停靠场等服务设施，完善主题酒店、度假酒店、主题餐厅、专项俱乐部/会所、汽车营地/驿站建设，实现观光型景区向休闲度假旅游景区的转型。

推进“山谷游”向“山地居”产品的转化，充分挖掘赤水生态资源优势，以月亮湖、九曲湖、天台山等景区为核心，打造夏季清凉、养生休闲度假旅游产品，培育度假产业，建立环湖休闲漫行道、景观带和游憩地，因地制宜地建设植物养生场，配套建设养生保健理疗场馆。挖掘天台山宗教文化，推行宗教养生理念，开发素食、素斋产品。大力开发宝源等地的温泉度假旅游，以山林生态为依托，重点发展现代度假型温泉产品、旅游小镇型温泉产品、会展配套型温泉产品，配套建设主题温泉小镇、温泉疗养区、休闲娱乐区、度假酒店、乡村酒店、老年公寓、休闲体育设施、自驾车基地等服务设施。

以宽阔水国家级自然保护区、“西南张家界”九道门和“亚洲第一长洞”双河溶洞三大旅游区为依托，开发集观鸟、温泉疗养、森林氧吧、徒步、露营、溶洞探奇探险、科考等为一体的度假区。改扩建三个景区之间的连接性，提升至三级以上；建设宽阔水观鸟基地，配套建设博物馆、观景平台等；建设九道门入口停车场完善徒步旅游线路以及配套露营地；改造提升双河溶洞休闲度假区，整合周边田园、森林、温泉等资源。

六、黔东北文化生态旅游区

黔东北文化生态旅游区以铜仁市为主体，是云贵高原连接东部沿海地区的重要交通要道，地处湖南、贵州、重庆三省市交界地区，为黔东门户。本区处于云贵高原向湘西丘陵过渡的斜坡地带，西北高，东南低，平均海拔 500～1 000 m。武陵山主峰位于本区，山脉以东是丘陵地带，河流切割较浅，地面平缓起伏，河流沿岸多是山间坝子，平均海拔 300～800 m；山脉以西是岩溶山原地貌，平均海拔 600～1 000 m。这里属亚热带季风气候，温和湿润，四季分明，气候宜人。年平均气温 13.5℃～17.6℃，年均降水量 1 110～1 500 mm，年平均相对湿度 80%左右；全区林地面积1 201.34×10^4 亩，森林覆盖率 48.8%，空气中负氧离子含量最高值超过六级。

本区有汉族、苗族、土家族、侗族等 26 个民族，少数民族占总人口的 73%。旅游资源十分丰富，可概括为“一山”(国家级自然保护区梵净山)，“两江”(乌江和锦江)，“四文化”(生态文化、佛教文化、民族文化和红色文化)。

在旅游产业发展中，因拥有梵净山“自然基因宝库”与宗教圣地，重点发展梵净山生态旅游，深入挖掘梵净山佛教文化，发展佛教文化旅游；开发石阡温泉养生旅游产品，带动周边区域特色温泉养生产品的发展，形成温泉养生旅游品牌；强化旅游业与营养健康产业的融合，重点发展石阡营养健康旅游产品。以碧江九龙洞、云林仙境，松桃苗王城，沿河乌江山峡，思南石林为支撑，形成观光旅游产品、休闲度假旅游产品、专项旅游产品的互补与多元化发展。

(一)以梵净山旅游为龙头，建立环梵净山旅游产业体系

实施“品牌带动，整合突破”战略，依托梵净山，以国家级自然保护区和弥勒道场为品牌，以江口、印江、松桃等为支撑，整体构建生态名山和佛教名山，将梵净山打造成国际性旅游目的地。

依托梵净山地质奇观，建设梵净山世界地质博览名山，积极申报世界地质公园。建设观光索道，开发新老金顶观光游览；建设梵净山观景平台，对蘑菇石、万卷书、翻天印等极其珍贵的地质奇观进行保护性开发；开发棉絮岭—梵净山山顶和鱼坳—梵净山山顶游客登山步道两侧地质景观，选择在九皇洞、薄刀岭、太子石、冰川遗迹等地质景观点建设一批游客观光平台；改造棉絮岭—梵净山顶和鱼坳—梵净山顶游客步道，提高建设标准，完善各种标识及卫生厕所、垃圾桶等设施；建设地质奇观、地质遗迹电子化解说系统。

以打造中国著名的佛教名山为目标，全面提升佛教文化品牌，打造中国影响力最大的弥勒佛道场。重新打造中国明代皇家寺院，重点修复梵净山皇家寺院(六大皇寺)，全面修复万历敕建六殿(九皇殿、三清殿、圆通殿、弥勒殿、释迦殿、通明殿)。

依托梵净山罕见的世界生物资源基因宝库和“生命遗产”资源以及高海拔形成的地景、天景、山景、光景、水景、雪景、雾景等雄伟壮丽自然景观，把梵净山开发成为世界“生命遗产”旅游文化名山，争取成为全国首批生态旅游示范区。

按照梵净山旅游资源开发布局，重点推进环梵净山的太平河、黑湾河、冷家坝、寨英古镇、木黄、张家坝、团龙等旅游资源的整合和特色旅游产品的开发，加快形成梵净山精品旅游环线，使其成为梵净山旅游的重要组成部分。

(二)实施旅游精品战略，打造国际旅游目的地

通过思路创新和模式创新，追踪世界旅游发展的新趋势和新动向，突出体现梵净山自然生态和山水观光、民俗文化和宗教文化的核心价值，以“梵天净土、桃源铜仁”为重点，实行统一规划、统一管理、统一开发，努力把最优质的旅游资源转化成最优质的品牌和产业，加快休闲度假产品建设，创新文化旅游发展模式，提升发展生态旅游，建设以两大示范区(国家文化旅游创新示范区和国家生态旅游示范区)，五个旅游基地(休闲度假基地、养生健身基地、地质科普教育基地、红色旅游基地和生态旅游基地)为重点的国际旅游目的地。

第一，强化产业布局和重点项目建设。在铜仁都市休闲旅游区，加大挞扒洞旅游度假区、谢桥文化产业园、东山古城旅游服务基地、锦江旅游区、九龙洞风景名胜区、天生桥景区以及城市休闲体系和设施建设，整体构建九龙洞旅游区，形成山水景观城、都市休闲城。在江口生态旅游区、印江土家族风情旅游区和松桃苗族风情旅游区，加大黑湾河—太平河户外运动度假带德旺温泉度假区、转塘旅游服务基地、太平乡旅游服务基地、张家坝旅游度假区、木黄旅游度假区、护国寺旅游服务基地、团龙民俗文化村、冷家坝旅游服务基地、寨英乡村度假区、松桃茶园生态农业观光区、苗王城休闲度假及生苗文化风情园区等建设，构建梵净山核心生产力。

第二，创新文化旅游融合发展模式。把铜仁厚重的民族、民俗、生态、佛教等文化因子与旅游产业融合，推动旅游产业的提档升级。深度挖掘整理和合理运用以碧江传统龙舟艺术、印江书法、玉屏箫笛、思南花灯、松桃滚龙、德江傩戏、沿河肉莲花、石阡毛龙和木偶戏为代表的非物质文化遗产，加大对碧江东山古建筑群、石阡万寿宫古建筑群、松桃寨英古建筑群、思南思唐古建筑群及郝家湾古寨、万山汞矿遗址、德江扶阳古城遗址等历史文化古迹的保护和开发力度，打造一批高档次、高水平的原生态演艺节目，规划建设一批博物馆、展示馆，提升“梵天净土·桃源铜仁”文化魅力。

第三，实施旅游开发模式创新。坚持“一业带三化，三化促一业”，在“带”字和“促”字上下工夫。充分利用好紫袍玉、冰花玉、竹、木等资源，利用好玉屏箫笛、松桃苗绣、印江油纸伞等产品，按照加工厂景区化的要求，培育一批集设计、生产、观光、体验于一体的工艺品龙头企业。依托丰富的农产品资源和“营养健康产业基地”品牌优势，合理布局高品质的加工基地，发展食品加工型工业旅游。

七、旅游线路组织

积极构建贵广、贵昆延伸到泰国的国际旅游精品线路和贵湘、贵渝、贵川等跨省旅游精品线路。以贵阳市为主要集散中心，串联全省主要旅游资源，分别打造以多彩文化、自然山水和独特民俗为核心吸引力的五大区域串联型线路与五大主题型精品旅游线路。

（一）五大区域串联型旅游线路

1. 中线环贵阳都市之旅

以感受贵阳市宜人的气候，观赏旖旎的自然风光和众多的文物古迹为重点，串联贵阳市周边的温泉、湖泊、湿地等景观。线路安排：清镇—白云—乌当—花溪—修文—息烽—开阳。

2. 东线生态文化之旅

以体验黔东南州和铜仁市苗族和侗族民族文化、梵净山生态和宗教文化及古镇文化等贵州多元文化为重点。线路安排：贵阳—丹寨—麻江—凯里—雷山—榕江—从江—黎平—锦屏—剑河—镇远—石阡—江口—梵净山—碧江。

3. 西线喀斯特奇观之旅

以观赏安顺市、黔西南州、六盘水市、毕节市高原喀斯特自然风光，感受奇特地质地貌为重点。线路安排：贵阳—平坝—安顺—关岭—晴隆—贞丰—兴义—盘县—六盘水—威宁—赫章—毕节。

4. 南线世界遗产之旅

以黔南州世界自然遗产为核心，以串联周边多个自然景点，领略绿色喀斯特原始森林风貌为重点。线路安排：贵阳—都匀—三都—荔波—平塘—罗甸—望谟—紫云—长顺—惠水。

5. 北线文化度假之旅

以体验遵义市长征文化、国酒文化和丹霞及桫椤生态旅游为特色。线路安排：贵阳—遵义—仁怀—习水—赤水—桐梓—绥阳—正安—道真—务川—凤冈—余庆—湄潭。

(二)五大主题型精品旅游线路

1. 原生态民族文化之旅

以观赏苗侗风情、民族建筑和苗岭风光为主，感受民族节日，集中体验贵州原生态多彩民族风情。线路安排：凯里(南花苗寨)—雷山(西江千户苗寨、郎德苗寨)—麻江—丹寨(卡拉村)—榕江(三宝侗寨)—从江(岜沙苗寨)—黎平(肇兴侗寨、地坪风雨桥)—锦屏(隆里古镇)—剑河(剑河温泉)—台江(施洞苗寨)。

2. 温泉养生之旅

以梵净山为主体，串联周边区县，融佛教文化体验、边镇古城游览、温泉养生为一体的养生线路。线路安排：碧江—江口(梦幻太平湖、梵净山东线)—松桃(寨英古镇)—印江(梵净山西线、永义温泉小镇)—思南(思南古城、石林)—石阡(石阡温泉健康养生城、楼上古寨)。

3. 红色文化之旅

参观革命遗迹，欣赏自然文化遗产，感受先烈们的革命情怀。线路安排：贵阳—息烽(集中营旧址)—遵义(遵义会议会址、红军山、海龙屯、娄山关)—仁怀(国酒文化城、盐津温泉)—习水(土城四渡赤水纪念馆)—赤水(十丈洞、桫椤自然保护区、竹海公园、丙安古镇、大同古镇)。

4. 山水民俗之旅

以贵州最美丽、最原汁原味的古村、古镇及优美的自然风光为主，在古老村寨与青山绿水间，感受贵州真实自然的独特魅力。

线路一：凯里（南花苗寨、麻塘革寨、舟溪苗寨）—黄平（飞云崖、野洞河漂流）—施秉（杉木河漂流、云台山）—台江（施洞苗寨、反排苗寨）—雷山（郎德上寨、西江千户苗寨）—榕江（三宝侗寨）—从江（岜沙苗寨、增冲鼓楼、小黄侗寨）—黎平（肇兴洞寨、堂安洞寨）。

线路二：贵阳—贵定（音寨金海雪山）—福泉（洒金谷）—都匀（斗篷山）—三都（尧人山）—荔波（大小七孔、水春河漂流）—独山（深河桥抗日文化园）—平塘（掌布国家地质公园）—罗甸（高原千岛湖）—长顺（杜鹃湖）—惠水（九龙山、好花红乡村旅游区）。

线路三：安顺—贞丰（北盘江大峡谷景区、双乳峰景区）—兴仁（放马坪草原、鲤鱼坝苗寨）—晴隆（史迪威公路24道拐抗战文化旅游区、三望坪草场、北盘江光照湖度假区）—普安（铜鼓山夜郎军事旅游区）—兴义（马岭河峡谷、万峰林、万峰湖、泥凼石林、何应钦故居、顶效布依族查白歌节文化体验示范区）—安龙（张之洞故里、十里荷塘）——册亨（中华布依文化生态园、幸福温泉溶洞旅游区）—望谟（中国布依城旅游景区、红水河源头休闲度假区）—罗甸（高原千岛湖）。

5. 避暑休闲之旅

依托贵州省夏季的凉爽气候，以贵阳、六盘水、安顺、毕节等地的自然景点为核心，形成避暑休闲旅游线路。

线路一：贵阳（黔灵山）—花溪（十里画廊）—百花湖—红枫湖—南江峡谷—六盘水（玉舍森林公园）。

线路二：贵阳（青岩古镇、花溪公园、甲秀楼、黔灵公园）—安顺（黄果树大瀑布、陡坡塘瀑布、天星桥、龙宫）—毕节（织金洞）。

第三节 旅游业可持续发展

一、旅游业存在的问题

贵州旅游业虽然取得了长足的发展，但仍有一些问题未完全解决，主要表现在以下几个方面。

（一）产品体系不完善与转变经济发展方式不相适应

目前贵州的旅游产品体系还处于比较单一的状态，与转变全省经济发展方式极其不适应。

休闲度假产品开发与转型升级要求不相适应。贵州旅游资源开发力度小，一些优势的休闲度假产品，如温泉旅游、休闲农业、乡村旅游等产品的开发严重不足，不能满足产品转型升级的要求。

旅游城镇体系与目的地建设要求不相适应。贵州城镇化水平在31%左右，远低于全国城镇化46.6%的平均水平，城镇体系建设滞后。与此高度关联的旅游城镇体系建设严重滞后，无法支撑旅游目的地建设和休闲度假的需要。贵州真正意义上的旅游城镇极少，特色旅游街区、风情小镇等建设有待强化。

产业经济格局与转变发展方式要求不相适应。贵州旅游业仍处在初级阶段，发展方式还比较粗放，旅游经济对景区依赖严重，门票经济仍十分突出，产业链条短，产业经济的格局未见雏形。旅游产品开发粗放，资源综合利用率低，避暑度假、民族文化体验、康体健身等特色旅游产品体系尚未形成，缺少有影响力的原创性或个性化精品。旅游商品尤其是民族手工艺品的设计、生产、销售，大多为家庭手工作坊制作，地摊式买卖，尚未形成产业，旅游产业在带动相关产业发展、促进消费、增加就业等方面的综合效益没有得到充分发挥。

(二)基础设施建设与旅游业的快速发展不相适应

贵州旅游基础设施建设取得了长足进步，但总体来看，仍比较滞后，与快速发展的旅游业不相称。

旅游接待条件与休闲度假需求不相适应。整体上，接待设施普遍不足，质量不高。贵州各地的住宿设施档次较低，接待国内外游客的星级宾馆及床位数量严重不足，酒店绝大多数是商务酒店，度假酒店很少，已不适应休闲度假旅游的需要。

公益性配套设施建设滞后。旅游集散地、旅游景区的基础设施等公益性配套设施建设滞后，不适应旅游业发展的需要。

大企业缺乏与加快发展要求不相适应。大企业、大项目是新时期旅游业发展的重要推动力。贵州旅游缺乏大企业，没有标志性的旅游酒店集团、管理集团和综合集团。

(三)人才队伍建设与跨越发展的要求不相适应

贵州省旅游人才支撑严重不足，特别是旅游规划人员、旅游行政管理人员、酒店服务人员、旅游从业人员、农家乐从业人员“五支人才队伍”严重不足。民俗旅游、文化旅游、体育旅游、避暑旅游等方面的专业人才更为短缺。旅游教育培训资源也比较短缺。同时，由于经济发展水平相对较低，环境也相对较差，旅游人才流失严重。

(四)体制、机制与开放型旅游业的要求不相适应

旅游业管理体制和运行机制还不适应市场经济条件下发展开放型旅游业的需要。推进资源整合和利益共享的体制、机制尚未形成；法制建设和标准化建设滞后，旅游市场秩序有待规范，旅游业发展的社会环境仍需进一步改善。体制、机制的不完善一定程度上制约了大企业、大项目的引进。

二、贵州旅游业可持续发展的对策

(一)建立可持续的产品体系

第一，开发新产品与培育新业态。以建设旅游大省为目标，瞄准市场热点，依托优势旅游资源，打造贵州旅游新产品，形成新业态、新品牌，建设新高地。主要包括生态旅游、文化旅游、避暑旅游、乡村旅游、体育拓展、自驾车及自行车旅游、工业旅游、地质旅游等前景好、可持续的新兴旅游产品体系。

第二，建立旅游产品服务体系。提升旅游住宿业，整合旅游服务业，大力发展旅游商品与购物服务业，培育旅游餐饮业品牌。紧扣“原生态、健康、绿色”三个主题因素，以振兴黔菜为宗旨，深度开发贵州地方饮食文化，着力打造系列餐饮节庆，大力培育贵州餐饮品牌，建设多元化、多层次的绿色餐饮体系，形成强大的餐饮旅游吸引力。

第三，加快产业融合与新兴优势领域开发。推进旅游业与农业、工业等相关产业以及文化、体育、医药保健等行业融合发展的大格局。通过嫁接优势，将其他产业资源转化为产品，延伸产业链，拓展价值链，壮大旅游产业。

第四，对市场进行深度开发，构建营销体系工程。以“多彩贵州”为引领，构建以相对独立的宣传口号、形象为支撑的品牌形象体系，实施“多彩贵州”品牌推广工程。打造山地、避暑、康体养生、原生态文化、乡村等特色旅游产品，以多样化的产品体系迎合市场细分要求，拓展客源市场深度和广度。利用通信新技术与新媒体，探索与通信运营商和SP(服务提供商)等跨界合作来丰富营销体系，增强贵州旅游的渗透力。

(二)完善旅游基础设施与公共服务体系建设

继续发展贵州交通事业，增加旅游景点的可进入性。按照“着眼十年、规划五年、突破三年”的要求和“外引内联”，外部交通网络化，内部交通公交化、一体化的总体目标，加强交通基础设施建设，构建公路、铁路、航空、河道立体交通网络，大力改善贵州省旅游外部可进入条件；建好连接线工程，解决断头路问题，加快景区内部多种交通方式的多式联运，满足自驾旅游需要，建设风景道。

建设游客集散体系，结合《贵州省城镇体系规划》和《贵州省“十二五”城镇化发展专项规划》，以“6788”高速网及县县通高速为契机，加大旅游基础设施投资和建设力度，加快发展一批专业旅游城市、旅游村镇，逐步建设以贵阳为主中心，以遵义、铜仁、安顺、都匀等为次中心，以青岩镇、花溪镇、旧州镇、驾欧镇等重点旅游城镇为三级集散中心，以路网节点城市和重点旅游区为辅助驿站，通过旅游巴士将三级集散网络联通的交通体系。

建设公共服务体系，构建旅游公共信息服务平台；统一规划和设计旅游标识和解说系统，重点完善全省主要干道、交通港站、城市和重点景区出入口、公共活动场所、游客聚集中心地段的旅游标识系统；建立自助游、自驾游服务体系；推进旅游安全救援体系建设，完善旅游安全提示预警制度。

（三）做好人才开发工程

以党政人才队伍、旅游企业经营管理人才队伍、专业技术人才队伍、旅游行业紧缺人才和高层次人才为重点，做好高级人才队伍建设。以提升职业素质和技能为核心，以宾馆、饭店、旅行社等旅游企业一线高技能服务人员为重点，培养高技能人才队伍；乡村旅游实用人才队伍建设，以乡村旅游干部、带头人、乡村旅游能工巧匠传承人和经营者为重点，培育一支乡村旅游实用人才队伍。构建职业技术教育平台、专业人才培养基地、人才市场、人才信息交流平台，完善职业标准和职称认证体系、全员培训工程、旅游企业人才试点项目等实现人才建设的突破。

（四）以点带面，开展示范带动工程

嵌套国家政策或项目，创建生态旅游/低碳旅游试点省、山地休闲度假与文化旅游示范省、国家文化产业示范区、国民旅游休闲试点、旅游综合改革试点、全国休闲农业与乡村旅游示范工程等，构建发展新载体，形成示范带动。

第一，创建生态旅游示范省。贵州生态资源丰富但生态环境脆弱，发展生态旅游是西部地区增强自我发展能力的一条有特色的道路。要严格按照生态化的规范和标准来发展旅游业。在旅游的各个环节，体现生态、低碳理念，如低碳旅行方式、生态停车场、生态餐饮、生态补偿等，并向国家申请生态旅游基地、生态旅游示范区及低碳旅游示范区。

第二，建立国家级文化产业示范区。依托多彩贵州城项目，发挥贵州文化千岛和原生态文化优势，大力挖掘民族优秀传统文化，设立园区，引进文化企业，通过文化艺术品交易、文化产品研发加工、文化展演、文化创意、文化服务等活化传统文化，从而唤起人们保护、传承原生态民族文化的意识，并向文化部申请国家级文化产业示范区。

第三，建立全国旅游综合改革示范区。《国务院关于加快旅游业发展的意见》明确提出："支持各地开展旅游综合改革和专项改革试点，鼓励有条件的地方探索资源一体化管理"。贵州应积极申报建设旅游综合改革示范区，通过开展旅游综合改革试验，探索中国旅游业与世界充分接轨、转型升级的路径和模式。

思考题

1. 简述贵州的地貌特征是什么？贵州有哪些地貌类型？
2. 为什么说贵州高原是中国古人类的发祥地和中国古文化的发源地之一？
3. 简述贵州名称的由来。
4. 简述贵州行政区划的现状。
5. 简述贵州生态环境的类型、特征和功能。
6. 什么是自然灾害？贵州有哪些主要的自然灾害？
7. 贵州主要有哪些环境污染？其特点是什么？
8. 简述贵州省生态环境保护的意义。
9. 贵州经济有哪些基本的特征？
10. 贵州发展经济有哪些区域优势？
11. 贵州贫困在空间分布上具有什么特征？
12. 试述21世纪以来贵州人口发展的特征。
13. 当前贵州人口文化素质偏低的表现及原因有哪些？
14. 简要分析当前贵州人口年龄性别结构变化状况。
15. 简要分析当前贵州人口城镇化发展的特点。
16. 简要分析贵州省少数民族文化发展的特点。
17. 阐述贵州民族节日分类及特点。
18. 黔中地区的自然环境状况如何？
19. 黔中地区有哪些优势资源？
20. 简述黔中地区经济发展的空间结构。
21. 黔中地区经济产业发展的特征表现在哪几个方面？
22. 简述黔中地区农业发展的现状以及未来发展方向。
23. 简述黔中地区工业发展中面临的主要问题及路径选择。
24. 简述黔中地区交通业发展的特点。
25. 简述黔中地区旅游业发展的现状。
26. 简述黔中地区城市化发展现状及存在的问题。

27. 黔西北地区有哪些优势资源？
28. 黔西北地区的经济结构及其特点是什么？
29. 黔西北地区发展经济的限制因素有哪些？
30. 黔西北地区旅游业发展的资源优势与限制因素有哪些？
31. 黔南地区有哪些优势资源？
32. 黔南地区的经济产业结构及其特点是什么？
33. 黔南地区发展经济的限制因素有哪些？
34. 试述黔南地区应该如何发展旅游业？
35. 论述黔南地区发展战略。
36. 黔南地区如何实现人地和谐的可持续发展战略？
37. 什么是喀斯特？什么是喀斯特地貌？
38. 喀斯特地貌类型有哪些？
39. 什么是喀斯特石漠化？浅析贵州喀斯特地区石漠化形成的原因？
40. 喀斯特石漠化的六级划分标准是什么？有什么特征？
41. 简述贵州喀斯特山区石漠化治理的难点。
42. 论述喀斯特地区石漠化的防治对策、模式和措施。
43. 喀斯特地区石漠化可持续发展的策略是什么？
44. 什么是生物多样性？简述贵州生物多样性的特点。
45. 简述贵州生物多样性保护的必要性以及生物多样性保护的意义。
46. 简述生物多样性保护的对策。
47. 贵州省的主要自然保护区有哪些？主要保护对象是什么？
48. 贵州生态屏障的主要功能是什么？其建设有什么意义？
49. 简述贵州生态安全屏障建设的内容和对策。
50. 贵州煤炭资源有哪些基本特征？
51. 什么是西电东送？贵州在西电东送过程中有哪些优势和作用？
52. 应如何开发利用贵州的能源资源？
53. 简述贵州省能源消费结构及产业发展现状。
54. 简述贵州装备制造业产业集群的发展特点。
55. 简述贵州旅游业发展中存在的问题。
56. 什么是区域贫困？贵州省的区域贫困有哪些基本特点？
57. 贵州区域贫困形成的地理背景是什么？
58. 贵州应如何在保证经济发展的同时消除区域贫困？
59. 简述贵州旅游资源的特点。
60. 怎样建设黔南生态文化旅游区？
61. 简述黔中地区的旅游发展优势。
62. 试论述扶贫旅游在黔西北地区的发展。

63. 简述黔南布依族苗族自治州旅游资源开发的特点。
64. 旅游业有几个发展阶段，各阶段的发展特征是什么？
65. 结合实际，谈谈贵州应该怎样应对旅游业发展中出现的问题？
66. 你认为哪些景点还可以纳入到贵阳旅游线路中？
67. 制定旅游线路的原则是什么？
68. 你认为旅游线路制定中需设置哪些旅游设施？

参考文献

[1]阿土．苗族飞歌．贵州民族研究，2011(3)．

[2]安裕伦．贵州峰丛喀斯特多民族山区人地关系的思考——以贵州麻山、瑶山及北盘江河谷地区为例．贵州师范大学学报(自然科学版)，2000(3)．

[3]安裕伦．喀斯特人地关系地域系统的结构与功能刍议——以贵州民族地区为例．中国岩溶，1994(2)．

[4]敖选刚．论贵州旅游业发展现状、问题及对策．科教导刊，2010(10)．

[5]白明，王孝平．黔中经济区现状、问题与对策．贵州财经学院学报，2011(5)．

[6]陈建庚．贵州地貌环境与旅游．北京：地质出版社，2000．

[7]陈嶙，熊洪林．黔南生态产业的发展策略．黔南民族师范学院学报，2006(6)．

[8]陈扬．贵州经济发展．贵阳：贵州人民出版社，2007．

[9]陈玉平．三十年来贵州民间文学研究述评．贵州民族研究，2008(3)．

[10]代亚松，姜平平．浅论贵州文化的构成与文化特征．当代旅游，2011(7)．

[11]戴传固，陈建书，卢定彪，等．黔东南及邻区加里东运动的表现及地质意义．地质通报，2010(4)．

[12]戴宁熙．低碳视角下的贵州森林碳库．当代经济，2012(3)．

[13]单晓杰．黎平侗戏体现的侗歌特征．歌海，2011(4)．

[14]邓康明．关于苗族飞歌、情歌的简析．贵州艺术高等专科学校学报，1999(1)．

[15]邓伦秀，陈景艳，等．贵州种子植物“科”的界定之比较研究．种子，2009(5)．

[16]邓伦秀，陈景艳，等．贵州种子植物“种”的整理研究．贵州林业科技，2009(1)．

[17]邓伦秀，陈景艳，等．贵州种子植物“属”的整理研究．种子，2009(10)．

[18]冯开禹．黔中经济区在贵州的地位和作用．安顺学院学报，2012(5)．

[19]冯永辉，钱龙．黔中经济区略论．现代交际，2012(3)．

[20]高贵龙，邓自民，熊原宁，等．喀斯特的呼唤与希望——贵州喀斯特生态环境建设与可持续发展．贵阳：贵州科技出版社，2003．

[21]贵阳市社科规划办．贵阳发展研究——贵阳市 2009 年度哲学社会科学规划课题研究成果选编．贵阳：贵州人民出版社，2010．

[22]贵州百科全书编辑委员会．贵州百科全书．北京：中国大百科全书出版社，2005．

[23]贵州省计划委员会．贵州省国土规划委员会．贵州省国土总体规划．北京：中国计划

出版社，1992.
[24]《贵州省情》编辑委员会．贵州省情．贵州：贵州人民出版社，1986.
[25]贵州省地方志编纂委员会．贵州省志·旅游志．贵阳：贵州人民出版社，2009.
[26]贵州省地质地矿局．贵州省地质志．北京：地质出版社，1987.
[27]贵州省人口普查办公室．世纪之交的中国人口(贵州卷)．北京：中国统计出版社，2005.
[28]贵州省仁怀县地方志编纂委员会．仁怀县志．贵阳：贵州人民出版社，1991.
[29]贵州省统计局，贵州省扶贫开发办公室，等．贵州农村贫困监测报告．贵阳：贵州人民出版社，2003.
[30]贵州省统计局，国家统计局贵州调查总队，等．2000－2005贵州农村贫困监测报告．贵阳：贵州人民出版社，2006
[31]贵州省统计局，国家统计局贵州调查队．贵州统计年鉴(2012)．北京：中国统计出版社．2012.
[32]贵州省统计局，国家统计局贵州调查队．贵州统计年鉴(2013)．北京：中国统计出版社．2013.
[33]贵州师范大学地理系．贵州省地理．贵阳：贵州人民出版社，1990.
[34]郭诗华，祝颖．贵州傩戏面具的文化内涵研究．经营管理者，2010(18).
[35]郭娱瑜．黔中经济区开发研究．北京：中央民族大学，2012.
[36]韩杰．旅游地理学．大连：东北财经大学出版社，2002.
[37]郝瑞峰．黔中经济区增长极研究．贵阳：贵州财经大学，2009.
[38]何建华．生态安全基本概念和研究内容．山西水利，2006(1).
[39]何仁仲．贵州经济社会发展教程．贵阳：贵州人民出版社，1988.
[40]何卓．人类非物质文化遗产——侗族大歌之探究．黄河之声，2011(4).
[41]胡剑堂，刘杨．服务性保障不足与内源性动力缺失：民族地区农村经济金融发展中的基本问题．西南金融，2009(5).
[42]黄守斌．贵州布依戏源起探析．兴义民族师范学院学报，2011(1).
[43]黄威廉，屠玉麟，杨龙．贵州植被．贵阳：贵州人民出版社，1988.
[44]黄威廉，屠玉麟．贵州植被区划．贵州师范大学学报(自然科学版)，1983(1).
[45]蒋晓昀，何雪蕾．安顺地戏面具与民间傩戏面具之比较．安顺学院学报，2009(6).
[46]焦树林，李靖．贵州水资源的特点及其可持续发展战略探讨．贵州师范大学学报(自然科学版)，2002(4).
[47]匡国明．贵州省磷化工产业“十二五”发展前景．磷肥与复肥，2011(5).
[48]邝俊．关于如何承接东部沿海地区产业转移推动地区工业经济发展问题探讨——以贵州省黔南州为例．湖南农机，2010(6).
[49]雷婷蕙．黔东南经济发展态势与思路调整及对策．贵州统计，2002(3).
[50]黎铎．贵州山地文化特征论．贵州文史丛刊，2002(2).
[51]李鸿．贵州城镇化发展现状分析及对策研究．广西民族大学学报(哲学社会科学版)，

2011(3).
[52]李茂，陈景艳，等．贵州蕨类植物的整理研究．贵州林业科技，2009(1).
[53]李天元．中国旅游业可持续发展研究．天津：南开大学出版社，2004.
[54]廖德平，龙启德．贵州林业土壤．贵州林业科技，1997(4).
[55]廖洪泉．黔中经济发展的制约因素与重大机遇．安顺学院学报，2011(2).
[56]林良斌．浅析侗戏的流程与仪式．民族论坛，2009(6).
[57]刘斌涛，陶和平，等．山区交通通达度测度模型与实证研究．地理科学进展，2011(6).
[58]刘家彦．中国·贵州生态环境．贵阳：贵州教育出版社，1999.
[59]龙健，黄昌勇，李娟．喀斯特山区土地利用方式对土壤质量演变的影响．水土保持学报，2002(1).
[60]龙健，李娟，黄昌勇．我国西南地区的喀斯特环境与土壤退化及其恢复．水土保持学报，2002(5).
[61]陆大道，薛凤旋，等．1997中国区域发展报告．北京：商务印书馆，1998.
[62]罗剑．贵州民族民间文学知识产权保护初探．贵州民族研究，2007(2).
[63]麻勇斌．贵州文化发展存在的几个实际问题与对策建议．贵州师范大学学报(社会科学版)，2009(5).
[64]缪坤和，余发良，朱红琼，等．贵州经济发展的晴雨表．贵阳：贵州人民出版社，2009.
[65]牟成刚．黔中经济区综合交通运输体系现状及发展规划研究．公路，2011(9).
[66]潘恒．试论贵州花灯剧的非物质文化要素和传承思考．贵州文史丛刊，2010(4).
[67]彭贤伟．贵州喀斯特少数民族地区区域贫困机制研究．贵州民族研究，2003(4).
[68]黔东南调研组．构建美丽经济新格局——黔东南自治州加速发展、加快转型、推动跨越观察．当代贵州，2010(20).
[69]曲格平．关注生态安全之二：影响中国生态安全的若干问题．环境保护，2002(7).
[70]曲格平．关注生态安全之三：中国生态安全的战略重点和措施．环境保护，2002(8).
[71]沈强，牟春林，潘科，等．浅谈贵州茶叶深加工潜力与国内外发展现状的比较．贵州茶叶，2010(1).
[72]石宗源．飞跃关山踏坦途——从历届省党代会报告看贵州迈向生态文明的先期实践．贵州日报，2008-11-05.
[73]舒易文．贵州省水电开发的现状、问题及对策．中共贵州省委党校学报，2009(2).
[74]宋立，杨丽雪．论黔中经济区旅游资源的整合．贵州民族研究，2013(1).
[75]孙若信．贵州省煤炭工业的回顾与展望．理论与当代．2010(5).
[76]滕非．苗族飞歌的意境美．群文天地，2011(7).
[77]涂妍．黔中经济区城市化动力机制培育研究．城市发展研究，2011(6).
[78]屠玉麟．贵州农田植被的主要类型及分区．贵州科学，1983(1).
[79]庹修明．贵州傩戏文化．教育文化论坛，2010(3).
[80]王恒富．贵州戏曲大观．贵阳：贵州民族出版社，1997.

[81]王鸣明．布依戏形成的历史文化背景初探．贵州民族研究，2003(2).
[82]王鸣明．黔西南布依戏调查综述．贵州民族研究，2005(2).
[83]王砚玺．贵州“苗族飞歌”的民族个性与艺术品格．贵州大学学报(艺术版)，2009(4).
[84]王艳杰，郭泺．黔东南地区生态经济发展变化的格局分析．国土与自然资源研究，2011(5).
[85]韦天蛟．贵州煤田地质工作概况．贵州地质，1986(1).
[86]韦天蛟．贵州矿产资源特点．贵州地质，1993(1).
[87]韦欣仪．贵州省人口分布特征研究．理论与当代，2010(1).
[88]魏霞．关于贵州少数民族非物质文化遗产保护与开发利用的思考．贵州师范大学学报(社会科学版)，2009(3).
[89]吴俊铭，谷晓平，徐丹丹，等．贵州稻作气候资源优势及其利用．贵州农业科学，2007(2).
[90]吴俊铭．贵州光能资源的基本特征、时空分布规律及其合理利用．贵州气象，2001(4).
[91]吴正光．贵州的古建筑文化．当代贵州，2005(3).
[92]吴正光，庄嘉如．贵州少数民族节日简介．贵州文史丛刊，1981(1).
[93]武国辉，周其华．贵州毕节地区煤炭资源与经济发展思路．矿产与地质，2006(3).
[94]熊康宁，肖时珍，刘子琦，等．“中国南方喀斯特”的世界自然遗产价值对比分析．中国工程科学，2008(4).
[95]杨朝忠．侗族大歌历史价值考略．音乐探索，1999(1).
[96]杨廷锋．黔东南州地质科普旅游的开发初探．经济研究导刊．2009(9).
[97]杨晓蕾，彭贤伟．贵州电力资源及市场状况分析．贵州工业大学学报(社会科学版)，2007(5).
[98]杨晓英，刘群．贵州县域地理信息与经济发展．贵阳：贵州人民出版社，2004.
[99]杨选华．黔南航运现状及发展思考．珠江水运，2005(2).
[100]杨勇．贵州经济发展60年研究——第七届贵州经济论坛文集．北京：中国经济出版社，2010.
[101]姚友贤．构建和谐黔东南的思考．理论与当代，2005(7).
[102]殷红梅，梅再美，王茂强，等．贵州区域旅游开发研究．贵阳：贵州科技出版社，2007.
[103]游桂芝，潘庆英．六盘水市煤炭资源开发利用结构调整与优化的探讨．中国煤炭地质，2011(5).
[104]张波．交通改变贵州之“大通道”促黔南大发展．当代贵州，2007(2).
[105]张贵平，周蓉，张仁舰．贵州省白酒产业优劣势分析．数据，2011(11).
[106]张华海．贵州珍稀濒危植物种类资源研究．种子，2009(4).
[107]张立新，郑瑞．贵州历史文化与旅游．贵阳：贵州民族出版社，2009.
[108]张宁．侗族大歌浅谈．才智，2011(11).

[109]赵斌．贵州民族传统文化的传承．经济研究导刊，2011(25).

[110]赵峰军．贵州花灯概述．民族艺术研究，2001(3).

[111]赵星．“十一五”以来贵州省旅游景区人才发展分析及对策研究．贵州师范大学学报(自然科学版)，2011(4).

[112]中共贵州省委教育工作委员会，贵州省教育厅．贵州省情教程．北京：清华大学出版社，2007.

[113]中华人民共和国国家统计局．中国统计年鉴(2011)．北京：中国统计出版社，2011.

[114]陈永孝．贵州省经济地理．北京：新华出版社，1993.

[115]中国自然地理丛书编撰委员会．中国自然地理资源丛书·贵州卷．北京：中国环境科学出版社，1995.

[116]周承．贵州少数民族节日文化开发与保护研究．大观周刊，2010(46).

[117]周名丁．中国旅游文化趣闻宝典：趣闻贵州．北京：旅游教育出版社，2008.

[118]周越．贵州人地关系的历史溯源与可持续发展研究．太原师范学院学报(自然科学版)，2006(3).

[119]诸葛仁，俞益武，贺昭和，等．绿色环球21可持续旅游标准体系．北京：科学出版社，2006.

[120]祝晓舟．谈贵州地方戏曲——黔剧．贵州大学学报(艺术版)，2009(3).

[121]邹天才．贵州特有种子植物种质资源与利用评价研究．林业科学，2001(3).

[122]邹婷，蒋雪梅．关于黔中经济区发展的思考．现代经济信息，2011(3).

[123]蒋雪梅，邹婷．黔中经济区工业优势与发展路径研究．贵州大学学报(社会科学版)，2012(3).